绿色丝绸之路资源环境承载力国别评价与适应策略

尼泊尔资源环境承载力评价与适应策略

杨艳昭　封志明　闫慧敏　等 著

科学出版社
北京

内 容 简 介

本书以资源环境承载力评价为核心，建立了一整套由分类到综合的资源环境承载力评价技术方法体系，由公里格网到地区、国家，定量揭示了尼泊尔的资源环境承载能力及其地域特征，为促进尼泊尔人口与资源环境协调发展提供科学依据和决策支持，为“一带一路”倡议实施和绿色丝绸之路建设做出贡献。

本书可供从事人口、资源、环境与发展研究和世界地理研究的科研人员和研究生参考，也可供相关政府部门的管理人员和从业者查阅。

审图号：GS 京（2023）0409 号

图书在版编目（CIP）数据

尼泊尔资源环境承载力评价与适应策略 / 杨艳昭等著. —北京：科学出版社，2023.8

ISBN 978-7-03-075260-4

Ⅰ. ①尼… Ⅱ. ①杨… Ⅲ. ①自然资源-环境承载力-研究-尼泊尔 Ⅳ. ①X373.55

中国国家版本馆 CIP 数据核字（2023）第 050069 号

责任编辑：石 珺 / 责任校对：郝甜甜

责任印制：徐晓晨 / 封面设计：蓝正设计

科学出版社 出版

北京东黄城根北街 16 号

邮政编码：100717

http://www.sciencep.com

北京建宏印刷有限公司 印刷

科学出版社发行 各地新华书店经销

*

2023 年 8 月第 一 版 开本：787×1092 1/16

2024 年 1 月第 二 次印刷 印张：14 3/4

字数：337 000

定价：178.00 元

“绿色丝绸之路资源环境承载力国别评价与适应策略”

编辑委员会

总　　序

“绿色丝绸之路资源环境承载力国别评价与适应策略”，是中国科学院 A 类战略性先导科技专项“泛第三极环境变化与绿色丝绸之路建设”之项目“绿色丝绸之路建设的科学评估与决策支持方案”的第二研究课题（课题编号 XDA20010200）。该课题旨在面向绿色丝绸之路建设的重大国家战略需求，科学认识“一带一路”沿线国家资源环境承载力承载阈值与超载风险，定量揭示沿线国家水资源承载力、土地资源承载力和生态承载力及其国别差异，研究提出重要地区和重点国家的资源环境承载力适应策略与技术路径，为国家更好地落实“一带一路”倡议提供科学依据和决策支持。

“绿色丝绸之路资源环境承载力国别评价与适应策略”研究课题面向绿色丝绸之路建设国家需求，以资源环境承载力基础调查与数据集为基础，由人居环境自然适宜性评价与适宜性分区，到资源环境承载力分类评价与限制性分类，再到社会经济发展适宜性评价与适应性分等，最后集成到资源环境承载力综合评价与警示性分级，由系统集成到国别应用，递次完成沿线国家资源环境承载力国别评价与对比研究，以期为绿色丝绸之路建设提供科技支撑与决策支持。课题主要包括以下研究内容。

（1）子课题 1，水土资源承载力国别评价与适应策略。科学认识水土资源承载阈值与超载风险，定量揭示沿线国家水土资源承载力及其国别差异，研究提出重要地区和重点国家的水土资源承载力适应策略与增强路径。

（2）子课题 2，生态承载力国别评价与适应策略。科学认识生态承载阈值与超载风险，定量揭示沿线国家生态承载力及其国别差异，研究提出重要地区和重点国家的生态承载力谐适策略与提升路径。

（3）子课题 3，资源环境承载力综合评价与系统集成。科学认识资源环境承载力综合水平与超载风险，完成沿线国家资源环境承载力综合评价与国别报告；建立资源环境承载力评价系统集成平台，实现资源环境承载力评价的流程化和标准化。

课题主要创新点体现在以下 3 个方面。

（1）发展资源环境承载力评价的理论与方法：突破资源环境承载力从分类到综合的阈值界定与参数率定技术，科学认识丝绸之路沿线国家的资源环境承载力阈值及其超载风险，发展资源环境承载力分类评价与综合评价的技术方法。

（2）揭示资源环境承载力国别差异与适应策略：系统评价丝绸之路沿线国家资源环境承载力的适宜性和限制性，完成绿色丝绸之路资源环境承载力综合评价与国别报告，提出资源环境承载力重要廊道和重点国家资源环境承载力适应策略与政策建议。

（3）研发资源环境承载力综合评价与集成平台：突破资源环境承载力评价的数字化、空间化和可视化等关键技术，研发资源环境承载力分类评价与综合评价系统以及国别报告编制与更新系统，建立资源环境承载力综合评价与系统集成平台，实现资源环境承载力评价的规范化、数字化和系统化。

"绿色丝绸之路资源环境承载力国别评价与适应策略"课题研究成果集中反映在"绿色丝绸之路资源环境承载力国别评价与适应策略"系列专著中。专著主要包括《绿色丝绸之路：人居环境适宜性评价》《绿色丝绸之路：水资源承载力评价》《绿色丝绸之路：生态承载力评价》《绿色丝绸之路：土地资源承载力评价》《绿色丝绸之路：资源环境承载力综合评价与系统集成》等理论方法和《老挝资源环境承载力评价与适应策略》《孟加拉国资源环境承载力评价与适应策略》《尼泊尔资源环境承载力评价与适应策略》《哈萨克斯坦资源环境承载力评价与适应策略》《乌兹别克斯坦资源环境承载力评价与适应策略》《越南资源环境承载力评价与适应策略》等国别报告组成。基于课题研究成果，专著从资源环境承载力分类评价到综合评价，从水土资源到生态环境，从资源环境承载力评价理论到技术方法，从技术集成到系统研发，比较全面地阐释了资源环境承载力评价的理论与方法论，定量揭示了丝绸之路沿线国家的资源环境承载力及其国别差异。

希望"绿色丝绸之路资源环境承载力国别评价与适应策略"系列专著的出版能够对资源环境承载力研究的理论与方法论有所裨益，能够为国家和地区推动绿色丝绸之路建设提供科学依据和决策支持。

封志明

中国科学院地理科学与资源研究所

2020 年 10 月 31 日

前　言

《尼泊尔资源环境承载力评价与适应策略》(*Evaluation and Suitable Strategy of Carrying Capacity of Resource and Environment in Nepal*)是中国科学院“泛第三极环境变化与绿色丝绸之路建设”专项课题“绿色丝绸之路建设的科学评估与决策支持方案”(课题编号 XDA20010200)的主要研究成果和国别报告之一。

本书从区域概况和人口分布着手，从人居环境适宜性评价与适宜性分区，到社会经济发展适应性评价与适应性分等；从资源环境承载力分类评价与限制性分类，再到资源环境承载力综合评价与警示性分级，建立了一整套由分类到综合的“适宜性分区—限制性分类—适应性分等—警示性分级”资源环境承载力评价技术方法体系，由公里格网到国家和地区，定量揭示了尼泊尔资源环境适宜性与限制性及其地域特征，试图为促进其人口与资源环境协调发展提供科学依据和决策支持。

本书共 8 章。第 1 章“资源环境基础”，简要说明尼泊尔国家概况、地质地貌、气候、土壤等自然地理特征。第 2 章“人口与社会经济”，主要从尼泊尔人口发展出发讨论了人口数量、人口素质、人口结构与人口分布等问题；从人类发展水平、交通通达水平、城市化水平和社会经济发展综合水平，完成了尼泊尔从分县到全国的社会经济发展适应性分等评价。第 3 章“人居环境适宜性评价与适宜性分区”，从地形起伏度、温湿指数、水文指数、地被指数分类评价，到人居环境指数综合评价，完成了尼泊尔人居环境适宜性评价与适宜性分区。第 4 章“土地资源承载力评价与增强策略”，从食物生产到食物消费，从土地资源承载力到承载状态评价，提出了尼泊尔土地资源承载力存在的问题与增强策略。第 5 章“水资源承载力评价与区域调控策略”，从水资源供给到水资源消耗，从水资源承载力到承载状态评价，提出了尼泊尔水资源承载力存在的问题与调控策略。第 6 章“生态承载力评价与区域谐适策略”，从生态系统供给到生态消耗，从生态承载力到承载状态评价，提出了尼泊尔生态承载力存在的问题与谐适策略。第 7 章“资源环境承载力综合评价”，从人居环境适宜性评价与适宜性分区，到资源环境承载力分类评价与限制性分类，再到社会经济发展适应性评价与适应性分等，最后完成尼泊尔资源环境承载力综合评价，定量揭示了尼泊尔不同地区的资源环境超载风险与区域差异。第 8 章“资源环境承载力评价技术规范”，遵循“适宜性分区—限制性分类—适应性分等—警示性分级”的总体技术路线，从分类到综合提供了一整套尼泊尔资源环境承载力评价的技术体系方法。

本书由课题负责人杨艳昭拟定大纲、组织撰写，全书统稿、审定由封志明、杨艳昭和闫慧敏负责完成。各章执笔人如下：第 1 章，封志明、刘星君；第 2 章，游珍、许冰洁、尹旭；第 3 章，李鹏、杨茵；第 4 章，杨艳昭、张超、刘莹；第 5 章，贾绍凤、吕爱锋、严家宝；第6章，甄霖、闫慧敏、胡云锋；第7章，封志明、杨艳昭、游珍、乔添；第8章，杨艳昭、闫慧敏、吕爱锋。读者有任何问题、意见和建议都可以反馈到fengzm@igsnrr.ac.cn或yangyz@igsnrr.ac.cn，我们会认真考虑、及时修正。

本书的撰写和出版得到了课题承担单位中国科学院地理科学与资源研究所的全额资助和大力支持，在此表示衷心感谢。我们要特别感谢课题组的诸位同仁，杨小唤、刘高焕、王礼茂、蔡红艳、黄翀、付晶莹、黄麟、何永涛、曹亚楠、肖池伟等，没有大家的支持和帮助，我们就不可能出色地完成任务。

最后，希望本书的出版，能够为“一带一路”倡议实施和绿色丝绸之路建设做出贡献，能够为引导尼泊尔的人口合理分布、促进尼泊尔的人口与资源环境和社会经济持续发展有益的决策支持和积极的政策参考。

作　者

2022年4月30日

摘 要

《尼泊尔资源环境承载力评价与适应策略》（*Evaluation and Suitable Strategy of Carrying Capacity of Resource and Environment in Nepal*）是中国科学院战略性先导科技专项“泛第三极环境变化与绿色丝绸之路建设”之“绿色丝绸之路建设的科学评估与决策支持方案”项目的第二研究课题“绿色丝绸之路资源环境承载力国别评价与适应策略”的主要研究成果和国别报告之一。通过定量揭示尼泊尔的资源环境适宜性与限制性及其地域特征，旨在为促进尼泊尔的人口与资源环境协调发展提供科学依据和决策支持。

全书共 8 章，第 1 章从国家历史发展与自然地理特征等方面概述尼泊尔资源环境基础；第 2 章从多尺度探讨了尼泊尔的人口发展与分布特征，定量评价了尼泊尔社会经济发展水平及限制因素；第 3 章基于地形、气候、水文与地被等多角度分析，对尼泊尔的人居环境适宜性进行分区评价；第 4～6 章，分别从土地资源、水资源和生态环境等角度，定量评估了尼泊尔全国、地理分区、分县三个不同尺度的资源环境承载力及其承载状态；第 7 章基于资源环境承载力分类评价，结合人居环境自然适宜性评价与社会经济发展适应性评价，综合评估了尼泊尔资源环境承载力与承载状态，定量分析地域差异与变化特征；第 8 章全面阐明了尼泊尔资源环境承载力研究的技术方法。主要研究进展体现如下。

（1）尼泊尔人居环境适宜性评价表明，尼泊尔为人居环境较适宜地区，人口主要分布于人居环境高度适宜地区，人居环境适宜类型、临界适宜类型与不适宜类型占比分别为 52.85%、9.84%与 37.31%；尼泊尔为气候、水文和地被要素适宜地区，地形要素限制地区；分县来看，人居环境适宜性最好的县区主要集中在特莱平原区。

（2）尼泊尔的水、土、生态承载力评价结果表明，尼泊尔粮食产出基本可以满足人口需求，土地资源整体处于临界超载的紧平衡状态，特莱平原和中部山区人粮关系较好。尼泊尔水资源整体富富有余，中部山区东部和特莱平原区 20 个超载或严重超载的县区值得关注。尼泊尔生态承载力整体呈现波动下降趋势，但始终处于富富有余状态，尽管各地区和县区的生态承载力有所差异，但仍多处在富富有余状态。

（3）尼泊尔资源环境承载力综合评价表明，尼泊尔资源环境承载力总体平衡，近 70%的人口分布在占地 60%的资源环境承载力平衡或盈余地区。尼泊尔资源环境承载状态南部平原普遍优于北部高原，人口与资源环境社会经济关系有待协调。

研究基于上述结论，提出了优化食物生产结构、加大农业科技投入、完善农业基础设施建设，提升区域供水能力和水资源利用效率，促进进出口贸易平衡、鼓励转变消费模式，合理布局人口，因地制宜、分类施策，促进人口与资源环境社会经济协调发展等对策建议。

Abstract

Evaluation and Suitable Strategy of Carrying Capacity of Resource and Environment in Nepal is a strategic leading science and technology project of the Chinese Academy of Sciences. It is one of the main research results and country reports of the special project of 'Pan-Third Pole Environmental Change and Green Silk Road Construction' 'National Evaluation and Adaptation Strategy of the Green Silk Road Resource and Environment Carrying Capacity'. This study reveals the suitability and limitation of resources and environment in Nepal and its regional characteristics quantitatively, aiming to provide scientific basis and decision support for promoting the coordinated development of population, resources and environment in Nepal.

Evaluation and Suitable Strategy of Carrying Capacity of Resource and Environment in Nepal consists of 8 chapters. Chapter 1 summarizes Nepal's resources and environment from the aspects of the country's historical development and natural geographical characteristics. Chapter 2 discusses the characteristics of population development and distribution in Nepal on multiple scales, and evaluates the level of socio-economic development and the limiting factors of Nepal quantitatively. Chapter 3, based on the analysis of terrain, climate, hydrology and ground cover, the suitability of human settlements in Nepal is evaluated in different regions. Chapter 4-6, from the perspective of land resources, water resources and ecological environment, quantitatively assessed the resource and environment carrying capacity and its carrying state at three different scales: national, geographical and county. Chapter 7, based on the classification evaluation of resource and environment carrying capacity, combined with the natural suitability evaluation of human settlements and the adaptability evaluation of social and economic development, comprehensively evaluated the resource and environment carrying capacity and bearing state of Nepal, and quantitatively analyzed the regional differences and change characteristics. Chapter 8, illustrates the technical specification of Nepal's regional resource and environment carrying capacity.

The basic views and main conclusions of *Evaluation and Suitable Strategy of Carrying Capacity of Resource and Environment in Nepal* are as follows.

First, based on the suitability evaluation of human settlement environment, Nepal is a suitable area for human settlement environment, and the population is mainly distributed in the highly suitable area. The proportion of suitable type, critical suitable type and unsuitable type of human settlement environment is 52.85%, 9.84% and 37.31%, respectively. Nepal is a suitable area for climate, hydrology and ground cover factors, but a limited area for topographic factors. The ten counties with the best human settlements are mainly located in the Terai Plain.

Secondly, based on the evaluation of land carrying capacity, water resources carrying capacity and ecological carrying capacity, the food output of Nepal can basically meet the needs of the population. The overall land resources are in a tight equilibrium state of critical overload. The relationship between the population and food in the Terai plain and the central mountainous area is better. Nepal is rich in water resources as a whole, and 20 districts in the eastern Central mountainous region and the Terai Plain that are overloaded or severely overloaded are worthy of attention. The ecological carrying capacity of Nepal showed a trend of fluctuation and decline, but it was always in the state of rich and surplus. Although the ecological carrying capacity of different regions and counties was different, it was still mostly in the rich and surplus.

Third, based on the comprehensive evaluation of resource and environment carrying capacity, Nepal's resource and environment carrying capacity is generally balanced, and nearly 70% of the population is distributed in areas with resource and environment carrying capacity balance or surplus covering 60% of the land area. The carrying state of resources and environment in the southern plain of Nepal is generally better than that in the northern plateau, and the relationship between population and resources, environment and social economy needs to be coordinated.

Based on the above conclusions, the study put forward some countermeasures and suggestions, such as optimizing the food production structure, increasing the investment in agricultural science and technology, improving the construction of agricultural infrastructure, improving the regional water supply capacity and water resource utilization efficiency, promoting the balance of import and export trade, encouraging the transformation of consumption pattern, rationally distributing the population, taking classified policies according to local conditions, and promoting the coordinated development of population, resources, environment and social economy.

目　录

第 1 章　资源环境基础

尼泊尔位于喜马拉雅山脉（Himalaya）南麓，北与中华人民共和国西藏自治区接壤，东、南、西三面分别与印度共和国的锡金邦（Sikkim Pradesh）、西孟加拉邦（West Bengal Pradesh）、比哈尔邦（Bihar Pradesh）、北方邦（Uttar Pradesh）和北阿坎德邦（Uttarakhand Pradesh）相连，是南亚地区一个地势落差较大、河流水能丰富、文化独具特色、极具风情的内陆山国。

1.1　国家和区域

尼泊尔联邦民主共和国（Federal Democratic Republic of Nepal），简称尼泊尔（Nepal）。尼泊尔整个国家呈西北—东南走向，近似于长方形，海拔由北向南递减，南北落差达 8000 多米。国家北部为高山区，包括中国和尼泊尔边境上的世界最高峰——珠穆朗玛峰（尼泊尔称萨加玛塔峰）在内的世界上 14 座海拔 8000m 以上的高峰中的 8 座位于该区域。中部地区为山地与河谷，海拔在 300～1500m，山峦叠嶂，河流纵横，主要包括加德满都谷地、博卡拉谷地等。南部为狭长的特莱（Terai）平原区[①]，位于恒河平原北部延伸地带，是尼泊尔主要的农业区，交通较为方便。

尼泊尔是多党制国家，自共和国成立以来，多个党派轮流执政且政府更替频繁，比较有影响力的党派主要有尼泊尔共产党（毛主义中心）、尼泊尔共产党（联合马列）和尼泊尔大会党等全国性政党，此外，尼泊尔国内还有数十个地方性政党在各省发挥着影响力，目前在尼泊尔联邦选举委员会注册的政党超过 100 个。

尼泊尔的行政区划于 2015 年 9 月 16 日新宪法草案通过后被调整，全国被分为七个省份。首都加德满都市是尼泊尔第一大城市，旅游名城博卡拉是第二大城市。国家官方语言为尼泊尔语，文体为天城体，上层通用语言为英语。尼泊尔国旗主要颜色为红白蓝三色，红色为尼泊尔国花杜鹃的颜色，蓝色象征和平，日月形状表明国家性质为印度教国家，也象征着国家长治久安，三角形象征着喜马拉雅山。尼泊尔国旗为世界上唯一一面非矩形国旗，也是世界上唯一一面纵大于横的比例的国旗。国歌为《唯一百花盛开的国度》，于 2007 年开始使用。国徽由尼泊尔国旗、喜马拉雅山、尼泊尔地图和杜鹃花环等组成，底部绶带上用天城体书写着“母亲和祖国胜于天”。

---

① 尼泊尔语为 तराइ，音译为特莱，是位于尼泊尔南部、印度北部的一片低地区域。

1.2 尼泊尔简史

尼泊尔的历史按照国家形态演变和王朝更替脉络可以分为早期历史（1769 年之前）、尼泊尔王国史（1769～2008 年）和共和国史（2008 年之后）三个阶段。

1.2.1 尼泊尔早期历史（1769 年以前）

尼泊尔具有悠久长远的历史。戈帕拉王朝（Gopala vensh）被认为是尼泊尔境内出现的第一个王朝，由戈帕拉人（Gopalas）和马希沙帕拉斯人（Mahishapalas）在加德满都谷地建立，戈帕拉的意思是“放牧的人”①。公元前 8 世纪左右，克拉底人（Kirantis）打败了戈帕拉人，建立克拉底王朝。克拉底在《夜柔吠陀》（YajurVeda）中意为“住在山区里英俊的人民和在森林里的猎人”。公元 4 世纪左右，李查维人（Lichhavis）从印度北部来到加德满都谷地，马纳•德瓦（Mana Dev）建立了李查维王朝。李查维王朝是尼泊尔有文字记载的第一个王朝，并被认为是尼泊尔有史时期的开端。坐落在加德满都谷地中的印度教寺庙昌古纳拉扬神庙（Changu Narayan Temple）就是这一时期留下来的遗产。公元 7 世纪，李查维王朝进入黄金时代，尼泊尔国王鸯输伐摩（Amshuvarma）将女儿布里库提（Bhrikuti）嫁给吐蕃赞普松赞干布，开启了中尼历史上“尺尊公主进藏”的佳话，“蕃尼古道”上商贸往来不断，菠菜等农作物通过尼泊尔开始传入中国。

李查维王朝在公元 8 世纪中期走向衰落，塔库里王朝建立统治。在这一时期，密教在尼泊尔得到广泛传播。公元 13 世纪，阿里德瓦•马拉（Ari Deva Malla）建立了玛拉王朝，尼泊尔进入历史上最繁荣的时期，艺术、文化和建筑等都在这一时期取得了巨大发展。1260 年，尼泊尔建筑师阿尼哥（Anigo）率领大批工匠来到中国，修建了以大圣寿万安寺（今北京白塔寺）、五台山佛塔为代表的多座建筑，成为中尼友好交往的象征。这一时期著名的国王贾亚斯堤提•马拉（Jayasthiti Malla），对尼泊尔进行了大刀阔斧的改革，为尼泊尔的发展奠定了良好的基础，印度教也在此时在尼泊尔盛行。亚克西•马拉国王（Jaya yakshya Malla）征服了诸多土邦，使得尼泊尔领土大幅度扩张。他去世之后，加德满都谷地出现了分裂，其三子分别割据三城，加德满都谷地出现了三国时代。直到 1769 年，廓尔喀国王普利特维•纳拉扬•沙阿（Prithvi Narayan Shah）攻占加德满都，马拉王朝辉煌灿烂的历史才从此终结。

1.2.2 尼泊尔王国史（1769～2008 年）

1769 年廓尔喀国王普利特维•纳拉扬•沙阿攻占加德满都，标志着尼泊尔开始走向

① 戈帕拉王朝具体建立时间不详、史料缺乏，因此也有观点认为戈帕拉人和马希沙帕拉斯人先后建立王朝。本章采用尼泊尔外交部关于尼泊尔介绍中的说法。

统一。普利特维•纳拉扬•沙阿是廓尔喀王国的第十代君主，1743年登基以来，他就不断地向加德满都谷地发动战争，1768年9月，攻破加德满都王国，1769年7月，攻下帕坦和巴德岗，同年11月，迁都加德满都，为建立一个统一的尼泊尔打下了坚实的基础，因此普利特维•纳拉扬•沙阿又被视为尼泊尔近代国家的缔造者。沙阿王朝一直延续到2008年，在两百多年的统治中，沙阿王朝经历了英尼战争、拉纳家族独裁和君主立宪等阶段。

1788年，廓尔喀（尼泊尔）侵入中国西藏聂拉木、吉隆等地，廓尔喀之役爆发。1792年，乾隆皇帝派福康安率兵收复失地，兵临廓尔喀首都阳布城（今加德满都），廓尔喀称臣请降，许诺永不侵犯藏境。19世纪初，沙阿王朝势力式微，给外部势力带来可乘之机。1814年，由于廓尔喀与英属印度的边境领土纠纷，英属东印度公司发动了侵略廓尔喀的战争，史称廓尔喀战争（Gorkha War）。1816年2月，英军将领大卫•奥克特洛尼（David Ochterlony）以压倒性优势击败了廓尔喀军，双方签订《苏高利条约》（Treaty of Sugauli），将锡金、特莱地区和卡利河以西等近三分之一的领土割让给了英属印度，并承认尼泊尔外交受英属东印度公司监督。

1846年，亲英军人荣格•拉纳（Jung Bahadur Rana）发动政变夺取尼泊尔军政大权，国王沦为傀儡，尼泊尔进入持续104年的拉纳家族统治时期。荣格在1854年颁布了尼泊尔历史上最完整的一部具有印度教色彩的法典——《尼泊尔法典》（*Muliki Ain* 或 *Legal code of Nepal*），将尼泊尔纳入以印度教为中心的种姓制度中，对尼泊尔社会起到了深远影响。1855年，尼泊尔违反承诺再次派兵入侵西藏，双方在尼泊尔塔帕塔利（Thapathali）签订了合约，尼泊尔在中国西藏享有免税等特权。1923年，英国与尼泊尔签订《英尼条约》（*Nepal-Britain treaty*），英国首次正式在名义上承认尼泊尔作为独立主权国家地位。

1950年，在印度民族独立运动的影响下，国王特里布文比尔•比克拉姆•沙阿（Tribuvan Bir Bikram Shah）领导的尼泊尔大会党（Nepali Congress）与尼泊尔王室结盟，在尼泊尔多地掀起了罢工和起义运动。1951年2月，尼泊尔颁布临时宪法，实行君主立宪制，结束了拉纳家族的统治。1959年初，特里布文的儿子马亨德拉国王颁布了新宪法，并举行了第一次国民议会的民主选举。尼泊尔大会党在选举中取得了胜利，比什维什瓦尔•普拉萨德•柯伊拉腊（Bishweshwar Prasad Koirala）组建了内阁并出任首相。1960年底，马亨德拉解散内阁和议会。1962年12月，尼泊尔颁布宪法，规定尼泊尔为印度教君主国，实行无党派评议会制度（Partyless Panchayat System），禁止成立任何政党。

1990年尼泊尔主要政党发起了人民民主运动。1991年5月，尼泊尔举行了议会选举，选举大会党领袖吉里贾•普拉萨德•柯伊拉腊（Girija Prasad Koirala）出任首相。1994年11月，尼泊尔共产党（联合马列）主席大选获胜，曼•莫汉•阿迪卡里（Man Mohan Adhikari）当选首相，这是共产党领导人首次当选尼泊尔政府首脑。2001年6月，尼泊尔王室发生惨案，包括比兰德拉国王在内的13名王室成员遭到枪杀，比兰德拉国王的兄弟贾南德拉和他的家人幸存下来，继任国王。2005年初，贾南德拉宣布解散政府，当年秋季，尼泊尔共产党（毛主义者）邀请其他7个主要党派举行秘密会谈，达成了“十二点共识”，并签署了备忘录。2006 年 4 月，尼泊尔组建临时政府，11 月，结束了尼泊尔共产党（毛主义者）长达十年的人民战争。2007 年 4 月，八党联合政府宣告成立。

1.2.3 尼泊尔共和国史（2008 年至今）

2008 年 4 月，尼泊尔举行制宪会议选举；5 月，尼泊尔君主制被取消，正式成立尼泊尔联邦民主共和国；7 月，拉姆·巴兰·亚达夫（Ram Baran Yadav）在尼泊尔制宪会议中当选尼泊尔首任总统；8 月，普拉昌达（Pushpa Kamal Dahal）出任首任总理。普拉昌达出任总理后，在北京奥运会期间首访中国，打破了尼泊尔总理上任首访印度的传统。2009 年 5 月，普拉昌达宣布辞职。尼共（联合马列）领导人马达夫·库马尔·尼帕尔（Madhav Kumar Nepal）当选总理。2013 年 12 月，尼泊尔成立了第二届制宪会议，继续履行制宪任务。在 2010～2015 年 9 月颁布新宪法期间，由于各政党在起草宪法和和平进程中的看法有分歧，尼泊尔总理更替频繁，五年之内更换了 5 任总理，尼泊尔政局稳定受到破坏。2015 年 9 月 16 日晚，尼泊尔制宪会议以 507 比 25 的压倒性票数表决通过了新宪法草案；20 日，尼泊尔总统亚达夫在尼议会大厦宣布施行《尼泊尔联邦民主共和国宪法》，这是尼泊尔历史上第一部由民选代表制定的宪法。宪法包括将尼泊尔全国划分为 7 个联邦省；总统为国家元首和军队统帅，总理由议会多数党领袖担任，联邦议会由联邦院和众议院两院组成等。

新宪法颁布后，2015 年 10 月 11 日，尼泊尔议会选举总理，尼共（联合马列）主席卡德加·普拉萨德·夏尔马·奥利（Khadga Prasad Sharma Oli）当选尼泊尔新总理。10 月 28 日比迪娅·德维·班达里（Bidhya Devi Bhandari）当选尼泊尔总统，这也是尼泊尔首位女性国家元首，2018 年 3 月获得连任。2017 年 6 月，谢尔·巴哈杜尔·德乌帕（Sher Bahadur Deuba）当选总理，2018 年 2 月奥利再次当选尼泊尔总理。2018 年 5 月，尼共（联合马列）和尼共（毛主义中心）合并成立尼泊尔共产党，奥利和普拉昌达共同担任尼泊尔共产党联合主席。2021 年 3 月，尼泊尔最高法院撤销了尼泊尔共产党的合并，尼共（联合马列）恢复。由于政党矛盾频发，2021 年 7 月大会党领袖德乌帕第五次出任尼泊尔总理。

1.3 行政区划

尼泊尔全国面积约 14.7 万 km^2，人口约 3000 万人（2020 年），尼泊尔语为国语，上层社会通用英语。尼泊尔是一个多民族、多宗教、多种姓、多语言国家，又被称为“百花盛开的国度”。居民 85%以上信奉印度教，8%信奉佛教，4%信奉伊斯兰教，还有少部分信奉其他宗教。民族主要分为印度教民族和非印度教民族，印度教民族占主体地位。

1.3.1　行政区划演变及构成

在 20 世纪 50 年代，尼泊尔划分为 32 个县（districts）。1962 年，尼泊尔调整区划，将全国划分为 5 个发展区（development regions）、14 个区（zones）和 75 个县（districts）。到 1995 年，事实上存在的五个发展区实际上成为尼泊尔主要的行政区。五个发展区分别是东部发展区（Purwanchal）、西部发展区（Pashchimanchal）、中西部发展区（Madhya Pashchimanchal）、中部发展区（Madhyamanchal）和远西部发展区（Sudur Pashchimanchal）。

2015 年前，尼泊尔没有划分省，发展区和行政区为主要的行政单位。尼泊尔 2015 年新宪法规定，尼泊尔行政区划主要分为省级（provinces）和县级（districts）两级。全国划分成第一省至第七省七个省级行政单位（provinces）。

目前，尼泊尔有 7 个省级行政单位，77 个县级行政单位和 753 个村镇级行政单位（表 1-1）。从东向西分别是科西省、马德西省、巴格马蒂省、甘达基省、蓝毗尼省、卡纳利省和苏杜尔帕什切姆省。总体来说，南部省份发展优于北部，东部省份发展强于西部。尼泊尔的人口、工农业和经济重心主要集中在东、中部省份和各省份的南部地区。

表 1-1　尼泊尔各省基本情况

省名	省会英文名	省会	省会英文名	面积/km^2	下辖县数量/个
科西省	Koshi	比拉德讷格尔	Biratnagar	25905	14
马德西省	Madhesh	贾纳克布尔	Janakpur	9661	8
巴格马蒂省	Bagmati	黑道达	Hetauda	20300	13
甘达基省	Gandaki	博卡拉	Pokhara	21504	11
蓝毗尼省	Lumbini	德瓦库里	Deukhuri	22288	12
卡纳利省	Karnali	比兰德拉纳加尔	Birendranagar	27984	10
苏杜尔帕什切姆省	Sudurpashchim	丹加地	Dhangadhi	19915	9

1.3.2　主要城市介绍

尼泊尔的主要城市或因其独特的自然风光或人文历史而著名，或在尼泊尔的工业、农业生产中占据重要地位。比较知名的城市有加德满都市（Kathmandu）、博卡拉（Pokhara）、帕坦（Lalitpur）、奇特旺（chitawan）、鲁潘德希（Rupandehi）等。

加德满都又称加都，是尼泊尔的首都和全国的政治、经济、文化中心，也是尼泊尔最古老、人口最多的都市，至今已有近 1300 年的建城史。加德满都位于加德满都谷地西北部，巴格马蒂河以北，海拔 1400m 左右，面积为 50.7km^2。加德满都还是南亚区域合作联盟（SAARC）总部的所在地。旅游业是该市经济的重要组成部分，博达哈大佛塔、帕斯帕提那神庙、斯瓦扬布那寺入选世界文化遗产。多种宗教并存的氛围、自然优美的环境、极具风情的历史文化，使得加德满都多次在各大旅游榜单上被评选为亚洲最优旅游目的地。

博卡拉是甘达基省的首府，也是尼泊尔面积最大、人口第二大城市。位于加德满都以西 200km 左右，海拔 800 余米，地形为低山丘陵，河谷宽阔平坦。世界十大高峰中的道拉吉里峰、安娜普纳山峰等均可以在博卡拉近距离观看到，桑特库特、费瓦湖等都是绝佳的观日出胜地，因此博卡拉又被称为徒步者的天堂。茂密的植被和壮丽的雪山风光形成强烈对比，也让博卡拉成为尼泊尔最受欢迎的旅游地点之一。博卡拉也位于中国和印度之间一条重要的历史贸易路线上，是古代重要的贸易中转场所。

帕坦又称拉利德普尔，坐落在加德满都谷地中南部，北与加德满都隔水相望，是尼泊尔第三大城市。城市面积 15.43km^2，它以精美的古代艺术品、金属制品和石雕雕像的制作而闻名，也被称为“艺术之城”。帕坦杜巴广场与其他 7 个遗产点一起被列为世界文化遗产，城市内著名的印度教寺庙众多，辖区内的中央动物园是尼泊尔唯一的动物园，尼泊尔国家图书馆也坐落于此。

奇特旺位于尼泊尔的西南角巴格马蒂省特莱地区，历史上该地是一片茂密的森林，现在是尼泊尔主要的玉米产区，还以芥末种植和芥末油生产而闻名。普里特维公路贯穿该地，联结加德满都和印度边境，成了尼印贸易的主要中转站之一。奇旺区医疗资源丰富，仅次于加德满都，尼泊尔 B.P.柯依拉腊纪念肿瘤医院等著名医疗机构位于此地。成立于 1973 年的奇特旺国家公园是尼泊尔第一个国家公园，1984 年入选世界遗产名录，尼泊尔国宝独角犀牛居住于此。

鲁潘德希位于蓝毗尼省南部，距加德满都 360km 左右，作为佛祖乔达摩•悉达多（释迦牟尼）的诞生地，因而成为世界著名的佛教朝圣地，中国唐代大师玄奘曾游历至此。蓝毗尼园 1997 年被联合国教育、科学及文化组织列为世界遗产，有史以来中国在国外的第一座正式寺院——中华寺也坐落于此。

1.4　地质与地理

尼泊尔位于喜马拉雅山南麓，东西长约 880km，南北宽 150～250km 不等，面积 14.7 万 km^2。海拔自南向北从 50m 左右向 8000m 左右迅速递增。国土面积的 75%左右为山地和丘陵，南部狭长地带为平原。

1.4.1　区域地质特征

1. 地层

尼泊尔位于喜马拉雅造山带中段南部，处于印度板块与亚洲板块的缝合带。符海明（2019）指出，尼泊尔地形自北向南可分为四个地带：高喜马拉雅带、低喜马拉雅逆冲过渡带、低喜马拉雅带和次喜马拉雅带（符海明等，2009）。

高喜马拉雅带高度主要在 3000～8000m，北坡为喜马拉雅山，前寒武纪变质岩广泛分布，被主要的中央冲断层（MCT）分隔开来。地质主要由变质岩（如蓝晶石、硅铝石、石榴石等）组成。

低喜马拉雅逆冲过渡带高度在 1000～3000m，在地质上主要由南部的低品位变质岩如板岩、千枚岩、片岩、石英岩、大理岩、沉积岩、石灰岩、白云岩、页岩等组成。局部上覆晚古生代冈瓦纳沉积岩推覆体（包括未变质的砂岩、板岩、砾岩和白云岩），以及泛非期花岗岩为主体逆冲推覆岩片（吴钦，1988；符海明等，2009）。

低喜马拉雅带高度在 300～1000m，在地质构造上，该带由松散的、向北倾斜的沉积岩状砾岩、石、粉砂岩、泥岩和泥灰岩组成。

次喜马拉雅带海拔小于 300m，从地质上讲，这一带是由北部的沉积物和南部的细粒沉积物组成的。印度—恒河流域广阔的冲积平原演变为喜马拉雅山脉南部的前陆盆地，然后沿着一系列陡峭的断层分裂（Nakata，1998）。

2. 地质构造

喜马拉雅山是由大约 4000 万年前印度板块和欧亚板块的碰撞而形成的，尼泊尔占据了喜马拉雅山中央南部 800km 的范围。尼泊尔可以分为五个不同形态的地质构造带，从南到北分别为特莱平原（Terai Plain）、西瓦利克山脉（Siwalik Range）、小喜马拉雅山（Lesser Himalaya）、高喜马拉雅山（Higher Himalaya）和内喜马拉雅山（Inner Himalaya）。每一个构造带都有清晰的地形、地质和构造特征①。

特莱平原是印度—恒河平原的北部延伸，海拔从 100～200m 不等，属于亚热带气候。从南部的尼泊尔—印度边界延伸到北部的西瓦利克山脉底部，是一条从东到西连续的地质带。

西瓦利克山脉海拔通常在 200～1000m，有明显的向前倾斜的岩层，南部地貌陡峭。西瓦利克山脉地形发育不成熟，地形高度崎岖，被沟壑切割。

小喜马拉雅山地质构造带地貌成熟，被由北向南的河流切割，形成了季风气候的第一道屏障，影响尼泊尔的降水。地形崎岖，山峰陡坡林立。

高喜马拉雅山地质构造带地形崎岖，山脉陡峭，山谷切割明显，常年被雪山覆盖。岩石露头，土壤覆盖面积很小。

内喜马拉雅山地质构造带被较厚的冰川和冰河沉积物以及新近冲积物所覆盖。这些沉积物非常松散和脆弱，地形发育良好，大多数地方以陡坡为主②。

3. 矿产资源

尼泊尔矿产资源贫乏。目前发现和探明的矿藏种类很少，大部分矿种保有储藏量不高③。据尼泊尔矿产资源部报告，迄今为止，尼泊尔已探明 63 种矿物。2015 年，15 种

---

① Ministry of Industry. Commerce and Supplies Department of Mines and Geology. https://www.dmgnepal.gov.np/general-geology.

② Upreti B N. 2001. The physiographic and geology of Nepal and their bearing on the landslide problem: Landslide hazard mitigation in the Hindu Kush-Himalaya, 31-49.

③ 中华人民共和国驻尼泊尔大使馆经济商务处. 尼泊尔矿产资源概况. http://np.mofcom.gov.cn/aarticle/ztdy/ddqy/200706/20070604810357.html.

不同矿物的 85 个矿山和采石场投入运营。其中 31 个为采石场，7 个为宝石矿。政府已颁发了 400 份勘探许可证勘探 24 种矿产，颁发 222 种采矿许可证许可开发 15 种矿产（河流砂矿除外）。有超过 31 个石灰石厂向一些工业供应石灰石。尼泊尔的矿产资源主要分为六类，包括金属矿物、非金属矿物、燃料、宝石、装饰石材和建筑材料[①]。

金属矿物主要包括铁、铜、锌、铅、金、铂、银和锡等，尼泊尔多个地区发现了此类矿物。尼泊尔已探明拥有 1 亿 t 铁矿石，主要分布在福尔乔克（Phulchoki）、柔孜（Thoshe）、拉贝堤拉克（Labdi Khola）和吉尔邦（Jirbang）地区。在尼泊尔发现的常见铜矿石包括黄铜矿、蓝铜矿、赤铜矿等，目前已经探测出 107 个已知和具有开采前景的矿床，具体分布在达秋拉（Darchula）、巴江（Bajhang）、巴尤拉（Bajura）和帕巴特（Parbat）等地。锌和铅矿床已经在尼泊尔超过 54 个地方发现。主要分布在加内什（Ganesh Himal area）、帕库瓦（Phakuwa）和拉邦卡朗（Labang Khairang）等地。在尼泊尔的上木斯塘地区发现了大量铀矿床，但目前尼泊尔还未具备提取技术。

非金属材料包括磷矿、石灰石、石英、云母、黏土等。石灰石主要分布在乌代普尔（Udaypur）、丹库塔（Dhankuta）、辛杜利（Sindhuli）和马克万普尔（Makwanpur）等地，储量大约有 12.5 亿 t，已探明石灰石矿藏 5.4 亿 t。白云岩探明储量可能超过 50 亿 t，主要分布在丹库塔（Dhankuta）、科塘（Khotang）、乌代普尔（Udayapur）和辛杜利（Sindhuli）等地。探明菱镁矿 1.8 亿 t，其中高品位 6600 万 t，分布在（Kharidhunga）、多拉卡（Dolakha）和（Kampughat）等地。

燃料主要包括石油和天然气。目前，尼泊尔南部确定了 10 个潜在油田，主要分布在帕杜卡珊（Padukasthan）、色瑞珊（Sirsathan）和纳维珊（Navisthan area）等地。甲烷主要分布在加德满都谷地，通过勘探钻探发现了 26km^2 的主要甲烷气矿床，储量约 3.16 亿 m^3。除此之外还有地热温泉资源，数量为 50 个左右，主要分布在尼泊尔的山区。

宝石主要包括水晶、蓝宝石、红宝石等。电气石主要分布在亚库乐（Hyakule）和帕库瓦（Phakuwa）地区，目前 6 个矿山正在开采中。绿柱石主要分布在塔普勒琼（Taplejung）和辛杜巴尔乔克（Sindhupalchok）等地区。蓝晶石主要分布在多拉卡（Dolakha）和桑库瓦萨巴（Sankhuwasabha）等地。

装饰石包括大理石、花岗岩、石英岩和板岩等，主要分布在拉利特普尔（Lalitpur）、达丁（Dhadhing）、马克万普尔（Makwanpur）和塔普勒琼（Taplejung）等地，目前已探明储量较大。建筑矿物包括砾石、铺路石、沙子等，尼泊尔河网密布，储量较为丰富。

1.4.2 自然地理特征

根据地貌，尼泊尔的自南向北可分为特莱平原区、中部山地区和北部高山区。特莱

① 本小节数据资料来源尼泊矿产和地质部报告. Mines & Minerals Sector Profile. 2020. Office of the Investment Board Nepal, https://ibn.gov.np/wp-content/uploads/2020/04/Mines-Minerals-Sector-Profile.pdf.

平原（Terai）意为“位于流域脚下的土地”。该地区始于印度恒河平原以北，北部到达西瓦利克山以南，面积约占尼泊尔总面积的五分之一。特莱平原平均海拔在300m以下，分布了50多个主要湿地，形成了一条狭长的森林带。由于平坦的地势，河流冲击带来肥沃的土壤和季风气候带来的降水，这里成为尼泊尔的主要工业区、粮食产区、茶叶产区和林区。但是也因季风气候影响，特莱平原地区长年饱受洪涝灾害的破坏。

中部山地区位于喜马拉雅山以南、特莱平原以北的中间狭长地带，海拔在1000～4000m，其中山谷丘陵交错，梯田密布，河流众多，尼泊尔最大的谷地——加德满都谷地就位于此。流经尼泊尔的主要大河，如卡纳利河、甘达基河和柯西河等切割山地区，形成了多个峡谷。该地区面积约占尼泊尔的五分之三，农业、畜牧业是该地区的主要产业，高达30%的山地被改造成各种梯田。

北部高山区主要指喜马拉雅山区。其位于中部山区以北，海拔在4000m以上，向北急剧升高至8000m左右，为数不多的山口海拔在5000～6000m，海拔稍低的山谷和河流附近存在着少量的牧业和农业。世界上海拔超过8000m的高峰多位于此。

1.5 气象和气候

1.5.1 气象气候特征

尼泊尔全国分北部高山、中部温带和南部亚热带三个气候区，气温和降水的差异都比较大，主要受地形和来自印度洋上的季风影响。其全年平均气温13.26℃左右，年平均降水量1344mm，有明显的旱季和雨季。气温和降水随着地形呈现南多北少、东多西少的特征。全年旱涝灾害频发，寒潮、泥石流等自然灾害严重影响人们的生产和生活。

北部高山区属于高山气候，气温和气压较低，常年寒冷。海拔5000m以上的地方少有人居住，常年温度在–30℃以下，空气稀薄，多地终年积雪覆盖。海拔在3000～5000m的高山区降雪频繁，霜冻期较长。夏季和冬季温差较大，冬季积雪较厚，夏季积雪融化，山地昼夜温差较大。

中部山区属于温带季风气候，除夏季外，其余季节温差大。位于中部山区的加德满都全年气候温和，夏无酷暑，冬无严寒，年平均气温为20℃左右，年降水量1300mm左右，独特的气候条件使得加德满都气候宜人，被众人赋予“山间天堂”的美誉。

南部属于亚热带季风气候，夏季炎热湿润，冬季温暖干燥，全年温差较小，夏季降水占全年的70%左右，有明显的雨季和旱季。

1.5.2 气温特征

尼泊尔呈现典型的季风性气候特征，主要分为季风前期、季风期、季风后期和旱季

（图 1-1）。季风前期：全国气温整体呈由东南向西北逐渐递减的趋势，月均温度为 10～17℃；季风期：境内除部分高山区之外，绝大部分地区气温高，月均温度为 20～25℃；季风后期：北部高山区气温明显下降，东南部地区温度仍然偏高，月均温度为 9～18℃；旱季：全国南北气温差距大，南部地区气温普遍偏高，呈东南向西北递减的趋势，月均温度为 5～10℃。

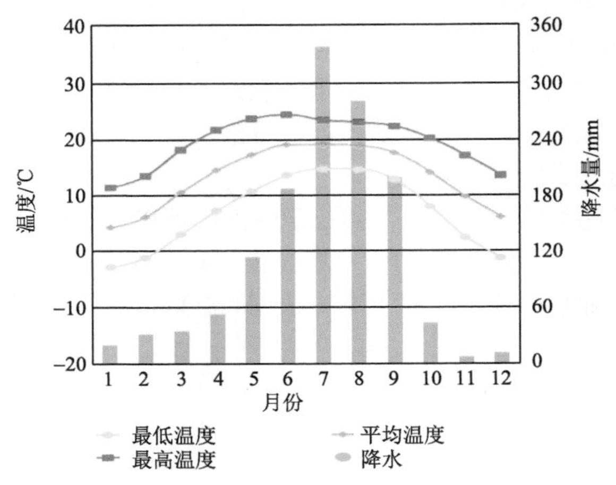

图 1-1　尼泊尔气温、降水分布图

数据来源：世界银行气候变化知识门户 https://climateknowledgeportal.worldbank.org/country/nepal

世界银行气候变化知识门户（The Climate Change Knowledge Portal）统计的尼泊尔平均气温数据显示，受季风和地形影响，近 30 年中，一年中 6～8 月的气温最高，6 月出现最高温，平均气温可达 25℃左右，12 月至次年 2 月气温最低，1 月出现最低温，平均气温为 5℃左右。

1.5.3　降水特征

尼泊尔国内年内各月降水量变化较大，有明显的旱涝期，各季降水分布如下。12 月至次年 2 月为旱季，全国降水量较少，月均降水量在 15mm 以下。3～5 月为季风前期，降水出现在东南部，月均降水量在 30～120mm。6～9 月为季风期，除北部山区外全国大部分地区都出现降水，月均降水量在 180～350mm，东部地区月均降水量在 250～450mm。10 月后是季风后期，降水量明显下降，只有东部地区还会有降水发生，全国月降水量不足 70mm。

世界银行气候变化知识门户 1991～2020 年尼泊尔观测到的年平均降水数据显示，尼泊尔的降水主要集中在 6～8 月，6 月平均降水量最高，达 340mm，11 月到次年 2 月降水量最少，11 月平均降水量不足 10mm。近一个世纪以来，尼泊尔降水量极端峰值出现在最近 10 年。2011 年平均降水量高达 1746mm，2014 年平均降水量仅 792mm。

1.6 土　　壤

尼泊尔的地质类型变化较大，导致其土壤类型也存在着不同地区的差异。总体来说，尼泊尔的主要土壤类型有冲积土、湖土、岩石土和山地土。位于特莱地区和河流附近的主要是冲积土。砂石土主要位于中部山区，加德满都谷地也有湖泊土沉积。按照现行世界土壤分类系统来看，主要的土壤类型有新成土（Entisols）、弱育土（Inceptisols）、黑沃土（Mollisols）和淋溶土（Alfisols）等①。

1.6.1 土壤类型

新成土这种类型的土壤在尼泊尔十分常见。土壤的主要成分是未改变的母质，如沙子或岩石碎片。新成土土壤较新，土层较薄，土壤肥力低，除非在梯田上耕作，否则容易受到侵蚀。新成土不适合耕种农业，但可以用于林业和牧场发展。具体包括潮湿始成土（Aquepts），受季风和水位影响较大，该土壤栽培水稻比较多。正常新成土（Orthents）大多发育于低于 1500m（朝南的山坡高度略高）的地方，主要分布在特莱平原和中部山谷丘陵中，在酸性或中性基岩上发展，包括湖床沉积物，这是尼泊尔最常见的土壤，尤其是在西部地区，广泛被用于农业生产。不饱和淡色始成土（Dystrochrepts）主要分布在尼泊尔中部和东部地区，土壤酸化问题最为严重。

弱育土在中部山地区比较常见，虽然土壤更加发达，但是仍然较新。土壤呈棕色至灰色，以高渗透率的粗粒砂砾为主，具有较高的 pH，顶层易腐蚀。有机质、氮、磷、钾含量高低随着不同地区的土壤状况有所变化，低谷地区土壤中有机物更高，具有良好的肥力，适宜耕种。

黑沃土在较为潮湿、海拔较低的丘陵和山谷地区比较常见，在较高海拔的森林和草原地区也可发现。黑沃土土壤质地细腻，pH 和有机质含量高，不易受侵蚀。其中弱发育半干润软土（Haplustolls）在特莱地区和山地的亚热带混交林中很常见，土壤通常较为肥沃，并且在几年内具有较高养分。冷冻性冷凉软土（Cryuborolls）主要分布在北部喜马拉雅高山的草原地区，土壤肥力更强。

淋溶土分布于丘陵中部和底部，占所有土壤类型的比例并不大。土壤发育良好，土壤的性质呈酸性。底土中碱饱和率较高。由于降水量大，土壤无法保持水分，容易受到侵蚀。此外，其质地为沙质和砂壤土，排水性较好。

---

① 本节资料综合整理了 Hari Paneru, Major Soils of Nepal Posted, https://hrpaneru.wordpress.com/2013/08/06/major-soils-of-nepal/; R.K. Shrestha, Agroecosystem of the Mid-Hills, https://www.fao.org/3/t0706e/T0706E02.htm; Rajendra Prasad Uprety, Biological Characterization of Nepalese Soils, https://actascientific.com/ASAG/pdf/ASAG-02-0270.pdf 等材料和观点。

1.6.2 土壤质地

根据尼泊尔国家土壤科学研究中心（National Soil Science Research Center）的数据分析可知，尼泊尔的土壤酸碱度整体呈现东南向西北递减的分布状态，东部酸性较高，西部酸性较低，酸性最严重的主要是科西省。

尼泊尔土壤有机质含量除东南部特莱平原地区以外，整体处于较高水平，尤其是在北部高山区和西部苏杜尔帕什切姆省含量较高，主要原因是该地区人口密度小，土壤开发利用率较低，利于土壤有机质保持。科西省、马德西省为尼泊尔农业主产区之一，土地开发强度大，土壤肥力降低。

尼泊尔土壤含氮量总的来说比较高，整体呈现东南向西北递增的态势，南部特莱平原、加德满都谷地和中部山地区含氮量较小，西北部山区大片地区含氮量极高。

参考文献

符海明，徐喆，陆仙花，等. 2009. 尼泊尔的地质与矿产. 东华理工大学学报（自然科学版），42(4): 301-310.

吴钦. 1988. 尼泊尔地矿工作考察. 国外地质勘探技术, 12: 18-22.

Nakata T. 1998. Active faults of the Himalayas of India and Nepal. Geological Society of America Special Paper, 32: 243-264.

第 2 章　人口与社会经济

人口是区域资源环境承载的载体，社会经济对区域资源环境承载力发挥着重要的调节作用。本章从人口规模和增减变化、人口结构与民族宗教、人口分布与集疏格局三方面，分析了尼泊尔近年人口现状与发展变化特征；以人类发展水平、城市化水平、交通通达水平三个方面的评价为基础，综合评价了尼泊尔社会与经济发展的区域差异。本章内容将为尼泊尔资源环境承载力的综合评价提供基础支撑。

2.1　人口发展与分布

本节基于尼泊尔人口统计数据和格网数据，以国家、分区和分县为基本研究单元，从人口规模与增减变化、人口结构与民族宗教以及人口分布与集疏格局三方面对尼泊尔的人口发展特征进行了分析。

2.1.1　人口规模与增减变化

尼泊尔人口总量较大，但人口变动也较大。2020 年尼泊尔的人口总量达到了 2913.68 万人，接近 3000 万人口，相较于 2000 年的 2394 万人增加了 500 余万人，20 年间增长了超 20%，人口增幅较大。

从年均人口增长率来看，尼泊尔人口发展可以分为三个阶段：第一阶段是 2000～2009 年，该阶段尼泊尔年均人口增长率平均达 1.3%，处于增长较快时期；第二阶段是 2010～2015 年，该阶段尼泊尔人口基本处于零增长状态，尤其是 2012～2014 年，这三年间尼泊尔人口负增长，人口总量略微下降；第三阶段是 2016～2020 年，该阶段尼泊尔人口重新恢复了较快增长状态，年均人口增长可达 1.5%，并在 2020 年达到了年均人口增长 1.85%的水平，为 2000 年以来最高值（图 2-1）。

尼泊尔人口密度较高，三大地理分区差异明显。2020 年尼泊尔的人口密度为 198 人/km^2，高于同期全球 60 人/km^2 的平均人口密度，属于人口密集地区。

尼泊尔人口呈现由北向南逐渐递增的趋势。2020 年北部高山区、中部山区和南部特莱平原的人口密度分别为 37 人/km^2、213 人/km^2 和 415 人/km^2，北部高山区人口最为稀疏，而南部的特莱平原人口最为密集，是全国平均人口密度的 2 倍多。

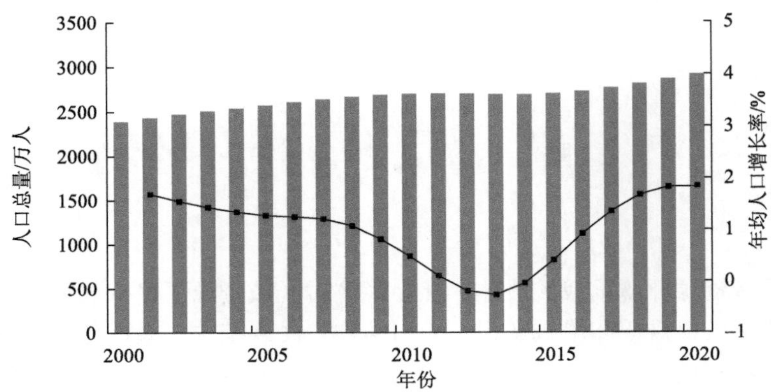

图 2-1 尼泊尔 2000～2020 年人口总量及年均人口增长率

数据来源于世界银行社会经济数据库

从时间上来看，南部特莱平原人口密度增长最为明显，2001～2011 年和 2011～2020 年分别提升了 62 人/km^2 和 23 人/km^2，然后是中部山区，前后两个时间段分别提升了 19 人/km^2 和 27 人/km^2，最后是北部高山区，前后两个时间段仅提升了 1 人/km^2 和 3 人/km^2，增长最为缓慢（表 2-1）。

表 2-1 尼泊尔三大地理分区 2001 年、2011 年和 2020 年人口基本情况

地理分区	2001 年		2011 年		2020 年	
	人口总量/万人	人口密度/（人/km^2）	人口总量/万人	人口密度/（人/km^2）	人口总量/万人	人口密度/（人/km^2）
北部高山区	168.79	33	178.18	34	192.54	37
中部山区	1025.11	167	1139.40	186	1307.74	213
南部特莱平原	1121.25	330	1331.87	392	1413.40	415
尼泊尔	2315.14	157	2649.45	180	2913.68	198

注：2001 年和 2011 年地理分区人口数据来源于尼泊尔人口普查，2020 年人口数据暂无，因此采用了 2020 年的 WorldPop 人口格网数据进行了分区统计汇总。

2.1.2 人口结构与民族宗教

1. 年龄与性别

2000～2020 年，尼泊尔人口结构由年轻型向成熟型转变。人口金字塔图显示（图 2-2），2000 年和 2020 年尼泊尔 15～64 岁的劳动人口占比分别为 55.27%和 65.36%，劳动人口占比在过去 20 年中提升了近 10 个百分点，表明尼泊尔正处于较高的“人口红利”时期。而少儿人口占比则从 2000 年的 40.97%下降到了 2020 年的 28.81%，少儿人口占比下降明显。65 岁以上的老年人口占比从 2000 年的 3.76%上升到了 2020 年的 5.83%，过去 20 年间老年人口占比有所上升。

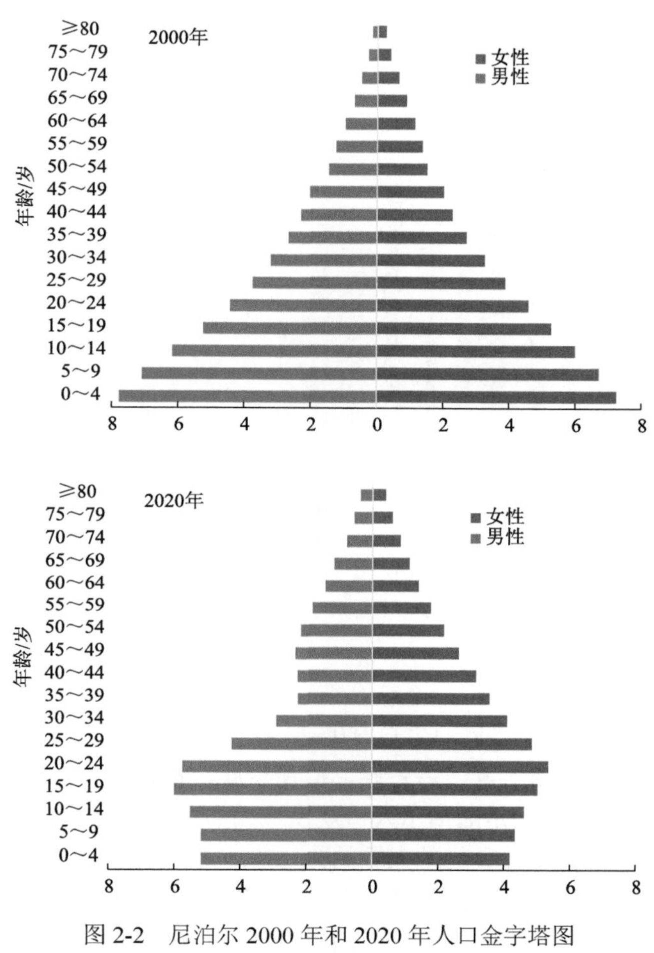

图 2-2　尼泊尔 2000 年和 2020 年人口金字塔图

数据来源于世界银行社会经济数据库

从性别上来看，相较于 2000 年，尼泊尔 2020 年的男女性别不均衡程度有所扩大，在 0～19 岁年龄段，男性人口占比明显高于女性人口，而在 30～44 岁年龄段，女性人口占比则明显高于男性人口。从人口金字塔的形状上看，2020 年人口金字塔较 2000 年更为接近纺锤形，表明人口逐渐向成熟型转变，人口控制政策取得了较好的成效。

尼泊尔劳动人口不断增长导致人口负担不断下降（图 2-3）。由图 2-3 可知，尼泊尔 2020 年劳动人口总数超过 1600 万人，相较于 2000 年的 1200 余万人增长了 400 万人。同时尼泊尔人口抚养比①整体呈下降趋势，从 2000 年的 80.93%下降到 2020 年的 52.99%，人口抚养比的下降主要受儿童抚养比下降的影响，尼泊尔的儿童抚养比从 2000 年的 74.12%下降到了 2020 年的 44.08%，近 20 年下降了约 30 个百分点。老年人口抚养比则

① 人口抚养比又称抚养系数，是指在人口当中非劳动年龄人口数与劳动年龄人口数之比，具体可以分为老年抚养比和儿童抚养比。

有小幅上升，从 2000 年的 6.81%缓慢上升到了 2020 年的 8.92%，20 年内仅上升了约 2 个百分点。

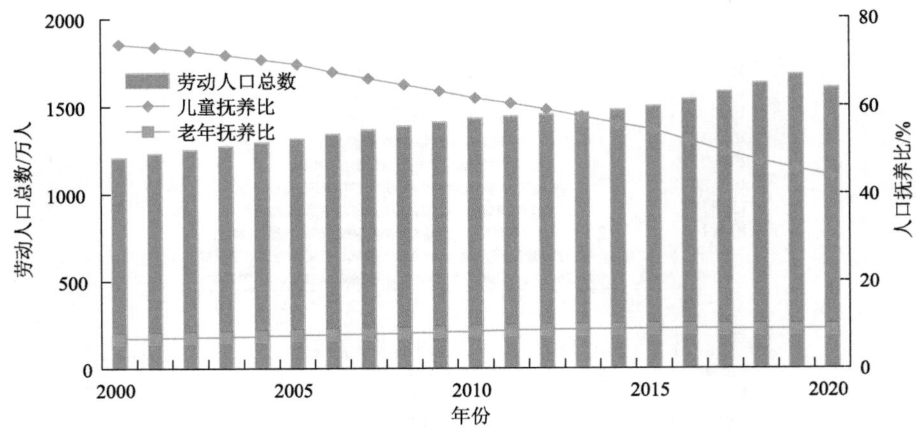

图 2-3　2000～2020 年尼泊尔人口抚养比和劳动人口总数变化情况

数据来源于世界银行社会经济数据库

2. 民族

尼泊尔民族众多，2010 年尼泊尔政府确认的民族为 81 个。在这些民族中，人数较多的有卡斯族、马嘉族、塔鲁族、塔芒族、尼瓦尔族、林布族、古隆族、拉伊族等。在印度教社会的民族中，卡斯族是尼泊尔人口规模最大的民族。根据 2011 年人口普查数据，卡斯族中三个最大的种姓和亚种姓的人数约为 818.5 万，占全国人口的 30.9%。在非印度教社会的民族中，以马嘉族的人口最多，占总人口的 7.1%。其他比较大的民族依次是塔鲁族占 6.6%，塔芒族占 5.8%，尼瓦尔族占 4.95%，古隆族占 2.97%，拉伊族占 2.3%，林布族占 1.5%（表 2-2）。

表 2-2　2011 年尼泊尔主要民族人口占比

民族	人口比例/%
卡斯族	30.9
马嘉族	7.1
塔鲁族	6.6
塔芒族	5.8
尼瓦尔族	4.95
古隆族	2.97
拉伊族	2.3
林布族	1.5

注：数据来源于尼泊尔 2011 年人口普查数据。

3. 宗教

宗教是尼泊尔传统文化的基石之一。目前，尼泊尔人所信仰的宗教除印度教以外，还有佛教、伊斯兰教、基督教、萨满教、苯教、耆那教、锡克教、巴哈伊教等。2006 年 5 月 18 日尼泊尔会议宣布尼泊尔为世俗国家之前，印度教一直是国教。从表 2-3 中可以看出，尼泊尔信仰印度教的人数占比最高。2011 年人口普查时，有 81.34%的人信仰印度教。佛教是尼泊尔的第二大宗教，信仰人数占比约为 9.04%，由此可见这两种宗教在尼泊尔的强大影响力。造成这种局面的原因主要是印度教、佛教两教在尼泊尔具有久远的历史。另外，由于尼泊尔历代统治者都采用宗教包容的政策，印度教、佛教两教得以并行不悖地发展，以至于互相融合，这也成为尼泊尔宗教信仰的一大特点。

表 2-3 2001 年和 2011 年尼泊尔宗教人口情况

宗教	2001 年		2011 年	
	信仰人数/万人	人口比例/%	信仰人数/万人	人口比例/%
印度教	1833.01	79.17	2155.15	81.34
佛教	244.25	10.55	239.61	9.04
伊斯兰教	95.40	4.12	116.24	4.39
萨满教	81.81	3.53	92.92	3.51
基督教	10.20	0.44	37.57	1.42
苯教	—	—	1.30	0.05
耆那教	0.41	0.02	0.32	0.01
巴哈伊教	0.1211	0.01	0.13	0.005
锡克教	0.59	0.03	0.06	0.002
其他宗教	7.92	0.35	6.16	0.23

注：数据来源于尼泊尔中央统计局《2001 年人口普查报告》和《2011 年人口普查报告》。

2.1.3 人口分布与集疏格局

尼泊尔人口分布呈现了“南部最多，中部次之，北部最少”的人口梯次分布空间格局。由尼泊尔 2020 年 1km×1km 的 WorldPop 格网人口分布可知（图 2-4），尼泊尔的人口以南部特莱平原最为密集，然后是中部山区，最后是北部的环喜马拉雅高山区，人口分布的空间差异化非常明显。

尼泊尔人口分布深受地形和气候的影响，尼泊尔位于喜马拉雅山脉的中段南侧，属于南亚内陆山国，地势北高南低，由北向南分别是喜马拉雅高山区、中部丘陵河谷地区和南部的特莱低地平原区，同时尼泊尔南北气候差异巨大，北部为高寒山区，中部气候温暖湿润，南部常年炎热多雨。因此，尼泊尔北部人口密度最稀疏，大多低于 50 人/km^2，中部人口密度适中，集中在 50～200 人/km^2，南部人口密度最为密集，大多在 200 人/km^{2}以上。

从分区县人口数量来看，2020 年尼泊尔各区县人口数量分级主要集中在 10 万～50 万人级，该级人数约占总数的 65.33%，广泛分布于中部山区和北部高山区，而南部特莱平原地区的区县人口基本在 50 万人以上，人口数普遍较多。人口最多的区县单元是首都加德满都所在的区县，2020 年人口总数超过了 200 万人，而人口低于 10 万人的区县基本位于西北部的高山区，该级人口总数约占总人口数的 8%（图 2-4）。

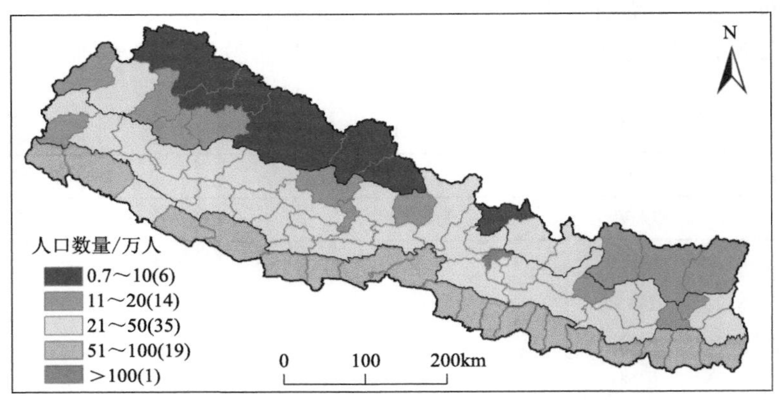

图 2-4　尼泊尔 2020 年分区县人口数量分布图

括号中数字表示区县个数

从分区县人口密度来看，2020 年尼泊尔有 14 个区县人口密度在 500 人/km^{2}以上，约占总数的 18.67%，主要集中在南部的特莱平原东部和首都加德满都周边；低于 50 人/km^{2}的区县有 10 个，均位于北部的高山区。一半以上区县的人口密度集中在 100～500 人/km^2，这也是尼泊尔分区县单元的主要人口密度类型（图 2-5 和表 2-4）。

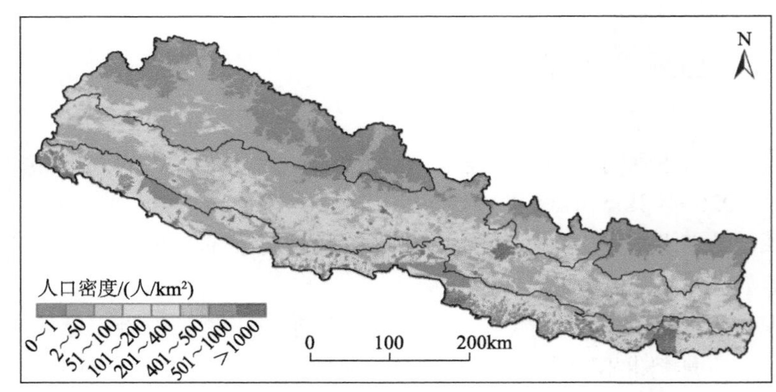

图 2-5　尼泊尔 2020 年 1km×1km 格网人口分布图

数据来源于 WorldPop2020，网址：https://www.worldpop.org/

表 2-4 尼泊尔 2020 年分区县人口密度分级表

人口密度分级 /（人/km^2）	区县名称
<50	马南、多尔帕、木斯塘、呼姆拉、穆古、拉苏瓦、索卢昆布、塔普勒琼、久木拉、桑库瓦萨巴
50～100	米亚格迪、巴章、达尔丘拉、巴朱拉、鲁孔、廓尔喀、贾贾科特、多拉卡、卡里科特、拉姆忠
101～200	达德都拉、多蒂、罗尔帕、辛杜利、辛杜帕尔乔克、拉梅查普、博季普尔、科塘、奥卡尔东加、苏尔克特、拜塔迪、巴格隆、阿尔加坎奇、皮乌旦、特拉图木、乌代普尔、马克万普尔、阿查姆、达丁、萨尔亚、伊拉姆、潘奇达尔
201～500	代累克、当格、丹库塔、帕尔帕、巴迪亚、塔纳胡、卡斯基、奇特万、班凯、凯拉利、古尔米、努瓦科特、卡夫雷帕兰乔克、西扬加、坎昌布尔、帕尔巴特、纳瓦尔帕拉西、卡皮尔瓦斯图、帕尔萨
501～1000	莫朗、贾帕、萨普塔里、锡拉哈、巴拉、劳塔哈特、达努沙、萨拉希、马霍塔里、孙萨里、卢潘德希
>1000	拉利德普尔、巴克塔普尔、加德满都

从 2001～2020 年分区县人口变化来看，尼泊尔分区县单元以中密度慢速增长为主。耦合人口密度与人口增长率[①]，将尼泊尔的 75 个分区县单元划分为人口低密度慢速增长、人口低密度快速增长、人口中密度慢速增长、人口中密度快速增长、人口高密度慢速增长和人口高密度快速增长 6 种人口发展类型。研究发现，2001～2020 年尼泊尔人口中密度慢速增长的区县是数量最多，为 27 个，占总数的 36%，是尼泊尔最主要的人口发展类型；然后是人口低密度慢速增长和人口中密度快速增长两种类型，分别为 16 个和 14 个区县，占比为 21.33%和 18.67%。人口低密度快速增长、人口高密度慢速增长和人口高密度快速增长 3 个类型的数量较少，仅占总数的 5.33%、9.33%和 9.33%（表 2-5）。

表 2-5 尼泊尔 2001～2020 年分区县人口发展类型划分

人口密度	人口慢速增长（<1.35%）	人口快速增长（≥1.35%）
人口低密度（<100 人/km^2）	马南、拉姆忠、拉苏瓦、塔普勒琼、多拉卡、索卢昆布、桑库瓦萨巴、木斯塘、廓尔喀、鲁孔、米亚格迪、久木拉、多尔帕、穆古、巴章、达尔丘拉	呼姆拉、巴朱拉、贾贾科特、卡里科特
人口中密度（100～500 人/km^2）	拉梅查普、阿尔加坎奇、卡夫雷帕兰乔克、西扬加、古尔米、科塘、达丁、努瓦科特、罗尔帕、辛杜帕尔乔克、皮乌旦、特拉图木、帕尔巴特、奥卡尔东加、拜塔迪、多蒂、丹库塔、帕尔帕、博季普尔、辛杜利、塔纳胡、马克万普尔、巴格隆、奇特万、伊拉姆、潘奇达尔、巴迪亚	乌代普尔、卡斯基、达德都拉、当格、帕尔萨、萨尔亚、卡皮尔瓦斯图、阿查姆、代累克、纳瓦尔帕拉西、凯拉利、苏尔克特、坎昌布尔、班凯
人口高密度（>500 人/km^2）	达努沙、莫朗、锡拉哈、马霍塔里、巴拉、贾帕、劳塔哈特	萨拉希、卢潘德希、萨普塔里、孙萨里、巴克塔普尔、拉利德普尔、加德满都

① 人口密度以 100 人/km^2 和 500 人/km^2 为间断点，将尼泊尔 75 个区县单元划分为低人口密度（<100 人/km^2）、中人口密度（100～500 人/km^2）和高人口密度（>500 人/km^2）三种类型；人口增长率以全球 2001~2020 年均人口增长率 1.35%为间断点，将尼泊尔 75 个区县单元划分为人口慢速增长（<1.35%）和人口快速增长（≥1.35%）两种类型。

2.2 社会经济发展水平评价与分区

社会经济是以人为核心，包括社会、经济、教育、科学技术及生态环境等领域、涉及人类活动的各个方面和生存环境中诸多复杂因素的巨系统。人是社会经济活动的主体，自然环境则是人类生存的基础，人类一切宏观性质的活动都不能违背自然生态系统的基本规律，都受到自然条件的负反馈约束和调节。因此，人口发展与空间布局既要与资源环境承载力相适应，也要与社会经济发展相协调。

由此，本节基于尼泊尔的统计年鉴和世界银行相关统计数据，综合运用遥感和互联网大数据，结合实地考察与调研，构建了尼泊尔社会经济发展专题数据库，研发了社会经济发展水平综合评价模型，将人类发展指数、交通通达指数、城市化指数纳入社会经济发展水平评价体系，以三大地理分区和分区县为基本研究单元，从基础指标到综合指数，定量研究了尼泊尔的人类发展水平、城市化水平和交通通达水平；基于上述 3 个分项指数，综合评价了尼泊尔的社会经济发展水平及分区县的限制因素，为完成社会经济对尼泊尔资源环境承载力的适应性评价提供数据支撑。

2.2.1 人类发展水平评价

人类发展指数（human development index，HDI）由联合国开发计划署（UNDP）在《1990 年人文发展报告》中首次提出，是衡量联合国各成员国经济社会发展水平的指标，是根据教育水平、预期寿命和收入水平三项基础变量，按照一定的计算方法得出的综合指标。本节首先讨论了尼泊尔教育、医疗和经济发展各类指标近数年的变化趋势，最后分级评价了尼泊尔三大地理分区及分区县的人类发展水平。

1. 尼泊尔人类发展基础

1）教育事业发展

自 1951 年王国独立后，经过半个世纪的发展，尼泊尔初、中等教育基本完善，其中高等教育，特别是理工科有一定的发展。尼泊尔现行教育体制分为初等、中等和高等三级教育体制。初等教育为 5 年（小学，1～5 年级）；中等教育为 7 年，包括初级中等教育 3 年（初中，6～8 年级）、中级中等教育 2 年（9～10 年级）和高级中等教育 2 年（11～12 年级，也称“10+2”或大学预科）；高等教育为 8 年，包括本科 3 年，硕士 2 年，博士 3 年。除此之外，尼泊尔还提供学前教育（6 岁以前）、校外教育（为 6～14 岁未入学儿童提供的教育）、职业教育、成人教育、女童教育、特殊教育、远程教育和开放教育等多种教育形式，同时政府鼓励民间创办私立学校，主要培养人文社科、管理学、教育学等方面的人才。

近年来，尼泊尔政府在教育方面进行了持续的投入，青年（15～24 岁）识字率以及各级学校的数量、学生入学率均呈快速增长趋势。尼泊尔的青年识字率由 2002 年的 70.05%上升到 2019 年的 92.39%，高于同期世界平均识字率水平（86.48%），2002～2012 年的年均增长率为 1.09%，2012～2019 年的年均增长率为 0.05%，尼泊尔整体人口素质有了很大的提升（表 2-6）。

表 2-6　2002 年、2012 年和 2019 年尼泊尔的青年识字率　（单位：%）

年份	青年识字率	年均增长率
2002	70.05	—
2012	84.76	1.09
2019	92.39	0.05

注：数据来源于世界银行社会经济数据库。

除此之外，2000～2019 年尼泊尔小学净入学率的变化情况表明义务教育取得了显著成效（表 2-7）。2000 年尼泊尔小学净入学率为 72.11%，到 2019 年已增加为 96.30%，近 20 年间，增加了超 20 个百分点。

表 2-7　2000～2019 年尼泊尔小学净入学率的变化　（单位：%）

年份	小学净入学率	年均增长率
2000	72.11	—
2003	79.87	2.59
2004	80.52	0.65
2011	99.33	2.69
2012	99.91	0.58
2014	99.00	−0.46
2015	98.34	−0.65
2016	98.33	−0.01
2017	96.48	−1.85
2019	96.30	−0.09

注：数据来源于世界银行社会经济数据库，部分年份数据有所缺失。

教育资金来源方面，外国机构以及个人的援助和捐赠一直在尼泊尔的教育投资中占有一席之地。1971 年尼泊尔开始实行新的教育发展计划，国家在对教育继续投入的同时，也积极鼓励私人和社会办学，教育开始走向私有化和市场化。除了国内教育资金来源的开放，尼泊尔政府还利用国际机构和友好国家提供的各种援助经费选派学生前往国外进行学习与进修。根据世界银行统计，直至 2020 年，尼泊尔每年的教育支出（现价）总额已接近 10 亿美元，教育支出占国民总收入（GNI）的比例逐渐稳定在 2.8%的水平（图 2-6）。

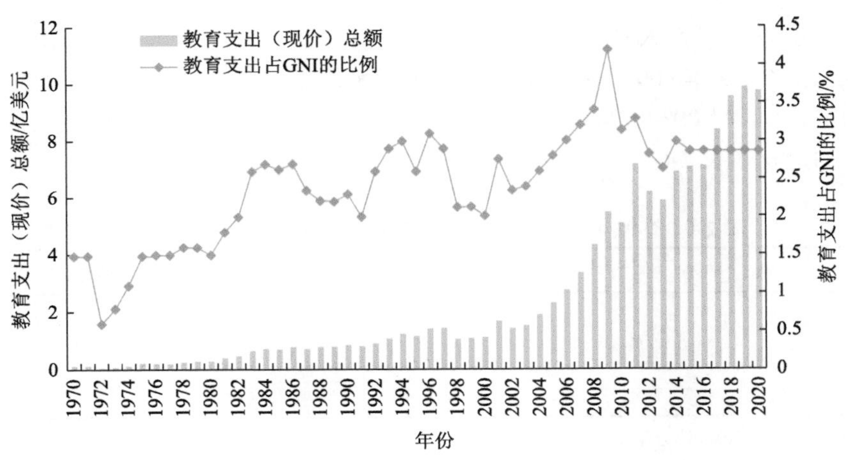

图 2-6　1970～2020 年尼泊尔教育支出（现价）总额及占 GNI 比例
数据来源于世界银行（https://data.worldbank.org.cn/）

发展至今，尼泊尔的教育水平较之前已有较大的提高，但师资不足与不均仍是限制尼泊尔初等、中等教育的严重问题。直至 2020 年，尼泊尔初等教育教师数已达 20 万人，师生比为 1∶17.5，其中 97%的初等教育教师受过培训；中等教育教师数虽增至 11.93 万人，但师生比达到了 1∶30，远低于较为合理的 1∶20。如果教师数量增长速率继续不及学生的增长率，则学习资源会变得更加不足，在这种情况下，教学质量更加无法保障。单凭师生比例并不能保证高质量教育，教学风格、教学方法和课外活动选择也都是影响因素，师生比例仍是十分重要的衡量指标（图 2-7）。

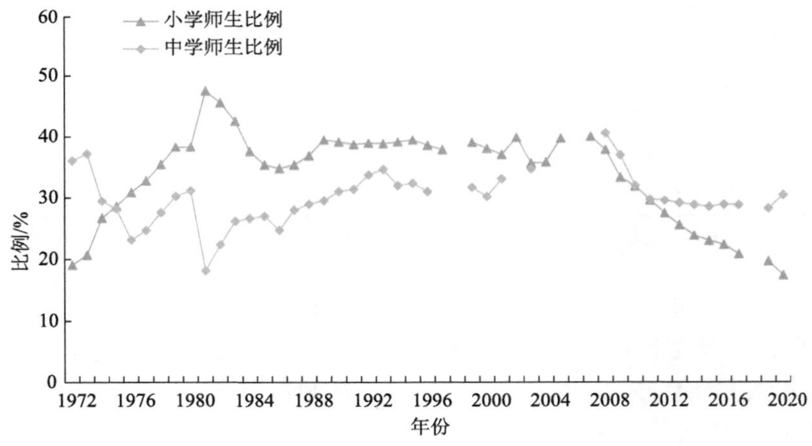

图 2-7　1972～2020 年尼泊尔初等、中等教育教师比例示意图
数据来源于世界银行（https://data.worldbank.org.cn/），部分年份数据缺失

截至 2020 年，尼泊尔高等教育已有显著的成果，入学率达到了 13.46%，受高等教

育的学生总数接近 50 万人，管理学、教育学、人类学和社会科学三个专业比较受尼泊尔学生的青睐，在读学生人数较多，其中管理学专业学生数量接近受高等教育学生总数的一半。从增长幅度来看，科学技术、农业和动物医学以及生命吠陀医学（尼泊尔传统医学）近年来学生人数涨幅较大，在读学生人数可达到 2013 年的 4～5 倍（图 2-8）。

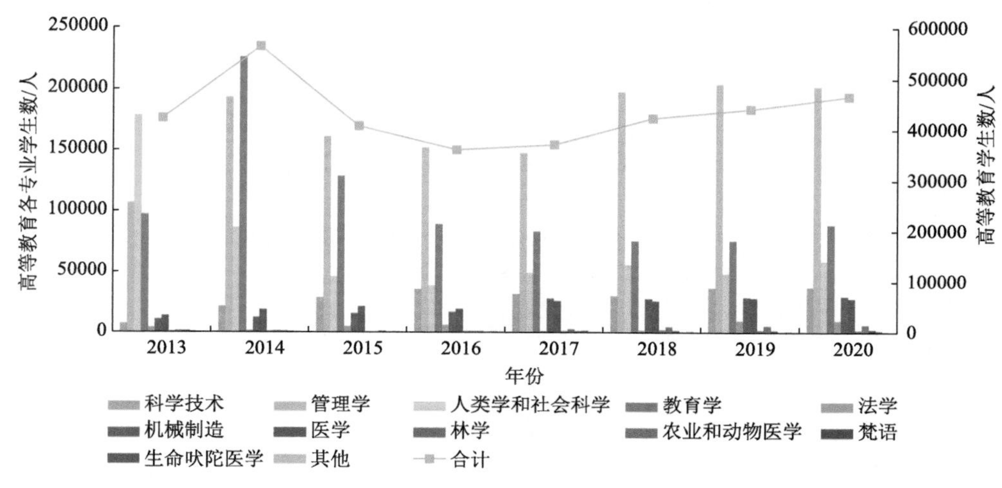

图 2-8　2013～2020 年尼泊尔高等教育学生人数及专业分布图

数据来源于 Nepal In Figure 2014～2021 年

2）卫生事业发展

尼泊尔医疗卫生支出主要分为公共医疗支出、私立医疗支出和国外援助三部分。长期以来，尼泊尔政府在发展医疗保健事业中，借助国外人道主义援助资金以及财政支出尽可能多地增加医院和病床的数量，以便更多的病人可以得到救治。与此同时，尼泊尔政府还尽可能多地培养医护人员，并争取在每个村庄建立起兼有预防和初步治疗功能的医疗保健点。

根据世界银行数据，2000～2019 年尼泊尔全国医疗总支出保持在 GDP 的 3.5%～5.5%，人均医疗健康支出也保持持续增长态势，2017 年突破 50 美元（现价美元）（图 2-9）。尼泊尔的医疗机构划分为公共医疗机构和私立医疗机构，另设立许多专科医院和私人诊所，但医疗资源分配十分不均，大部分知名医院为私立医院，且集中在加德满都河谷地区，广大农村地区则就医困难。除去主要的私立医疗支出，国外医疗援助比重近年来虽有下降，但仍在尼泊尔的医疗支出中占有一定比例（图 2-10）。

经过近几十年的发展，尼泊尔医疗设施建设情况有所改善，医护人员的数量也有所增长。目前，全国平均每千人拥有 1 名内科医生，比 10 年前的情况有所改善，但医护人员数量仍然不足；每千人病床数总体呈增长趋势，由 2013 年的每千人 0.19 张增至 2020 年的每千人 0.29 张（图 2-11）。

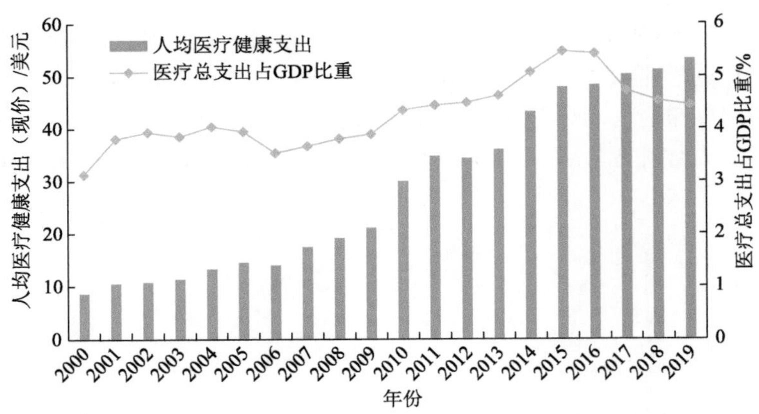

图 2-9　2000～2019 年尼泊尔人均医疗健康支出及医疗总支出占 GDP 的比重

数据来源于世界银行（https://data.worldbank.org.cn/）

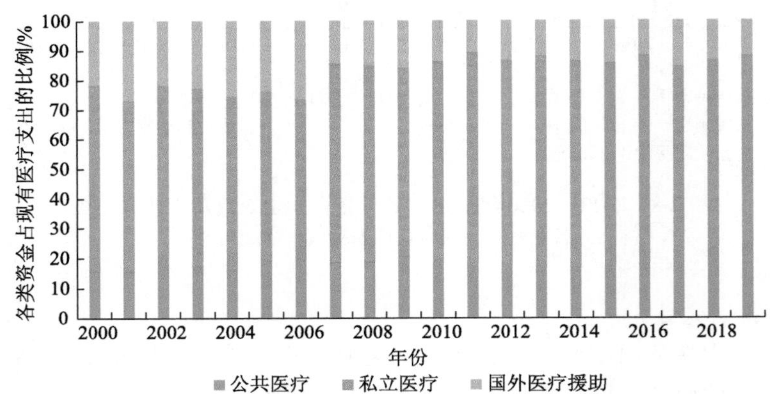

图 2-10　2000～2019 年尼泊尔医疗支出构成及占比

数据来源于世界银行（https://data.worldbank.org.cn/）

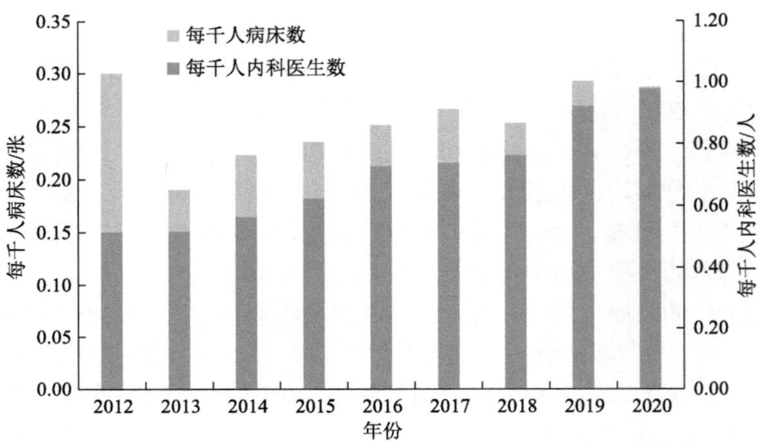

图 2-11　2012～2020 年尼泊尔每千人病床数与内科医生数

数据来源于世界银行（https://data.worldbank.org.cn/）及 Nepal In Figure 2014-2021

得益于尼泊尔对医疗保健事业发展的重视与改革以及对传统医学的发展，尼泊尔的国民预期寿命自 1960 年的 35.58 岁稳步提升至 2019 年的 70.78 岁，增长态势良好，千人粗死亡率也由 1960 年的 27.248 人降至 2020 年的 6.288 人。以出生到 24 岁的各个年龄段为例，1990～2020 年每千人死亡率均有明显降低，其中新生儿每千人死亡率由 1990 年的 57.9‰降至 2020 年的 16.9‰，5 岁以下儿童的每千人死亡率也由 138.8‰降至 28.2‰（图 2-12）。根据世界银行的统计数据，尼泊尔新生儿破伤风疫苗、麻疹疫苗（12～23 个月年龄组）和百白破三联疫苗（12～23 个月年龄组）的接种率均有明显提升，分别由 1982 年的 4%、2%、16%增长至 2020 年的 89%、87%、84%。

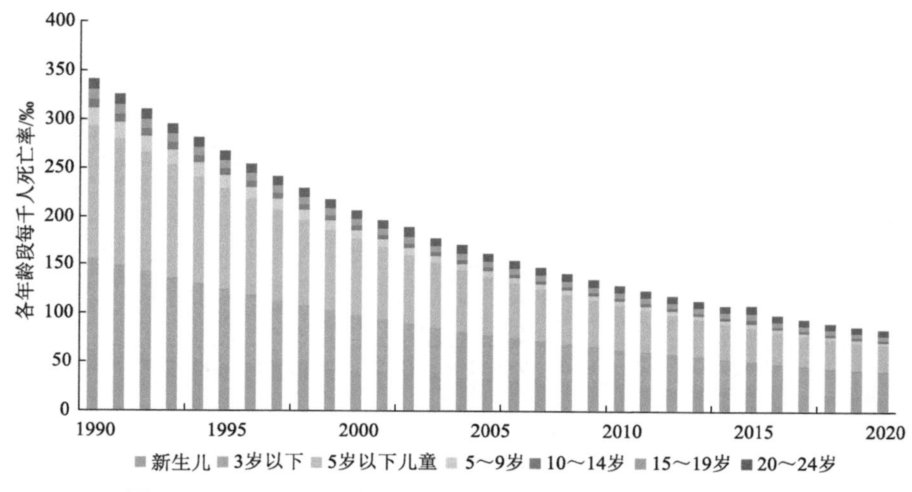

图 2-12　1990～2020 年尼泊尔新生儿至 24 岁成人每千人死亡率

数据来源于世界银行（https://data.worldbank.org.cn/）

3）经济产业发展

尼泊尔是世界上最不发达的国家之一，2020 年人均国内生产总值只有 1025.51 美元（2015 年不变价）。尼泊尔自然条件差，资源匮乏，全境 75%以上是山地，且大部分不宜耕作，仅南部特莱平原和中部山区的河谷地带适宜耕作，可耕地仅占全国面积的 20%。农业是尼泊尔的主要产业，全国 80%上人口靠农业为生。尼泊尔又是一个内陆国，地形条件造成的交通运输困难严重制约着工业、贸易和商业的发展。尽管政府一直在努力推动国民经济向前发展，贫困人口规模庞大仍然是尼泊尔发展难以解决的问题，目前仍有相当数量的人口生活在绝对贫困线以下。按每天 1.90 美元衡量的贫困人口比例标准，相较于 2004 年，尽管尼泊尔的贫困人口占比有所下降，但是 2010 年仍然有 8.2%的人口处于贫困状态，从人数角度看则有超过百万的人口处于绝对贫困状态。

尼泊尔在 1950 年以前长期受英国殖民主义的控制以及拉纳家族的封建统治，经济封闭，经济基础十分薄弱。1951 年拉纳家族被推翻后，经过半个多世纪的努力，尼泊尔经济自给能力有所增强，农业生产和人民生活水平有一定的提高，并初步建立了一些现代工业，交通、运输、能源、教育、卫生等诸多方面有一定改善。1960 年时，尼泊尔

GDP 仅为 33.12 亿美元（2015 年不变价），后基本保持增长态势，至 1994 年突破 100 亿美元（2015 年不变价），2011 年突破 200 亿美元（2015 年不变价），2019 年突破 300 亿美元（2015 年不变价），每增长百亿美元的间隔也由 43 年缩短至 18 年，再缩短至 8 年，人均 GDP 在 2018 年突破 1000 美元（2015 年不变价）。

从经济增长速率来看，自 1985 年以来，尼泊尔的 GDP 年增长率基本处于正增长，持续保持在 2%～5%的中等增长速度，2018 年的 GDP 增长率甚至达到了 8.98%，但受新型冠状病毒感染影响，2020 年的 GDP 增长率跌至–2.37%（图 2-13），2021 年稍有回弹。

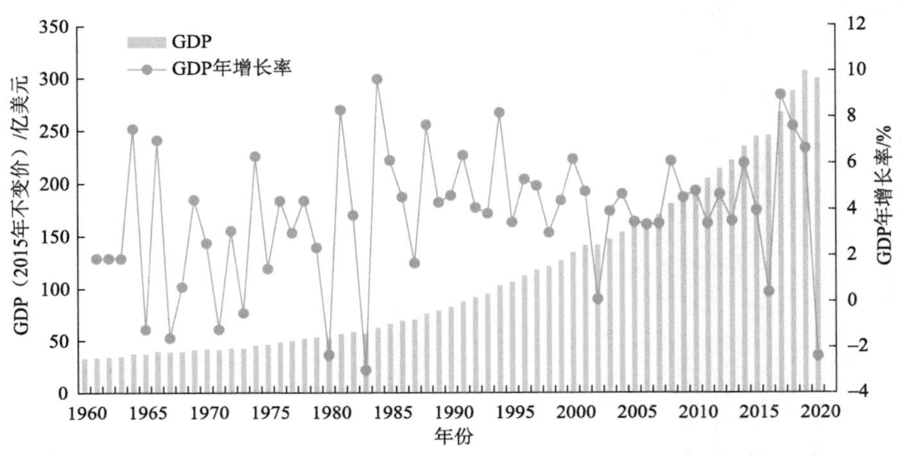

图 2-13　1960～2020 年尼泊尔 GDP 与 GDP 年增长率

数据来源于世界银行（https://data.worldbank.org.cn/）

经过半个多世纪的发展，尼泊尔的经济结构发生了明显的变化。目前，尼泊尔经济产业呈现出第一产业占比不断下降，第二、第三产业快速发展的态势，农业产值占 GDP 的比重逐年下降，非农业产值的比重却稳步增长。根据世界银行数据，尼泊尔 2020 年 GDP 为 298.8 亿美元（2015 年不变价），人均 GDP 为 1025.51 美元（2015 年不变价），其中，农林牧渔业产出值占比约为 22.18%，工业增加值占比为 12.05%，服务业增加值占比为 59.94，制造业增加值占比为 4.47%，外国直接投资净流入占比为 0.38%。可以发现，相较于 1965 年，增加值占 GDP 比重最多的产业已由 1965 年的农林牧渔业（64.58%）变为 2020 年的服务业（53.94%），工业的比重有小幅度的增加，由 1965 年的 10.85%增加至 2020 年的 12.05%（图 2-14）。从各产业增加值的年增长率角度来分析，也可以发现工业、服务业的增长速率和变化幅度明显高于农林牧渔业（图 2-15）。

然而，根据世界银行的统计数据，2019 年尼泊尔农林牧渔业就业人数占总就业人数比重仍达到了 64.38%，虽然相较于 1991 年的 82.33%有明显的下降，但是与农林牧渔业增加值占 GDP 比重的下降幅度相比，可以发现尼泊尔农林牧渔业的生产效率较低，桎梏了较多劳动力的同时创造更少的价值，这也在一定程度上限制了尼泊尔社会经济的整体发展（图 2-16）。

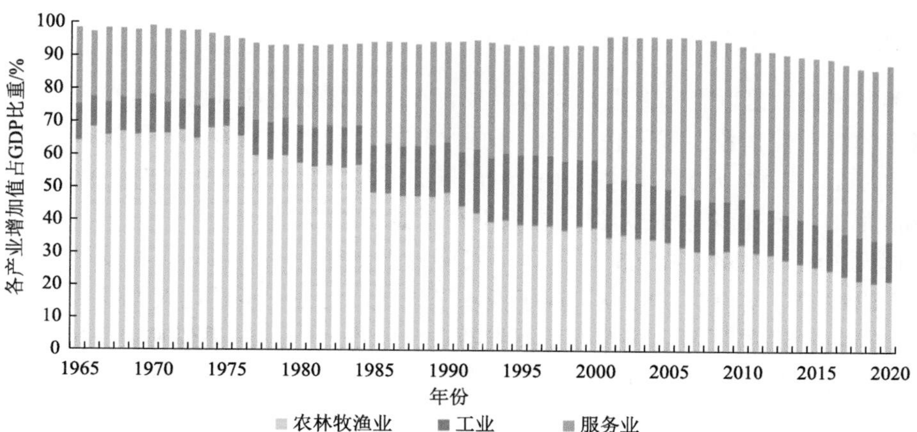

图 2-14 1965～2020 年尼泊尔农林牧渔业、工业、服务业增加值占 GDP 的百分比

数据来源于世界银行（https://data.worldbank.org.cn/）

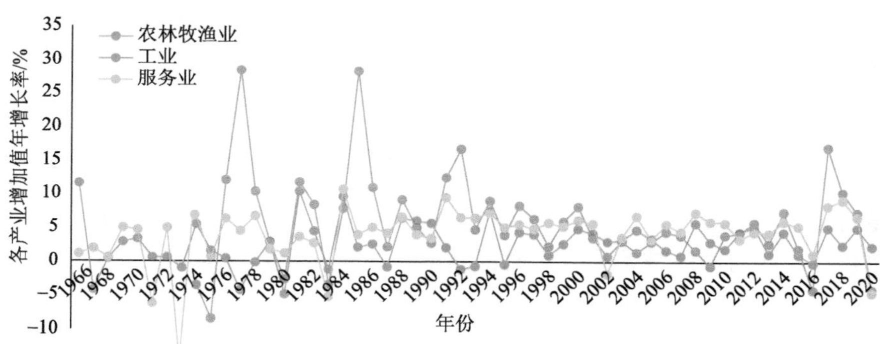

图 2-15 1966～2020 年尼泊尔农林牧渔业、工业和服务业增加值的年增长率

数据来源于世界银行（https://data.worldbank.org.cn/）

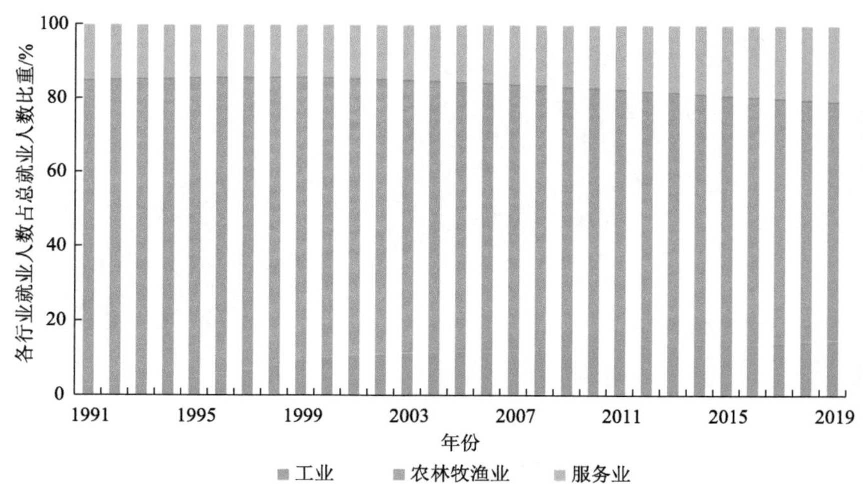

图 2-16 1991～2019 年尼泊尔农林牧渔业、工业、服务业就业人数占比情况示意图

数据来源于世界银行（https://data.worldbank.org.cn/）

2. 人类发展指数与人类发展水平评价

人类发展指数是联合国开发计划署以教育水平、预期寿命和收入水平三项基础变量计算得出的综合性指数。基于联合国公布的全球国家和地区的人类发展指数数据分析，1990 年以来，尼泊尔人类发展指数由 1990 年的 0.387 增加到 2019 年的 0.602，增长了 55.56%，尼泊尔近 30 年来的人类发展水平有了显著改善。

根据课题组对丝路沿线 65 国的人类发展水平测算，尼泊尔的人类发展指数是“一带一路”沿线地区均值的 0.55 倍，属于低水平地区。为进一步量化人类发展水平的区域差异，本节将尼泊尔公里格网人类发展指数进行标准化，使结果值映射到[0，1]，归一化后尼泊尔的人类发展指数为 0.51，报告将经过归一化处理后的人类发展指数称为归一化人类发展指数。

1）归一化人类发展指数的统计特征与分布规律

基于归一化人类发展指数的分析表明，尼泊尔人类发展水平区域差异明显（图 2-17 和表 2-8）。尼泊尔归一化人类发展指数由北部高山区向中部山区和特莱平原区递增，归一化人类发展指数低值区在空间上由西北向东南呈大面积分布，有限的高值区主要分布在中部山区以首都加德满都为核心的辐射区域，以及博卡拉地区。其中，卡斯基县、加德满都县、奇特万县等县域整体的归一化人类发展指数明显高于其他地区，北部高山区的归一化人类发展指数普遍较低。从三大地理分区看，中部山区和特莱平原区的归一化人类发展指数的均值较高，均达到了 0.42，北部高山区的归一化人类发展指数的均值较低，仅为 0.26。从内部区域差异看，北部高山区的空间差异最大，变异系数达 0.82，中部山区和特莱平原区相对较小。

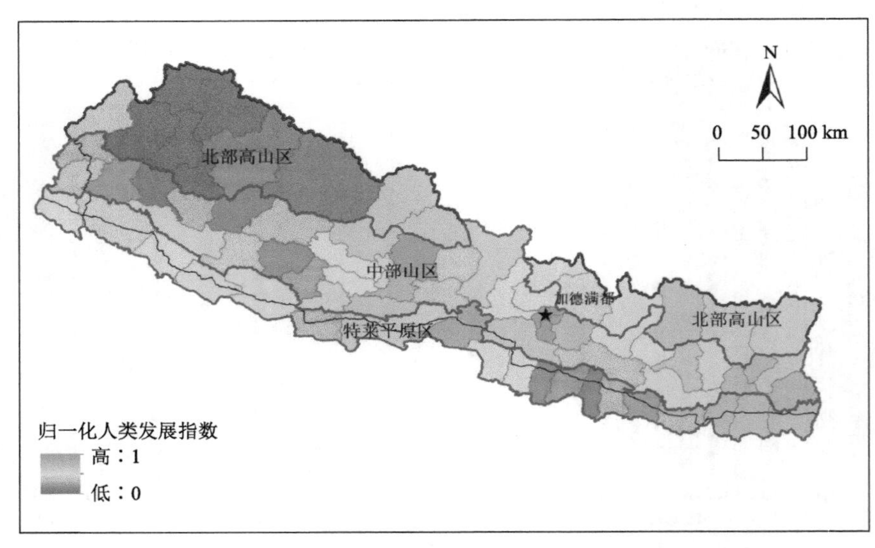

图 2-17　尼泊尔归一化人类发展指数空间分布

表 2-8　尼泊尔分区域归一化人类发展指数特征值统计表

地理分区	最高值	最低值	平均值	变异系数
北部高山区	0.55	0.00	0.26	0.82
中部山区	1.00	0.09	0.42	0.41
特莱平原区	0.72	0.12	0.42	0.36
尼泊尔	1.00	0.00	0.36	0.55

2）人类发展水平评价与分区

在对尼泊尔国家和地区归一化人类发展指数分布规律分析的基础上，依据其区域特征及差异，开展了尼泊尔国家和地区人类发展水平评价。报告以区县为基本单元，将尼泊尔国家和地区不同区域的人类发展水平分为低水平、中水平、高水平 3 类。其中：

第 1 类为低水平地区，即归一化人类发展水平远低于全国平均水平、人类发展福祉亟待提高的地区。

第 2 类为中水平地区，即归一化人类发展指数与全国平均水平相当的地区。这类区域人类发展福祉居于全国中游。

第 3 类为高水平地区，即人类发展水平远高于全国平均水平的地区，在这类区域生活的人民有着较为美满、祥和的生活环境和稳定安全的社会环境，医疗教育资源较其他地区相对丰富，经济水平相对较高。

尼泊尔人类发展水平分区评价结果表明（图 2-18 和表 2-9），总体而言，尼泊尔六成人口分布在占地一半的人类发展中高水平地区，有四成人口分布在占地一半的人类发展低水平地区，人口分布与人类发展水平的关系亟待协调。

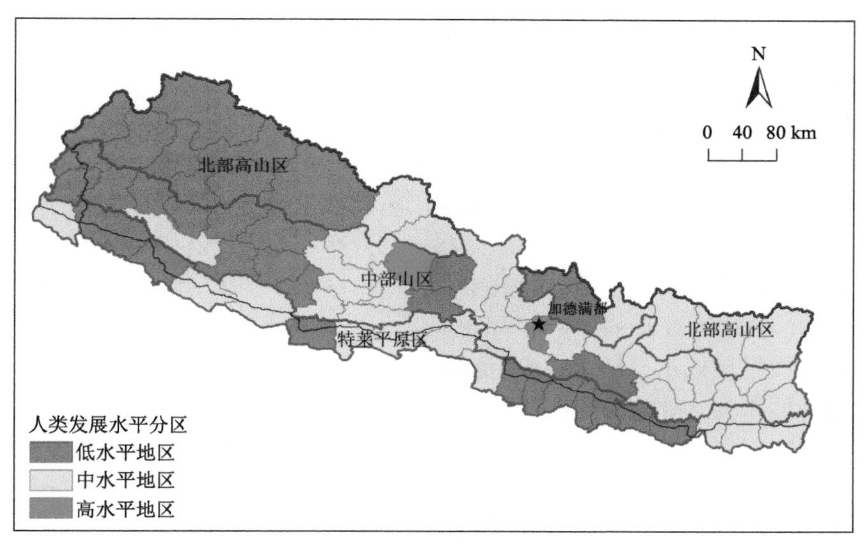

图 2-18　尼泊尔人类发展水平评价图

表 2-9　尼泊尔分地区人类发展水平评价结果

地理分区	指标	高水平地区	中水平地区	低水平地区
北部高山区	面积/km^2	0.00	18290.69	33526.31
	面积比例/%	0.00	35.30	64.70
	人口量/万人	0.00	64.39	129.12
	人口比例/%	0.00	33.27	66.73
中部山区	面积/km^2	2856.34	34567.03	23921.63
	面积比例/%	4.65	56.35	39.00
	人口量/万人	293.74	633.58	332.08
	人口比例/%	23.32	50.31	26.37
特莱平原区	面积/km^2	0.00	18592.33	15426.67
	面积比例/%	0.00	54.65	45.35
	人口量/万人	0.00	738.44	722.32
	人口比例/%	0.00	50.55	49.45
尼泊尔	面积/km^2	2856.34	71450.05	72874.61
	面积比例/%	1.94	48.55	49.51
	人口量/万人	293.74	1436.41	1183.52
	人口比例/%	10.08	49.30	40.62

尼泊尔人类发展高水平地区占地仅 2%，相应人口超一成。具体而言，人类发展高水平地区土地面积为 2856.34km^2，约占国土面积的 1.94%；相应人口达 293.74 万人，约为全国的 10.08%。人类发展高水平地区高度集中在中部山区的首都附近，该区域为加德满都谷地，其中巴克塔普尔县、加德满都县的人类发展水平位居前列；此外博卡拉谷地也存在一些高水平区域，其中卡斯基县的人类发展水平也较为突出。

尼泊尔人类发展中水平地区占地和人口比例均接近五成。具体而言，人类发展中水平地区土地面积为 71450.04km^2，约占国土面积的 48.55%。其中北部高山区、中部山区和特莱平原区面积分别为 18290.69km^2、34567.03km^2 和 18592.33km^2。人类发展中水平地区主要分布在中部山区和特莱平原，其中，东南部呈现出成片、聚集的分布态势，中部除卡斯基等少量县域外，中水平地区呈圈层性分布。人类发展中水平地区人口约为全国人口的 49.30%，达 1436.41 万人。其中北部高山区、中部山区和特莱平原区人口分别为 64.39 万人、633.58 万人和 738.44 万人。

尼泊尔人类发展低水平地区占地近五成，相应人口约占 2/5。具体而言，人类发展低水地区土地面积为 72874.61km^2，约占国土面积的 49.51%。其中北部高山区、中部山区和特莱平原区面积分别为 33526.31km^2、23921.63km^2 和 15426.67km^2。人类发展低水平地区主要集中于北部高山区的西北部多尔帕、呼姆拉等县。该区域地形起伏度大，地势较高，人口稀疏，不利于农业生产，同时医疗、教育资源十分缺乏。交通不便又在一定程度上限制了人口与城乡资源和生产要素的合理流动和有效配置，更加剧了经济发展的难度，导致该地区人类发展水平落后。人类发展低水平地区人口约为全国人口的

40.62%，达 1183.52 万人。其中北部高山区、中部山区和特莱平原区人口分别为 129.12 万人、332.08 万人和 722.32 万人。

2.2.2　交通通达水平评价

交通状况是区域基础设施建设的重要组成部分，是衡量区域社会经济发展水平的关键要素。尼泊尔交通以公路和航空为主。从公路交通网络来看，据尼泊尔 2019 年统计年鉴，尼泊尔国内公路里程数合计 1.34 万 km，其中沥青路面的道路长度为 6979.33km，占尼泊尔公路网络的 51.90%，碎石路和土路分别为 2276.87km 和 4191.42km，占比分别为 16.93%和 31.17%。航空运输方面，尼泊尔境内多为小型机场，唯一的国际机场坐落于加德满都。从航线长度来分析，尼泊尔航空发展态势迅猛，国际航线覆盖长度已从 2009 年的 1.73 万 km 增加至 2019 年的 953.81 万 km；就航班架次及旅客人数来看，国内外航班次数合计增加了近两成，出入境旅客人数则由 2011 年的 428.39 万人增加至 2019 年的 732.70 万人。尼泊尔铁路网络极不发达，目前国内仅有两条路线，均与印度相连通，一条是英国在殖民期间建造的 59km 窄轨铁路，由于年久失修，该铁路目前仅剩约 5km 可以营运；另外一条于 2022 年开通，该跨境宽轨铁路长约 35km，可容纳约 1000 名乘客，时速为 40km。此外，尼泊尔水路运量极低，极不发达。

本节首先建立归一化交通便捷指数和归一化交通密度指数，对尼泊尔的交通便捷度和交通密度的分布进行了分析；在此基础上，构建归一化交通通达指数（transportation accessibility index，TAI），定量评估了尼泊尔交通通达水平，揭示了尼泊尔三大地理分区和分区县交通通达水平的数量特征与空间格局。

1. 尼泊尔交通通达基础

1）交通便捷度

交通便捷度是指出发地到主要交通设施的综合便捷程度，可以用各地到道路、铁路、机场和港口的最短距离来衡量。尼泊尔平均归一化交通便捷指数为 0.80，便捷程度主要呈现“东南高西北低”的态势（图 2-19）。

三大地理分区的交通便捷度结果表明（图 2-20），特莱平原区的交通便捷度最高，其归一化交通便捷指数为 0.84；其次为中部高山区，其归一化交通便捷指数为 0.81；北部高山区是归一化交通便捷指数最低的地区，仅为 0.77。从各项最短距离指数来看，特莱平原区距离公路、铁路、机场和港口的距离均最短，各项最短距离指数依次为 0.892、0.938、0.939、0.046。北部高山区距离公路、铁路、机场和港口都较远，其各项最短距离指数分别为 0.812、0.873、0.940、0.010。

北部高山区交通便捷度最高的县为塔普勒琼，其归一化交通便捷指数为 0.81，其距离港口较远，距离公路和铁路一般。北部高山区交通便捷度最低的县为呼姆拉，其归一化交通便捷指数为 0.70，呼姆拉是全国距离公路最远的县，并且呼姆拉距离铁路和港口也较远（图 2-21）。

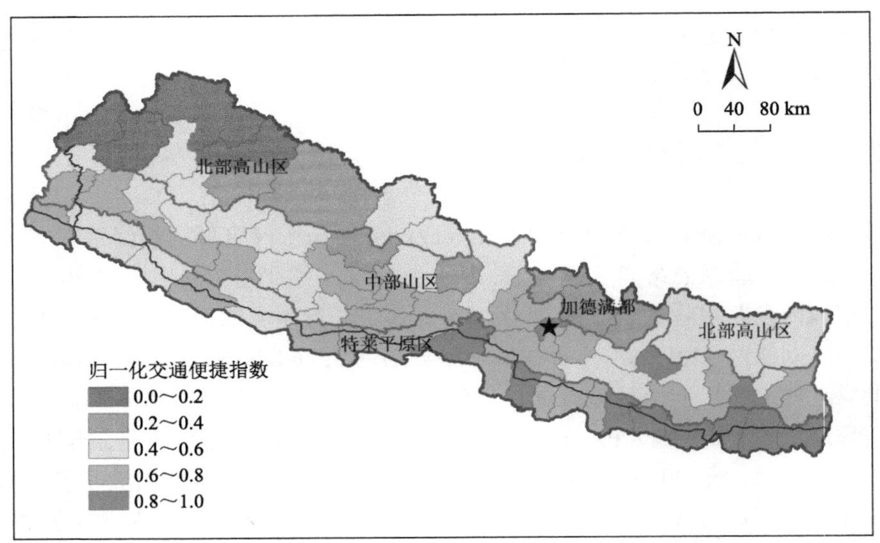

图 2-19　尼泊尔归一化交通便捷指数空间示意图

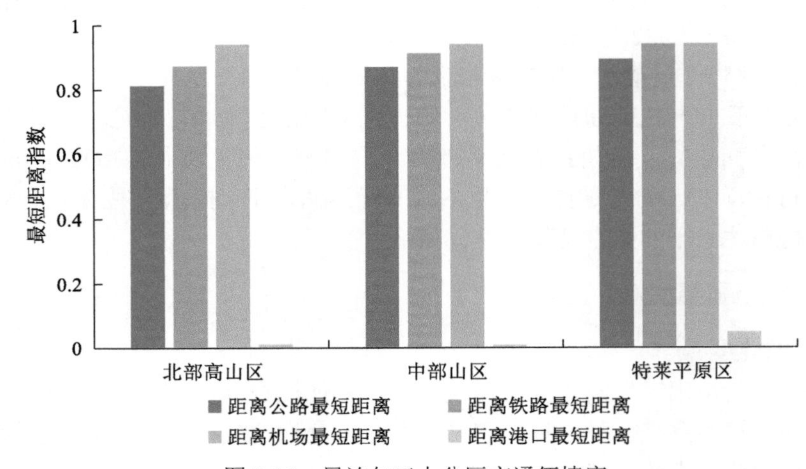

图 2-20　尼泊尔三大分区交通便捷度

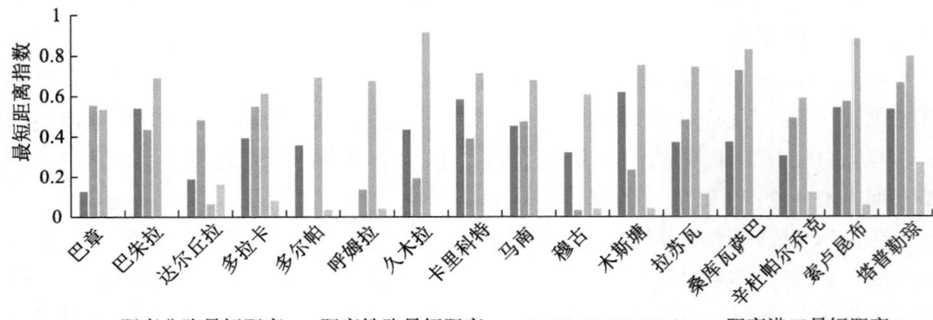

图 2-21　北部高山区交通便捷度

中部山区交通便捷度最高的县为加德满都，其归一化交通便捷指数为0.87。加德满都是尼泊尔全国距离机场最近的县，境内拥有尼泊尔唯一的国际机场，但它也是距离港口最远的县之一。尼泊尔中部山区交通便捷度最低的县为米亚格迪，其归一化交通便捷指数为0.75，米亚格迪距离港口的距离最远，距离公路和铁路也较远（图2-22）。

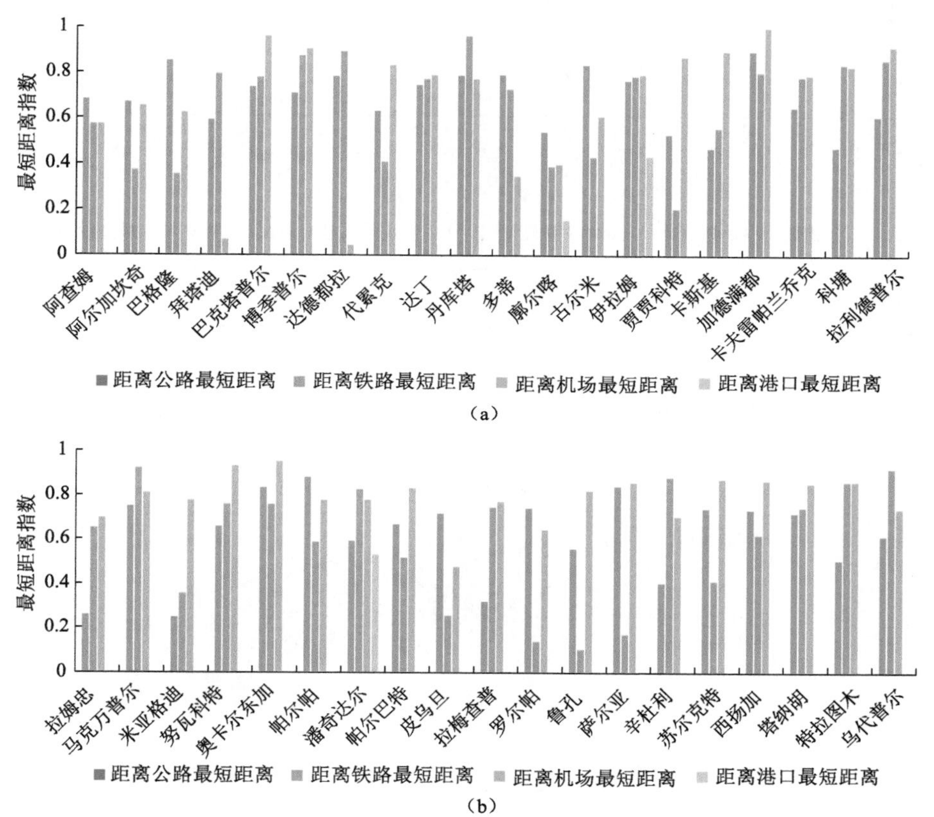

图2-22 中部山区交通便捷度

特莱平原区交通便捷度最高的县为贾帕，其归一化交通便捷指数为0.89。贾帕是尼泊尔境内距离港口最近的县，距离公路、铁路和机场也相对较近。尼泊尔特莱平原区交通便捷度最低的县为当格，其归一化交通便捷指数为0.78，其距离铁路和港口较远，距离公路和机场处于一般水平（图2-23）。

2）交通密度

交通密度一般由道路网、铁路网和水网密度的综合计量结果来表征。因为尼泊尔境内的水网密度极低，故报告未考虑水网密度对交通网络密度的影响。基于交通密度指数计算的结果表明，尼泊尔平均归一化交通密度指数为0.15，全国大部分地区的交通密度均处于较低水平。其中，东南部的孙萨里县归一化交通密度指数最高，是全国平均水平的2.74倍；而西北部达尔丘拉，境内多高山，道路及铁路密度较低，路政基础设施建设难度大，归一化交通密度指数位居末位，仅为全国平均水平的二分之一（图 2-24）。

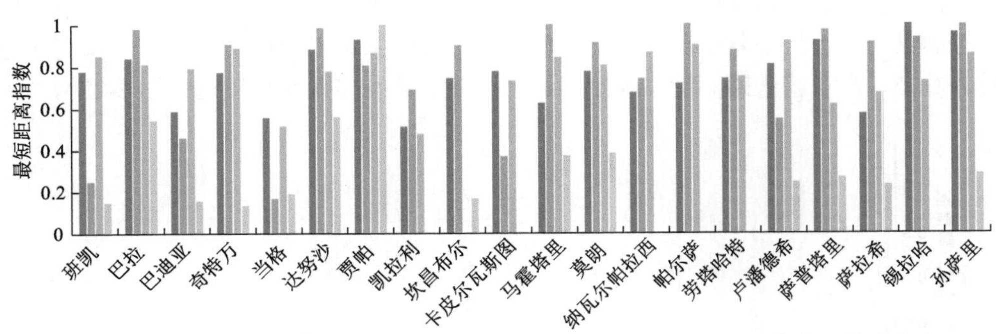

图 2-23　特莱平原区交通便捷度

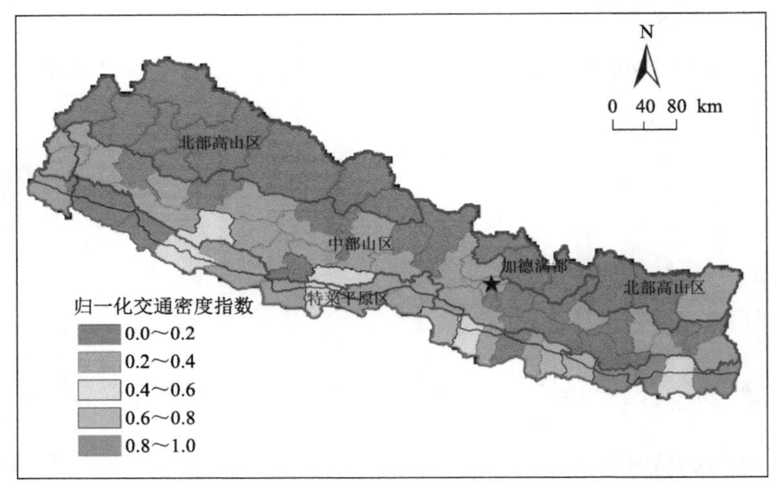

图 2-24　尼泊尔归一化交通密度指数空间示意图

三大地理分区的交通密度结果表明特莱平原区的交通密度明显高于中部山区和北部高山区，其归一化交通密度指数达到了 0.22，其中公路密度指数较高，达到了 0.26，是全国平均水平的 1.37 倍。受地理环境及社会经济条件影响，尼泊尔的铁路线路绝大多数集中于特莱平原区，该地区铁路密度指数为 0.034，是全国平均铁路密度指数的 4.86 倍。受地形影响，北部山区和中部山区居民主要通过盘山公路出行，公路密度远高于铁路密度，北部高山区无铁路线路分布，中部山区铁路密度极低（图 2-25）。

北部高山区无铁路通行，居民出行主要依赖公路，特别是盘山公路。北部高山区交通密度指数最高的县为塔普勒琼，其公路密度指数为 0.19，归一化交通密度指数为 0.15；交通密度指数最低的县为达尔丘拉县，其公路密度指数为 0.10，归一化交通密度指数为 0.08（图 2-26）。

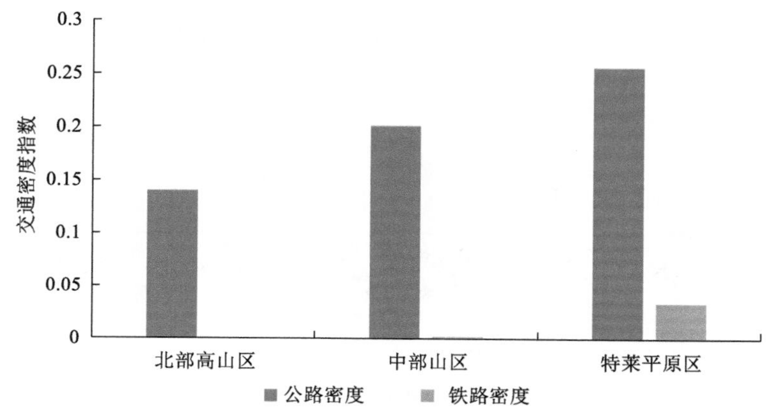

图 2-25 尼泊尔三大分区交通密度

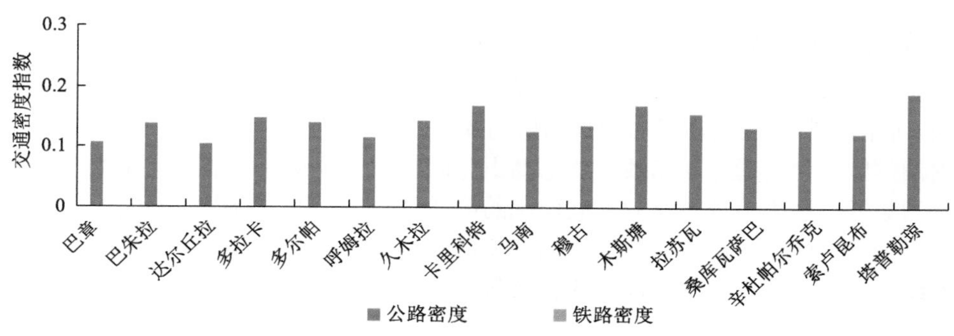

图 2-26 北部高山区交通密度

中部山区仅乌代普尔县有铁路通行，其余地区仍以公路为主要交通方式。在中部山区，帕尔帕是交通密度指数最高的县，其归一化交通密度指数为0.24，是中部山区平均水平的1.60倍；拉姆忠是交通密度最低的县，其归一化交通密度指数仅为0.09，仅为中部山区平均水平的三分之一（图2-27）。

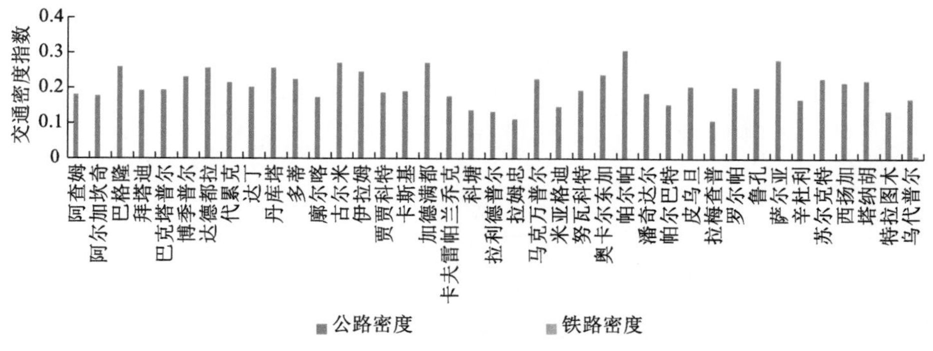

图 2-27 中部山区交通密度

特莱平原区的孙萨里县，因其公路密度和铁路密度均位列全国第二，其公路密度指数达0.41，成为区域内公路密度指数最高的县。凯拉利县和萨拉希县在特莱平原区公路密度处于较低水平且无铁路经过，归一化交通密度指数位居特莱平原区末位（图 2-28）。

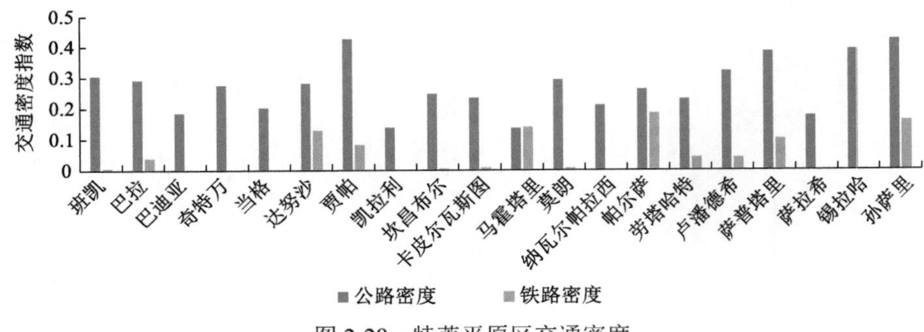

图 2-28 特莱平原区交通密度

2. 交通通达指数与交通通达水平评价

1）交通通达指数的统计特征与分布规律

交通通达水平综合表征了区域交通设施的通达程度，是交通便捷度和交通密度的数学叠加。尼泊尔归一化交通通达指数均值为 0.432，整体上处于较低水平。从空间分布上看，尼泊尔归一化交通通达指数由北部高山区向中部山区和特莱平原区递增，归一化交通通达指数低值区大多分布在北部高山区的西北部和东北部，有限的高值区主要分为两个地区，一是集中在中部山区的加德满都和博卡拉城市群，二是集中在特莱平原的东西公路沿线，呈由西北向东南走向的狭长条带状分布（图 2-29）。

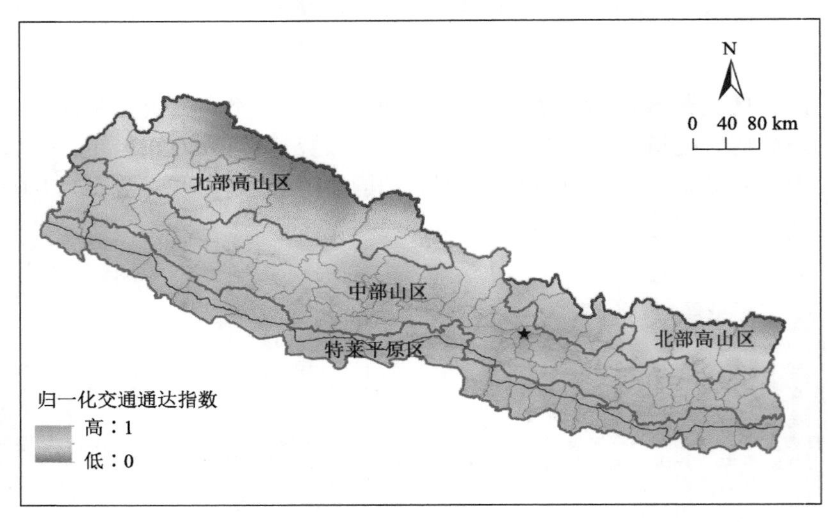

图 2-29 尼泊尔归一化交通通达指数空间分布

从三大分区来看（表 2-10），特莱平原区的归一化交通通达指数的平均值最高，达到了 0.54，中部山区为 0.48，北部高山区均值最低，仅为 0.31。从内部差异来看，特莱平原区整体的交通通达水平较高且内部差异性较小，主要源于尼泊尔交通命脉的东西公路横贯特莱平原区。中部山区内部交通通达水平具有一定的区域差异性，加德满都和博卡拉作为全国重要的交通枢纽，是归一化交通通达指数高值主要聚集区，呈现出明显的“双核心”空间分布格局。北部高山区变异系数最大，该区域的东北和西北部的交通通达度普遍处在很低的水平，少数的高值主要出现在中东部靠近加德满都的区域，区域内差异性明显。

表 2-10　尼泊尔分区归一化交通通达指数特征值统计表

地理分区	最高值	最低值	平均值	变异系数
北部高山区	0.94	0.00	0.31	0.39
中部山区	0.99	0.27	0.48	0.15
特莱平原区	1.00	0.43	0.54	0.08
尼泊尔	1.00	0.00	0.43	0.30

2）交通通达水平评价与分区

在对尼泊尔国家和地区归一化交通通达指数分布规律分析的基础上，报告开展了尼泊尔国家和地区交通通达水平适应性评价。依据交通通达指数区域特征及差异，研究将尼泊尔不同区域的交通通达水平适应程度分为低水平、中水平、高水平 3 类。

第 1 类为低水平地区，即交通通达水平远低于全国平均水平的地区，该地区交通基础设施建设亟须加强，人民出行不便，资源流通受限，严重限制了当地社会经济的发展。

第 2 类为中水平地区，即交通通达水平与全国平均水平相当的地区，交通基础设施建设基本满足人民的出行需求。

第 3 类为高水平地区，即交通通达水平远高于全国平均水平的地区，交通网络建设较为完备，为社会经济发展奠定了良好基础，可以满足人民生产生活的需要。

尼泊尔交通通达水平适应性评价结果表明（图 2-30 和表 2-11），尼泊尔交通通达高水平地区面积较大，占 40.15%，人口数量占比超过了 81.50%；交通通达低水平地区面积仅为 22.72%，相应人口仅占 0.92%。从空间分布来看，尼泊尔的交通通达水平整体表现为平原、谷地高于山区的特征。

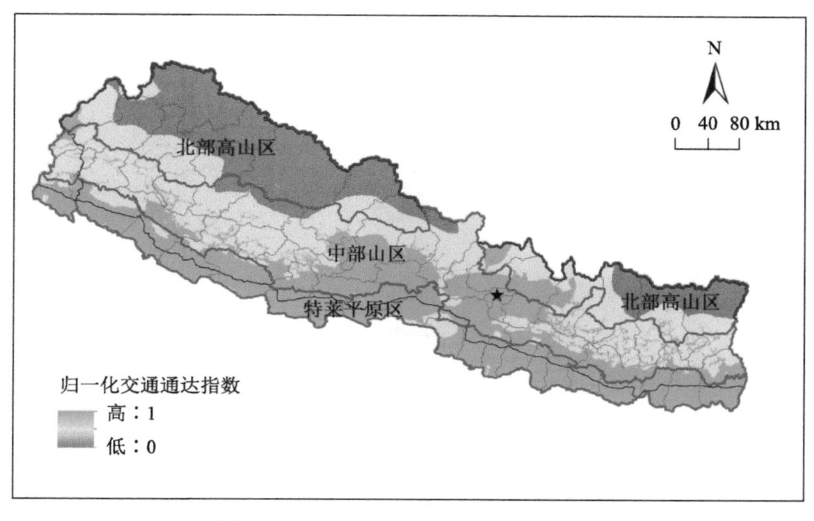

图 2-30　尼泊尔交通通达水平评价图

尼泊尔交通通达高水平地区占地近四成，相应人口超八成。具体而言，交通通达高水平地区土地面积为5.91万km^2，约占国土面积的40.15%。其中北部高山区、中部山区和特莱平原区面积分别为3319.49km^2、24462.52km^2和31317.89km^2，交通通达高水平地区主要分布在中部山区和特莱平原区。中部山区的加德满都谷地和博卡拉谷地为交通“双枢纽”，交通通达水平明显较高，其中的巴克塔普尔县、加德满都县、卡斯基县等县的交通通达水平明显突出；由于东西公路横贯特莱平原区，该区的交通通达水平也普遍较高，其中卢潘德希县、贾帕县等县的交通通达水平位居前列。尼泊尔交通通达高水平地区人口约为全国人口的81.50%，达2374.65万人，其中北部高山区、中部山区和特莱平原区人口分别为62.12万人、865.46万人和1447.07万人。

尼泊尔交通通达中水平地区占地近四成，相应人口不足两成。具体而言，交通通达中水平地区土地面积为54641.39km^2，约占国土面积的37.13%。其中，北部高山区、中部山区和特莱平原区面积分别为17575.89km^2、34364.39km^2和2701.11km^2，交通通达中水平地区主要分布在中部山区和北部高山区的南部。该区域普遍处在地势较低的山区，海拔大多在5000m以下，具有一定数量的交通线路，交通便捷程度也处在中等水平。其中，多蒂县、罗尔帕县等距东西公路较近，多处在交通通达中水平。

尼泊尔交通通达低水平地区占地约两成，相应人口不足1%。具体而言，交通通达低水平地区土地面积为33439.71km^2，约占国土面积的22.72%。其中，北部高山区和中部山区面积分别为30921.63km^2和2518.08km^2，交通通达低水平地区主要分布在北部高山区的西北部和东北部，此外，中部山区的北部靠近喜马拉雅山区的位置也有少部分交通通达度低水平地区。整体而言，交通通达低水平地区普遍位于海拔高、地形陡峭的高山区，交通条件极度不发达。其中，多尔帕县、穆古县、呼姆拉县等县的交通通达情况远低于全国平均水平。

表2-11　尼泊尔分地区交通通达水平评价结果

地理分区	指标	高水平地区	中水平地区	低水平地区
北部高山区	土地面积/km^2	3319.49	17575.89	30921.63
	面积比例/%	6.41	33.92	59.67
	人口数量/万人	62.12	107.30	24.09
	人口比例/%	32.10	55.45	12.45
中部山区	土地面积/km^2	24462.52	34364.39	2518.08
	面积比例/%	39.88	56.02	4.10
	人口数量/万人	865.46	391.20	2.74
	人口比例/%	68.72	31.06	0.22
特莱平原区	土地面积/km^2	31317.89	2701.11	0.00
	面积比例/%	92.06	7.94	0.00
	人口数量/万人	1447.07	13.69	0.00
	人口比例/%	99.06	0.94	0.00

续表

地理分区	指标	高水平地区	中水平地区	低水平地区
尼泊尔	土地面积/km^2	59099.90	54641.39	33439.71
	面积比例/%	40.15	37.13	22.72
	人口数量/万人	2374.65	512.19	26.83
	人口比例/%	81.50	17.58	0.92

2.2.3 城市化水平评价

本节首先分别定量研究了尼泊尔的人口城市化水平和土地城市化水平的空间分布格局，在此基础上，构建由人口城市化率和土地城市化率两个指标集成的城市化指数（urbanization index，UI），开展了尼泊尔三个地理分区和各区县的城市化水平分级评价。

1. 尼泊尔城市化基础

尼泊尔 2011 年官方人口和住房普查将 58 个大都市（metropolitan city）、亚大都市（sub-metropolitan city）和自治市（municipality）定义为城市区域，并统计了该区域内的住房、人口、性别等数据。本节基于此普查的人口和城市面积数据，估算出了各区县的人口城市化率和土地城市化率。

从图 2-31 中可以看出，尼泊尔的人口城市化率和土地城市化率变化趋势基本相同，一般人口城市化率较高的县，如拉利德普尔、加德满都、巴克塔普尔等县，其土地城市化率也处于国内较高的水平，说明这些区县的城市化进程较快，综合水平较高。当然，也存在部分区县的人口城市化水平较高，但土地城市化水平较低的情况，如旅游业较为发达的奇特万县，因奇特万国家公园位于此县当中，服务业较为发达，城市人口较多，相对而言城市建设面积较小，城市人口密度较高。

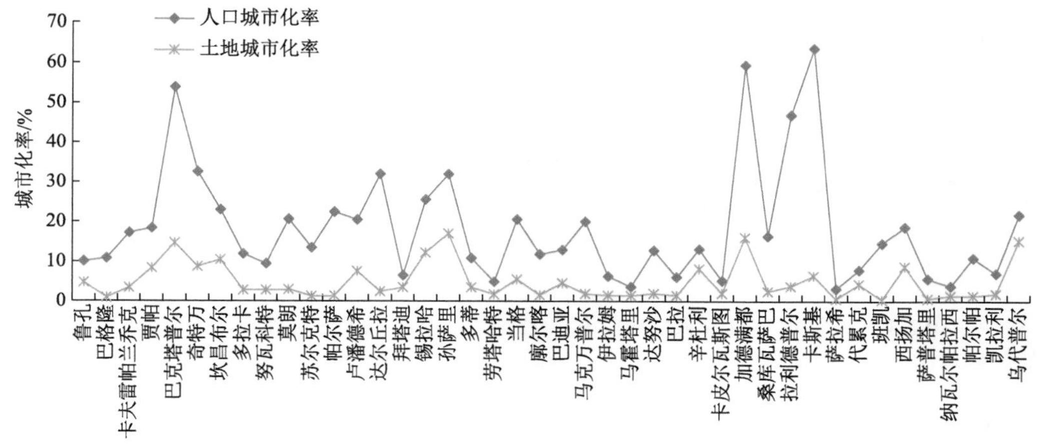

图 2-31 尼泊尔 2011 年人口和住房普查数据所涉及区县的人口城市化率和土地城市化率

数据来源于《2011 年尼泊尔人口和住房普查城市卷》https://cbs.gov.np/wpcontent/upLoads/2018/12/UrbanVolume_Part01.pdf

1）人口城市化

从全国人口城市化水平来看，1960～2020 年尼泊尔城市人口数量整体呈现持续上升趋势，由 35.17 万人增长至 599.52 万人，年均增长率约为 11.14%，但略低于尼泊尔的年均总人口增长率（13.41%）。尼泊尔的人口城市化率从 1960 年的 3.48%增长至 2020 年的 20.58%，年均增长率约为 4.85 %，于 2019 年超过了 20%且保持增长（图 2-32）。

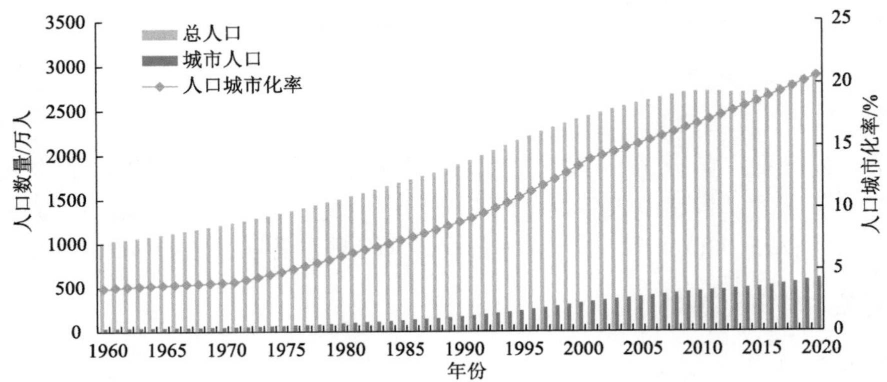

图 2-32　1960～2020 年尼泊尔总人口数、城市人口数和人口城市化情况

数据来源于世界银行 https://data.worldbank.org.cn/

从各区县具体情况来看，尼泊尔西北部地区人居环境自然适宜性低，经济发展水平低，因此西部整体和北部地区的城市人口数量和人口城市化率均低于全国平均水平，如西部的坎昌布尔、鲁孔等县以及北部的廓尔喀、辛杜利、多拉卡等县。中南部地区人居环境自然适宜性高，如拉利德普尔、卡斯基、加德满都、巴克塔普尔等县，其中卡斯基、加德满都、巴克塔普尔的人口城市化率最高，均已超过 50%（图 2-33）。

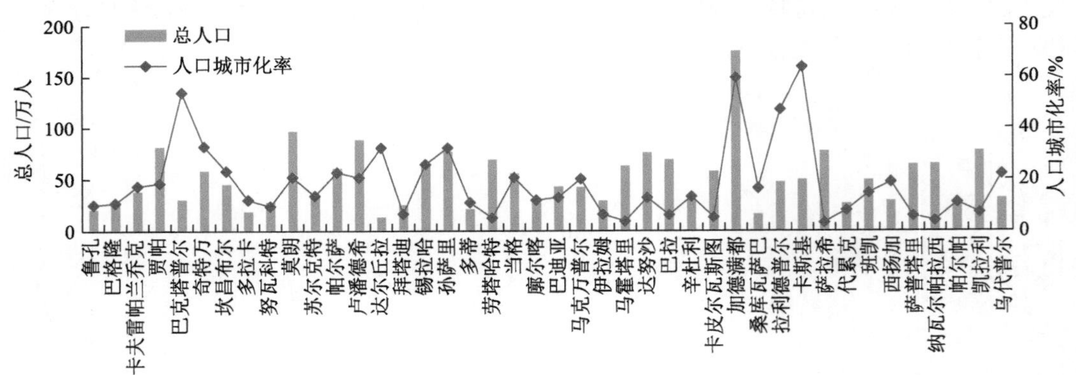

图 2-33　尼泊尔 2011 年人口和住房普查数据所涉及区县的人口数及人口城市化率

数据来源于《2011 年尼泊尔人口和住房普查城市卷》https://cbs.gov.np/wpcontent/upLoads/2018/12/UrbanVolume_Part01.pdf

2）土地城市化

尼泊尔作为一个典型的山地农业国，山多地少，中北部为山区，以森林用地为主。根据世界银行的统计数据，1960～2018 年尼泊尔森林用地面积约 5.92 万 km^2，占国土面

积的 41.60%。尼泊尔农业用地面积保持在 4 万 km^2 左右，占国土面积的 28.75%。

除了尼泊尔四大城市所在的加德满都及其附近的拉利德普尔、巴克塔普尔和卡斯基外，其余地区基本属于土地城市化低水平地区。根据估算，尼泊尔全国的土地城市化率大约仅为 3.38%，建设面积不足 4000km^2。尼泊尔土地城市化较低的主要原因是自然条件限制，中北部山区不适宜居住生存，而中南部地区所包含的山区、森林及动植物保护区面积较大，又以农业为主，建设用地面积小，开发程度低，故尼泊尔整体土地城市化水平低。

从各区县具体情况来看，尼泊尔土地城市化程度较高的地区均集中在尼泊尔中部的加德满都谷地及拉利德普尔、巴克塔普尔和乌代普尔等几个经济较为发达的县，土地城市化率均接近或高于 15%，尼泊尔国内几个著名城市，如加德满都、拉利德普尔均位于这几个县（图 2-34）。

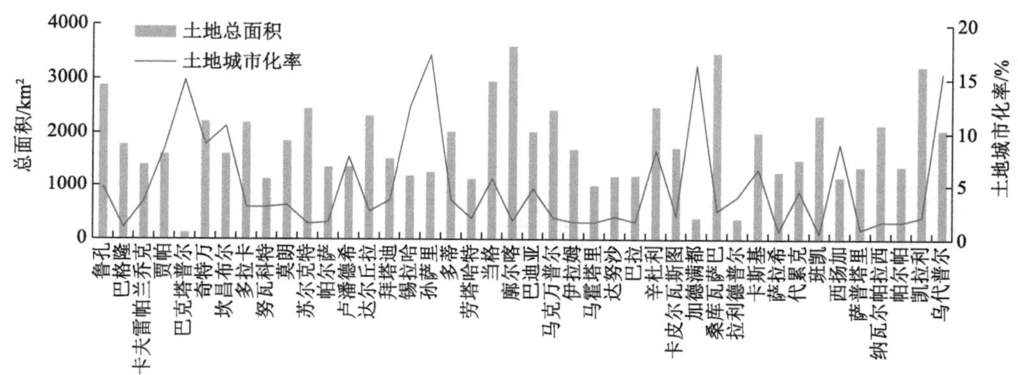

图 2-34 尼泊尔 2011 年人口和住房普查数据所涉及区县的土地面积及土地城市化率

数据来源于《2011 年尼泊尔人口和住房普查城市卷》https://cbs.gov.np/wpcontent/upLoads/2018/12/UrbanVolume_Part01.pdf

2. 城市化指数与城市化水平评价

1）城市化指数的统计特征与分布规律

基于人口城市化和土地城市化的尼泊尔归一化城市化指数计算结果表明，尼泊尔平均归一化城市化指数为 0.0015，属于城市化低水平国家。空间分布上看，尼泊尔各地区城市化水平差异较大，呈现出“两极化”“聚集性”的空间特征。城市化指数高值区明显分布在中部加德满都、博卡拉谷地以及南部特莱平原区，而北部高山区的广大区域则普遍较低（图 2-35）。

从三大分区来看，尼泊尔城市化水平区域差异明显，其中特莱平原区平均水平最高，北部高山区的区内差异性最为显著。具体而言，特莱平原区是尼泊尔城市化水平最高的区域，达到了 0.0042，中部山区城市化水平均值与全国持平，北部高山区城市化水平均值最低。从内部差异化角度分析，特莱平原区内部差异较小；中部山区则具有一定的区域差异性，呈现出明显的以首都加德满都和重要城市博卡拉为“双核心”的空间分布格局；北部高山区绝大部分处在喜马拉雅高山区，对城市发展具有明显的限制性，整体城市化水平较低且内部差异性较大，变异系数达到了 35.38（表 2-12）。

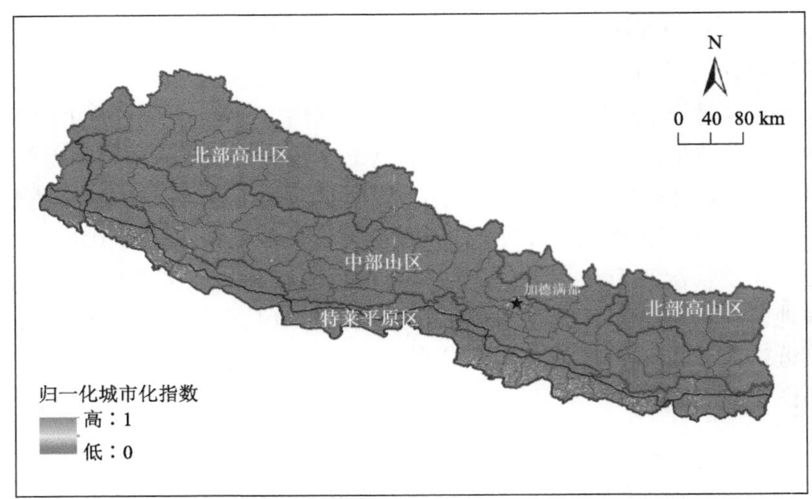

图 2-35　尼泊尔归一化城市化指数空间分布

表 2-12　尼泊尔分区域归一化城市化指数特征值统计表

地理分区	最高值	最低值	平均值	变异系数
北部高山区	0.18	0.00	0.000058	35.38
中部山区	1.00	0.00	0.0015	14.41
特莱平原区	0.34	0.00	0.0042	5.05
全国	1.00	0.00	0.0016	10.83

2）城市化水平评价与分区

在对尼泊尔国家和地区归一化城市化指数分布规律进行分析的基础上，报告开展了尼泊尔国家和地区城市化水平评价。依据归一化城市指数区域特征及差异，研究将尼泊尔不同区域的城市化水平适应程度分为低水平、中水平、高水平 3 类。

第 1 类为低水平地区，即城市化水平远低于全国平均水平的地区。这类区域受地理环境以及经济结构限制，非农业活动少，城市人口占比较低，社会经济水平较低，城市化水平亟待提高。

第 2 类为中水平地区，即城市化水平与全国平均水平相当的地区，城市化水平居于全国中游。

第 3 类为高水平地区，即城市化水平远高于全国平均水平的地区，这类区域城市人口数量和建设用地占比一般均高于全国平均水平，现代化进程较快，对社会经济发展具有积极的促进作用。

尼泊尔城市化水平评价结果表明（图 2-36 和表 2-13），尼泊尔全国城市化以低水平区域为主，整体表现为平原、谷地高于山区的特征，人口向城市化中水平和中高水平集中明显，城乡区域差异极大。

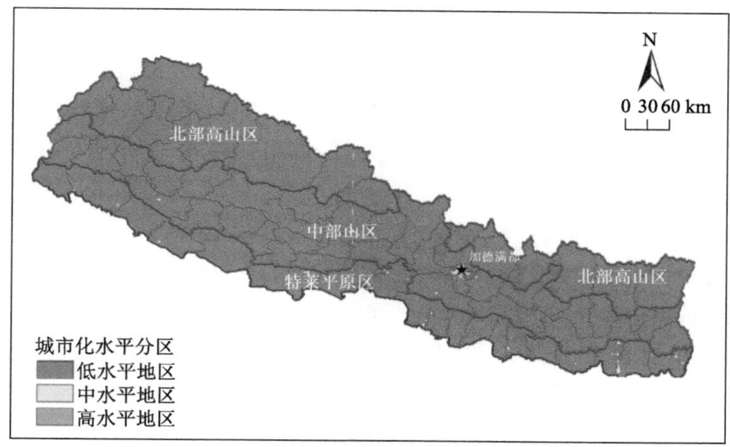

图 2-36 尼泊尔城市化水平评价图

表 2-13 尼泊尔分地区城市化水平评价结果

地理分区	指标	高水平地区	中水平地区	低水平地区
北部高山区	土地面积/km^2	0.00	84.10	51732.90
	面积比例/%	0.00	0.16	99.84
	人口数量/万人	0.00	3.27	190.25
	人口比例/%	0.00	1.69	98.31
中部山区	土地面积/km^2	22.36	672.15	60650.50
	面积比例/%	0.04	1.10	98.86
	人口数量/万人	96.17	230.94	932.30
	人口比例/%	7.64	18.34	74.03
特莱平原区	土地面积/km^2	0.00	3498.52	30520.48
	面积比例/%	0.00	10.28	89.72
	人口数量/万人	0.00	457.05	1003.71
	人口比例/%	0.00	31.29	68.71
尼泊尔	土地面积/km^2	22.36	4254.77	142903.88
	面积比例/%	0.02	2.89	97.09
	人口数量/万人	96.17	691.26	2126.26
	人口比例/%	3.30	23.72	72.98

尼泊尔城市化高水平地区面积小，人口高度集中。具体而言，尼泊尔城市化高水平地区土地面积为 22.36km^2，约占国土面积的 0.02%；相应人口约为全国人口的 3.30%，达 96.17 万人，主要分布在中部山区的加德满都谷地、博卡拉谷地，其中巴克塔普尔等县的城市化水平明显高于其他区域，该区域经济发达，是尼泊尔人口与产业的核心区域。

尼泊尔城市化中水平地区占地不足 3%，相应人口超两成。具体而言，尼泊尔城市化中水平地区土地面积为 4254.77km^2，约占国土面积的 2.89%。其中北部高山区、中部山区和特莱平原区面积分别为 84.10km^2、672.15km^2 和 3498.52km^2，城市化中水平地区主要分布在特莱平原区，该区域的地形较为平坦，土地城市化水平较高，此外东西公路等交通干线促进了城市之间的要素流动。尼泊尔城市化中水平地区人口约为全国人口的 23.72%，达 691.26 万人。

尼泊尔城市化低水平地区占地超九成，相应人口超七成。具体而言，尼泊尔城市化低水平地区土地面积为 142903.88km^2，占国土面积的 97.09%。其中北部高山区、中部山区和特莱平原区面积分别为 51732.90km^2、60650.50km^2 和 30520.48km^2，城市化低水平地区在中部山区和北部高山区大面积出现，其中中部山区的 98.86%、北部高山区的 99.84%都位于城市化低水平地区，这些地区普遍海拔高、地形陡峭，自然条件恶劣，交通极度不发达。尼泊尔城市化低水平地区人口约为全国人口的 72.98%，达 2126.26 万人。

2.2.4　社会经济发展水平综合评价

基于人类发展指数、交通通达指数、城市化指数构建了尼泊尔社会经济发展综合评价体系，以尼泊尔三大地理分区和分区县为基本研究单元，从三项基础指标到综合指数，定量分析了尼泊尔的社会经济发展水平，探讨了尼泊尔不同地区社会经济发展的限制因素。

1. 社会经济发展指数统计特征与分布规律

基于社会经济发展指数分析表明，尼泊尔社会经济发展水平普遍较低，区域差异较小（图 2-37 和表 2-14），全国平均的归一化社会经济发展指数为 0.0007，大部分区域的社会经济发展水平较低。空间分布来看，尼泊尔社会经济发展水平高的区域集中分布在城市化和交通水平较高的区域，一是集中在中部山区的首都加德满都和重要城市博卡拉，二是集中在特莱平原区的东西公路以南的零星区域。

图 2-37　尼泊尔归一化社会经济发展指数空间分布

表 2-14 尼泊尔分区域归一化社会经济发展指数特征值统计表

地理分区	最高值	最低值	平均值	变异系数
北部高山区	0.05	0.00	0.0011	0.33
中部山区	1.00	0.00	0.0013	13.78
特莱平原区	0.19	0.00	0.0042	1.95
全国	1.00	0.00	0.0008	16.26

从三大分区来看，受整体经济发展水平相对较高的影响，特莱平原区的归一化社会经济发展综合指数的平均值最高，是全国平均水平的 6 倍；中部山区一般，北部高山区社会经济发展水平最低。从内部差异性角度分析，特莱平原区的内部差异性小，发展较为均衡；中部山区的内部差异明显，以首都加德满都及博卡拉两个城市为核心向外辐射，变异系数达 13.78；北部高山区虽然经济发展水平落后，但区域内差异化不明显，整体处于较低水平。

2. 社会经济发展综合评价分区

在对尼泊尔国家和地区归一化社会经济发展指数分布规律进行分析的基础上，开展了尼泊尔国家和地区社会经济发展水平分类和综合评价。依据归一化社会经济发展指数区域特征及差异，研究将尼泊尔不同区域的社会经济发展适应程度分为低水平、中水平、高水平 3 类（图 2-38 和表 2-15）。

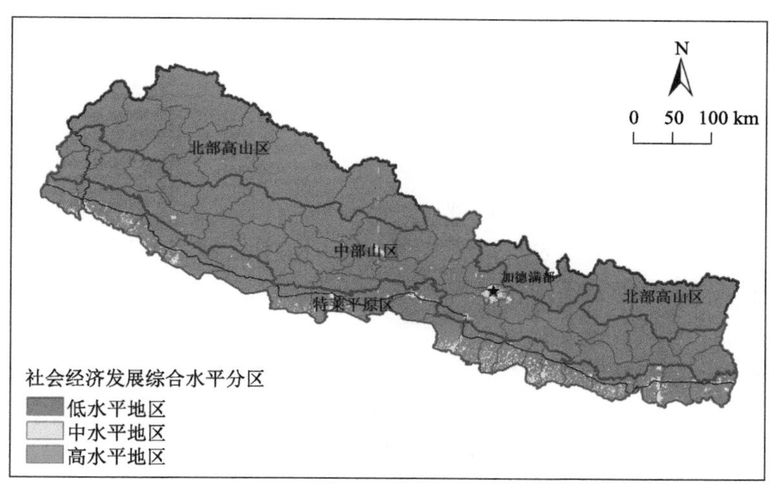

图 2-38 尼泊尔社会经济发展综合水平评价图

表 2-15 尼泊尔分地区社会经济发展综合水平评价结果

地理分区	指标	高水平地区	中水平地区	低水平地区
北部高山区	土地面积/km²	0.00	33.04	51783.96
	面积比例/%	0.00	0.06	99.94
	人口数量/万人	0.00	1.26	192.26
	人口比例/%	0.00	0.65	99.35

续表

地理分区	指标	高水平地区	中水平地区	低水平地区
中部山区	土地面积/km^2	17.88	617.75	60709.37
	面积比例/%	0.03	1.01	98.96
	人口数量/万人	80.85	238.37	940.19
	人口比例/%	6.42	18.93	74.65
特莱平原区	土地面积/km^2	0.00	2494.02	31524.98
	面积比例/%	0.00	7.33	92.67
	人口数量/万人	0.00	339.10	1121.66
	人口比例/%	0.00	23.21	76.79
尼泊尔	土地面积/km^2	17.88	3144.81	144018.31
	面积比例/%	0.01	2.14	97.85
	人口数量/万人	80.85	578.73	2254.11
	人口比例/%	2.78	19.86	77.36

第 1 类为低水平地区，即社会经济发展综合水平低于全国平均水平的地区。这类地区社会福祉水平较低，交通基础设施建设亟须加强，城市化进程极大程度滞后于全国水平。

第 2 类为中水平地区，即社会经济发展综合水平处于全国中游，属于国内经济较为发达的地区，政府所提供的社会福祉基本满足当地居民的生产生活需求。

第 3 类为高水平地区，即社会经济发展综合水平远高于全国平均水平的地区。这部分地区医疗教育资源分配较多，交通网络建设完备，城市建设水平良好，居民生活水平处于全国上游，属于国内的经济发达地区。

基于县域尺度的社会经济发展研究表明，尼泊尔社会经济发展水平空间差异明显，高水平地区极少，集中于首都加德满都附近，近八成人口居住在社会经济发展低水平区域，人口与社会经济发展极不协调。

尼泊尔超 80 万人聚集在相对狭小的社会经济发展高水平地区。具体而言，尼泊尔社会经济发展高水平地区土地面积为 17.88km^2，仅占国土面积的 0.01%。社会经济发展高水平地区主要分布在中部山区的加德满都谷地和博卡拉谷地，为交通“双枢纽”地区，其中的巴克塔普尔县、加德满都县、卡斯基县等县的社会经济发展高水平地区的面积显著较大。尼泊尔社会经济发展高水平地区人口约为全国人口的 2.78%，达 80.85 万人。

尼泊尔社会经济发展中水平地区占地仅 2.14%，相应人口近两成。具体而言，尼泊尔社会经济发展中水平地区土地面积为 3144.81km^2。其中北部高山区、中部山区和特莱平原区面积分别为 33.04km^2、617.75km^2 和 2494.02km^2，社会经济发展中水平地区主要分布在中部山区和南部特莱平原区，普遍处在地势较低的山区，海拔大多在 5000m 以下，交通便捷程度较高。尼泊尔社会经济发展中水平地区人口约为全国人口的 19.86%，约 578.73 万人。

尼泊尔社会经济发展低水平地区占地超九成，相应人口超七成。具体而言，尼泊尔社会经济发展低水平地区土地面积为 144018.31km^2，占国土面积的 97.85%。其中北部高山区、中部山区和特莱平原区面积分别为 51783.96km^2、60709.37km^2 和 31524.98km^2，社会经济发展低水平地区普遍位于海拔高、地形陡峭的北部高山区和中部山区。尼泊尔社会经济发展低水平地区人口约为全国人口的 77.36%，约 2254.11 万人。

3. 分区县社会经济发展水平适应性分等

在对尼泊尔社会经济发展水平进行综合评价的基础上，研究以区县为基本单元，采用聚类分析法进一步讨论了尼泊尔分区县社会经济发展的限制因素（图 2-39 和表 2-16）。

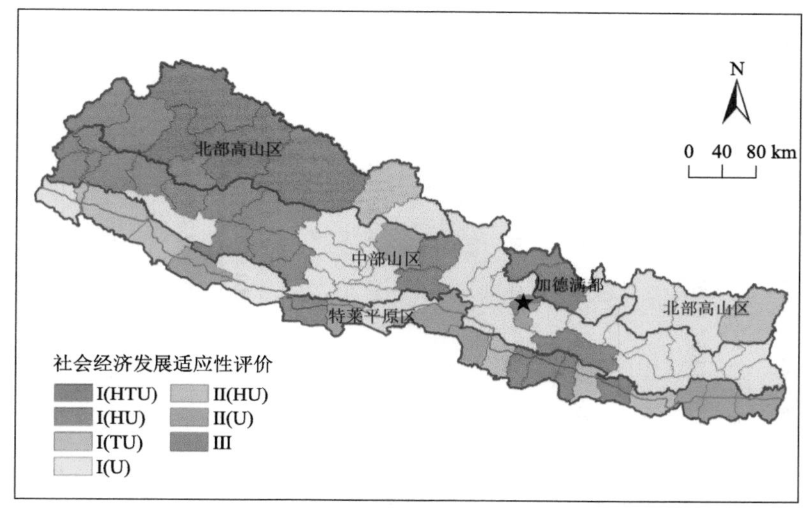

图 2-39　尼泊尔社会经济发展水平空间分布

1）社会经济发展低水平地区

尼泊尔社会经济发展低水平地区共有 59 个县，其土地面积合计 123286km^2，占国土面积的 83.76%；人口总数为 1364.12 万人，占全国总人口的 46.82%；人口密度为 110.65 人/km^2。尼泊尔低水平区受人类发展水平、交通通达水平及城市化水平三重限制，具体限制类型分别为受人类发展水平及城市化水平双重限制（I_{HU}），受人类发展水平、交通通达水平及城市化水平三重限制（I_{HTU}），受交通通达水平及城市化水平双重限制（I_{TU}）以及受城市化水平限制（I_U）。

H&U 限制型（I_{HU}）：受人类发展水平及城市化水平双重限制的县为 23 个，面积为 41634km^2，占比超国土面积的四分之一，人口数量为 661.99 万人，占比接近总人口的四分之一；人口密度一般，为 159 人/km^2。受人类发展水平及城市化水平双重限制的县主要分布在中部山区的西部以及特莱平原区的东南部，多地处山区，交通通达困难，以小农经济为主，生产力低下，仅能基本满足家庭内部的自给自足，且工业基础薄弱，建设用地较低，城市化进程缓慢。

表 2-16　尼泊尔各区县社会经济发展水平分类评价

地区	限制型	县	HDI	TAI	UI	SDI	数量/个	土地		人口		
								面积/km^2	比例/%	数量/万人	比例/%	人口密度/（人/km^2）
社会经济发展低水平地区（I）	H&U限制型	阿查姆、拜塔迪、巴章、达德都拉、代累克、达尔丘拉、多蒂、贾贾科特、卡里科特、卡皮尔瓦斯图、拉姆忠、马霍塔里、皮乌旦、拉苏瓦、劳塔哈特、罗尔帕、鲁孔、萨尔亚、萨拉希、辛杜利、辛杜帕尔乔克、锡拉哈、塔纳胡	0.059	0.465	0.001	0.000	23	41634	28.29	661.99	22.72	159.00
	H&T&U限制型	巴朱拉、多尔帕、呼姆拉、久木拉、穆古	0.005	0.229	0.000	0.000	5	21798	14.81	36.33	1.25	16.66
	T&U限制型	木斯塘、塔普勒琼	0.005	0.287	0.000	0.000	2	7219	4.90	10.35	0.36	14.33
	U限制型	阿尔加坎奇、巴格隆、博季普尔、当格、达丁、丹库塔、多拉卡、廓尔喀、古尔米、伊拉姆、坎昌布尔、卡夫雷帕兰乔克、科塘、马克万普尔、马南、米亚格迪、纳瓦尔帕拉西、努瓦科特、奥卡尔东加、帕尔帕、潘奇达尔、帕尔巴特、拉梅查普、桑库瓦萨巴、索卢昆布、苏尔克特、西扬加、特拉图木、乌代普尔	0.052	0.472	0.000	0.000	29	52635	35.76	655.45	22.50	124.53
		小计	0.043	0.415	0.000	0.000	59	123286	83.76	1364.12	46.82	110.65
社会经济发展中水平地区（II）	H&U限制型	巴拉、巴迪亚、达努沙、凯拉利、萨普塔里	0.132	0.535	0.005	0.001	5	8993	6.11	334.29	11.47	371.73
	U限制型	班凯、巴克塔普尔、奇特万、贾帕、卡斯基、拉利德普尔、莫朗、帕尔萨、卢潘德希、孙萨里	0.156	0.542	0.007	0.003	10	14507	9.86	683.17	23.45	470.92
		小计	0.146	0.539	0.006	0.003	15	23500	15.97	1017.46	34.92	432.96
社会经济发展高水平地区（III）	无限制型	加德满都	0.430	0.623	0.114	0.101	1	395	0.27	532.10	18.26	13470.96

注：HDI 为归一化人类发展指数，TAI 为归一化交通通达指数，UI 为归一化城市化指数，SDI 为归一化社会经济发展指数。

H&T&U 限制型（I_{HTU}）：受人类发展水平、交通通达水平及城市化水平三重限制（I_{HTU}）的地区包含巴朱拉、多尔帕、呼姆拉、久木拉、穆古5个县，面积为21798km^2，占国土面积的14.81%；人口数为36.33万人，占全国总人口的1.25%，人口密度较低，每平方千米不足17人。受三个因素综合限制的5个县均位于北部高山区西北部，紧邻喜马拉雅山脉，该地区终年积雪，不适宜人类生存，医疗服务和教育体系都受较严重的经济发展水平限制，交通通达度极低，主要依靠小型机场与盘山公路出行，城市化进程极大地滞后于全国平均水平。

T&U 限制型（I_{TU}）：受交通通达水平及城市化水平双重限制的县为木斯塘和塔普勒琼2县，均位于北部高山区北部且毗邻喜马拉雅山脉，海拔较高，交通基础设施极度匮乏，交通网络极不发达，以公路和航空为主要交通方式。但目前尼泊尔山麓已铺设的交通基础设施均较为落后、老化，且境内大多数公路仍为未硬化且曲折蜿蜒的盘山公路，无法满足当前社会经济发展的交通通达需要，城市化发展仍处于初级阶段。

U 限制型（I_U）：仅受城市化水平限制的县较多，达到了29个，其城市化指数均值仅为0.0002，社会经济发展受城市化水平影响显著。仅受城市化水平影响的29个县土地面积为52635km^2，接近低水平区域总面积的二分之一；人口数量也是所有限制型中较多的，占总人口数的22.50%；人口密度一般，城市化进程与人口数量极不匹配。

2）社会经济发展中水平地区

尼泊尔社会经济发展中水平地区内共有 15 个县，多位于特莱平原区以及首都加德满都附近。其土地面积合计23500km^2，占国土面积的15.97%，人口数量为1017.46万人，约为全国总人口的34.92%；人口密度为432.96人/km^2，接近全国平均人口密度的2倍。该区域主要由人类发展水平及城市化水平限制，即H&U限制型（II_{HU}）和U限制型（II_U），区域归一化人类发展指数均值为0.146，远低于全国归一化人类发展指数的0.51；归一化城市化指数均值为0.006，是全国城市化指数均值的4倍。

H&U 限制型（II_{HU}）：受人类发展水平及城市化水平双重限制的县共有5个，分别为巴拉、巴迪亚、达努沙、凯拉利和萨普塔里，面积为8993 km^2，占国土面积的6.11%；人口为334.29万人，占总人口的11.47%；人口密度为全国平均值的两倍，属于人口较密集地区。受人类发展水平及城市化水平双重限制的5县主要位于特莱平原区的东部和西部，其归一化人类发展指数和归一化城市化指数均值均处于全国的中等偏下水平，限制了该地区的社会经济发展进程。

U 限制型（II_U）：受城市化水平限制的县有10个，主要位于中部山区中部及特莱平原区中部及东部，包含班凯、巴克塔普尔、奇特万、贾帕、卡斯基、拉利德普尔、莫朗、帕尔萨、卢潘德希和孙萨里。其归一化人类发展指数为0.156，略高于中水平地区均值，城市化指数均值则与中水平区域持平。

3）社会经济发展高水平区域

尼泊尔境内仅有加德满都为社会经济发展高水平区域。作为首都的加德满都，土地面积仅占全国总面积的0.27%，人口却高达为532.10万人，占全国总人口的18.26%，每平方公里内人口数超万人。加德满都的归一化人类发展指数、归一化交通通达指数及归一化城市化指数均为各区县最高，远超全国平均水平。

相较于尼泊尔其他县来说，加德满都受经济因素限制程度一般，医疗卫生、教育、经济、科技等方面水平均处于尼泊尔榜首。以教育方面举例，根据尼泊尔 2019 年的官方统计数据，尼泊尔全国拥有 9985 所高中，其中约十分之一位于加德满都，教师数量在各县中也高居榜首。初中和小学也呈现出同样的高聚集状态。尼泊尔全国拥有 34667 所小学、16065 所初中，其中加德满都拥有的初中学校数达到了 1127 所，高中学校数达到了 1294 所，数量均远多于全国各县平均学校数量以及各县实际拥有学校数量。

当然，加德满都在发展经济的同时，也面临着人口集聚带来的诸多问题以及城市发展福祉分配不均衡等问题。加德满都作为尼泊尔的首都，是全国最繁华、交通网络最发达的地区，全尼泊尔的社会发展资源大多均集中于此，这也导致加德满都的人口密度达到了 13470.96 人/km^2，远超全国其他地区的人口密度。过多的人力资源在引导资源进一步向加德满都集聚之外，也导致了加德满都内人均资源的相对较少以及城市运转压力的逐渐增大，这为城市的日常维护提出了极高的要求。根据尼泊尔 2019 年官方统计数据，加德满都拥有 321.70 km 主要交通网络，其中 221.86 km 为硬化沥青道路，但城市内的道路十分拥挤且洁净程度堪忧，道路及铁路等交通基础设施的老化及破损程度也十分严重，极大地限制了城内市民的交通出行便捷及通达程度。目前城内大多数人仍以摩托车及用二手车改造的出租车为主要出行工具。医疗方面，城内虽拥有国内最优秀的医疗资源，如格兰德国际医院、诺维克医院，但人均医疗资源仍然有限。

2.3　结论与对策

基于人类发展水平、交通通达水平及城市化水平三个维度，从基础指标到综合评价，从栅格尺度到分县单元，报告定量评价了尼泊尔社会经济发展的区域特征与差异。研究基本结论如下：

（1）基于人类发展指数与人类发展水平评价的研究表明，尼泊尔整体人类发展水平较低，地区间差异明显，其中北部高山区人类发展指数最低且内部差异明显，特莱平原区人类发展指数最高，人类发展指数高值区集中于以首都加德满都为核心的辐射区域以及博卡拉地区。尼泊尔是一个典型的山地农业国，耕地面积少且产量一般，第二、第三产业均处于初级发展阶段，经济极不发达，严重依赖外国机构和个人的援助和捐赠，全国约有 15%的民众处于贫困状态。目前，尼泊尔优质教育及医疗资源均集中在经济较为发达的加德满都谷地，其他地区义务教育政策成效显著但严重缺少技术型、受过高等教育的人才。医疗卫生方面，基础医疗设施不足、从业人员培训不到位等导致尼泊尔人均医疗需求不能得到满足，许多基础性疾病无法得到适当医治，自身应对自然灾害的能力也极差。

（2）基于交通通达指数与交通通达水平评价的研究表明，尼泊尔整体交通通达水平低于“一带一路”沿线地区平均水平，县域间差异明显，从三大分区来看，特莱平原区依靠东西公路，整体通达水平最高，其次为中部山区，北部高山区交通通达水平最低。国内交通通达指数有限的高值区主要分为两个部分，一是集中在中部山区的加德满都和博卡拉城市群范围，二是特莱平原区的东西公路沿线，此区域呈由西北向东南走向的狭长条带状。相较于公路和航空较为发达的通达网络，尼泊尔铁路通达水平明显较低。当前尼泊尔国内仅有两条铁路，一条基础设施老化，可运行里程仅剩约 5km，另外一条 2022 年刚刚开通，仅可容纳约 1000 名旅客，不能满足居民的远距离出行需求，因此铁路网络的严重缺失限制了尼泊尔交通通达水平。

（3）基于城市化指数与城市化水平评价的研究表明，尼泊尔的城市化指数分布呈现出“两极化”“聚集性”的空间特征。城市化指数高值区明显分布在中部加德满都、博卡拉谷地以及南部特莱平原区，其他地区的城市化进程均处于开始阶段，城市化指数极低。

（4）基于社会经济发展指数与社会经济发展水平评价的研究表明，尼泊尔社会经济发展水平普遍较低，区域差异较小，高值区域集中分布在城市化和交通水平较高的区域，一是集中在中部山区的首都加德满都和重要城市博卡拉，二是特莱平原区的东西公路以南的零星区域。首都加德满都为尼泊尔唯一社会经济发展高水平区域。限制尼泊尔社会经济发展的主要因素为人类发展水平和城市化水平。受自然环境及生态禀赋限制，尼泊尔的经济欠发达地区面积占比较大，无法用作建筑用地，土地开发程度极低，绝大部分地区教育和医疗资源极度依赖外援且分配极不均衡，不能满足人民日常的需求，人类发展水平和城市化水平均较低。

根据上述结论，本书基于人类发展水平、交通和城市化等方面的问题，为促进其社会经济可持续发展提出了以下建议。

（1）加大教育医疗投入，着力提高国民福祉。教育方面，尼泊尔实行 10 年免费教育制，近年来青年识字率虽得到有效提高，但文盲仍未完全消灭，基础教育普及仍任重道远；高等教育受国力限制，在学校数量和规模上都不能满足社会发展的需要，接受过本科以上教育的人数占比很小，而且性别比例极不平衡。从整体上看，尼泊尔教育发展总水平相当落后。尼泊尔需要加强与中国等国家在高科技领域的合作，提升国家科技水平，因此对高素质人才的需求愈发迫切。教育作为国家发展的基础，尼泊尔要重视教育的发展，通过增加教育公共开支、选派学生到国外大学交流学习等方式促进国民素质的整体提升。

医疗卫生领域，尽管尼泊尔的预期寿命较历史同期数据有明显提高，但在全球国家的排名仍然落后，这主要是由于尼泊尔的医疗卫生事业欠发达，医疗保健条件较差。据统计，全国有 15%左右的人口生活在贫困线以下，长期营养不良，尼泊尔人口的健康状况堪忧，全国平均每 4000 人仅有 1 名医生，医务人员极度不足；尼泊尔每千人医院床位数虽整体呈增长趋势，由 1960 年的每千人 0.12 张增至 2012 年的每千人 0.30 张，但仍不能满足国民的日常需要。在尼泊尔的几次地震和洪灾中，主要救援力量都来自国际组织以及中国、美国等国家。目前，我国已经多次向尼泊尔提供医疗援助，包括提供医疗资金及器械、派遣医疗团队援助等。除此之外，尼泊尔的医疗保健服务主要集中在城市（特别是加德满都谷地），农村的医疗条件很差。面对尼泊尔高速增长的人口，政府要增加医院和病床的数量，争取在每个村建立起兼有预防和初步治疗功能的医疗保健点，并保证清洁水的供应，从源头减少患病率、提高预期寿命。

（2）改善基础设施条件，提高经济联通水平。受地理条件限制，尼泊尔以公路和航空为主要通达及运输方式，部分地区因境内多山，只有基础性山路，多为碎石路，硬地面道路占比不足，又因尼泊尔经济不发达，日常保养的经费极少且经常不能按时、准确拨付，新增公路里数较少，整体路况让人担忧。尼泊尔铁路里程数近年来也变化较小，全国仅在特莱平原拥有以贾纳克布尔为起点的两条运行线，最远向东穿过印度边界到达焦伊诺戈尔。这些窄轨列车不仅行驶速度极慢且十分拥挤，铁路的基础设施大多使用年限较长、维护保养情况较差，运输效率极低。航空方面，尼泊尔国内航线覆盖面广，主要城镇都有班机，机型为螺旋桨式小型机，一般有 17～20 个座位，但飞机使用年限较长，检修不到位，存在一定的危险性。国内航班的枢纽为老加德满都机场，特里布汶机场是唯一的国际机场。总体来说尼泊尔的交通密度和便捷度均较低，不足以满足国民的日常需求并带动经济发展。

水路方面，尼泊尔陡峭的山地使得很多河流不具备运输的能力，但是境内河流密布、水流湍急，对于水电资源的开发非常有利。在电力供给短缺的情况下，尼泊尔可以在水能资源领域加大与中国的合作，加快水电资源的开发。

铁路方面，尼泊尔北部地区与中国西藏因喜马拉雅山脉阻隔，大部分区域位于交通通达中水平及以下。目前，中尼两国合作建设的樟木、吉隆和普兰口岸加强了边境互联互通，其中普兰口岸连接尼泊尔远西部发展区，樟木和普兰口岸连接中部发展区，并且已经将吉隆口岸升级为国际口岸。为了促进中尼贸易往来，中国将把日吉铁路延伸到中尼边界的吉隆口岸，从日喀则延伸 540km，与尼泊尔的拉苏瓦县相连。此外，尼泊尔自身要利用好古商道（如科达里山口）的基础，加强与中国的互联互通，推动贸易、旅游、物流等多领域的经贸合作。

尼泊尔要充分利用位于中印两国之间的地缘优势，在基础设施领域吸引两国投资。同时，要注重增强与南亚国家的联通，打通能源进口和自然资源出口渠道，发挥连接南亚大市场的纽带作用，实现经济多元化发展。

（3）充分利用自身优势，推进城市化快速发展。依靠自身地理位置及自然资源、人文资源的独特优势，加强国际合作，加快促进旅游业、特色商业等第三产业的发展。尼泊尔地处喜马拉雅山南麓，自然风光旖旎独特，北部的喜马拉雅山脉是徒步旅游和登山爱好者的天堂，吸引了来自亚洲、西欧和北美的游客，旅游业比较发达。尼泊尔旅游业产值约占国民生产总值的 29%，高峰时，外国游客达到 60 多万人次/年；低峰时，外国游客也能达到 20 多万人次/年。尼泊尔作为佛教的起源国家，境内拥有诸多的古代建筑和文化古迹，并因其独特的地理位置优势，拥有加德满都谷地、奇特万国家公园、萨加玛塔国家公园等诸多世界文化和自然遗产。旅游业作为尼泊尔的支柱产业之一，不仅在拉动内需、推进产业结构调整、促进贫困地区发展、提高人民生活质量等方面做出了突出贡献，在扩大社会就业、缓解就业压力方面也发挥了巨大作用。

除此之外，尼泊尔应以区域发展现状为基础，从国家层面编制宏观发展战略，并以人口要素自身的发展为本，促进形成人口、资源、环境与经济、社会相协调的局面。坚持政府引导、市场条件的原则，推动尼泊尔人口功能区规划，达成“就业引导型”的人口分布调控，要以产业、就业为核心，发挥市场配置人口流动相关资源的基础性作用。尼泊尔应当发挥中部发展区的经济优势，加强与周边分县的产业分工与协作，引导区域人口合理分布；并抓住中尼铁路等交通设施的建设机遇，充分考虑中国的贸易需求，加强沿线工业布局，尤其加强附近巴克塔普尔、黑陶达等工业园区的建设。考虑到尼泊尔人口与土地城镇化不协调的现状，要重点在城市区域加强工业建设用地的投入，推动劳动力市场一体化建设，以工业带动区域城市群发展；此外，构造首都经济圈，将劳动密集型产业逐步移至周边小城市，通过产业布局形成就业吸引极，促进区域人口与社会经济的协调发展，加快区域整体性城市化发展进程。

第 3 章　人居环境适宜性评价与适宜性分区

人居环境适宜性评价是开展区域资源环境承载力评价的基础，旨在摸清区域资源环境的承载“底线”。本章基于地形起伏度的地形适宜性、基于温湿指数的气候适宜性、基于水文指数的水文适宜性、基于地被指数的地被适宜性等开展了人居环境适宜性单要素评价；在此基础上，构建人居环境指数评价模型，开展了尼泊尔人居环境适宜性评价，揭示了尼泊尔人居环境适宜性的空间格局。

3.1　地形起伏度与地形适宜性

地形适宜性评价（suitability assessment of topography，SAT）是人居环境自然适宜性评价的基础与核心内容之一，它着重探讨区域地形地貌特征对该区域人类生活、生产与发展的影响与制约。地形起伏度（relief degree of land surface，RDLS）又称地表起伏度，是区域海拔和地表切割程度的综合表征（封志明等，2007，2020），作为影响区域人口分布的重要因素之一，本节将其纳入尼泊尔人居环境地形适宜性评价体系。在系统梳理国内外地形起伏度研究的基础上，本章采用全球数字高程模型数据（ASTER GDEM，http://search.earthdatanasa.gov/search?%=ASTER+GDEM）构建了人居环境地形适宜性评价模型，利用 ArcGIS 空间分析等方法，提取了尼泊尔 1km×1km 栅格大小的地形起伏度，并从海拔等方面开展了尼泊尔人居环境地形适宜性评价。具体方法流程可参考《丝绸之路沿线国家人居环境适宜性评价报告》。

RDLS 试图定量刻画区域地形地貌特征，可以通过海拔和平地比例等基础地理数据来定量表达。研究获取了尼泊尔的平均海拔及其空间分布状况，为地形起伏度分析研究提供了基础。

3.1.1　海拔

根据海拔统计分析，尼泊尔山势险峻，峡谷众多，海拔呈现由北向南逐渐递减的趋势，平均海拔为 2105.25m，海拔 5000m 以下地区面积占比达 90%以上，平均海拔 5000m 以上地区面积占比约为 9%，分布于境内东北部中尼边界的喜马拉雅山区，人烟稀少。其中海拔 7000m 以上地区不足 1%，有 8 座超过 8000m 的山峰，零星分布在中尼边界的喜马拉雅山脉。平均海拔在 1000m 以下的地区面积占 35.57%，主要分布在与印度接壤的特莱平原区，为人口聚集区，人口数量为全境总人数的 1/2。尼泊尔境内中部山区，地形以山地丘陵和河谷为主，平均海拔介于 1000～5000m，约占尼泊尔总面积的一半，相应人口占 2/5，主要集中于河谷地区。

3.1.2 相对高差及平地占比

基于相对高差和平地统计分析，尼泊尔平均相对高差为 2366.4m，平地占全境总面积的 6.54%，位于尼泊尔南部边境地带。就 2020 年人口数量而言，平地分布着 33.56%的人口，是人口分布聚集地。平地集中于特莱平原区，从县域来看，乌代普尔县、当格县、奇特万县、帕尔萨县等 21 个县以平地为主要地形特征，其中凯拉利县平地分布面积最大，该县人口占全境总人口的 2.94%，人口集中。

3.1.3 地形起伏度

在尼泊尔高分辨率地形高程数字模型（GDEM）数据基础上，根据其 1km GDEM 地形分布，基于海拔与平地等，采用窗口分析法与条件（Con）函数等空间分析方法，对尼泊尔的地形起伏度进行提取分析。

基于地形起伏度统计分析，尼泊尔地形起伏度以高值为主，平均地形起伏度高达 3.44，地形起伏度介于 0.04～19.92，地域差异大。空间上，低地形起伏度值呈条状分布在尼泊尔南部边界，境内河流由北向南注入恒河，形成地形起伏度相对低的南部平原，即特莱平原区。相对高值区则集聚于北部靠近喜马拉雅山区的北部高山地区。统计表明，当 RDLS≤7.5 时，土地占比达 93.92%，相应人口占 99.98%。当 RDLS≤9 时，其土地占比超过 98%以上，人口数量达到 100%。当 RDLS>10 时，面积仅占 0.64%。

就北部高山区、中部山区、特莱平原区三个地区而言，特莱平原区地形起伏度最低，介于 0～3.8，人口约占全境的 50.16%；中部山区地形起伏度主要介于 1～8.4，人口占全境人口的 44.84%；北部高山区，98.23%的区域地形起伏度集中介于 1.8～9.3，人口分布仅占全境总人口的 5%。

从各县来看，卡斯基县的地形起伏度差最大，最低值为 0.5，最高值为 19.4，其次拉姆忠、廓尔喀、马南、桑库瓦萨巴、米亚格迪、达丁、索卢昆布、塔普勒琼地形起伏度差均高于 10，9 县分布人口仅为尼泊尔总人口的 4.69%。萨普塔里地形起伏度差最小为 0.2，萨普塔里、达怒沙、萨拉希、马霍塔里、帕尔萨地形起伏度差低于 1，五县人口约占全境总人口的 12.36%。从地形起伏度均值来看，马南地形起伏度均值最高，达 7.5，萨普塔里地形起伏度均值最低，仅为 0.04，其次为贾帕县和锡拉哈县。

3.1.4 地形适宜性评价

根据尼泊尔地形起伏度的空间分布特征，完成基于地形起伏度的人居环境地形适宜性评价（图 3-1 和表 3-1）。结果表明，尼泊尔地形适宜类型由北向南从地形不适宜地区向地形高度适宜地区逐渐更替。尼泊尔地形以不适宜地区面积占比最大，为 31.22%，相应人口占比为 1.11%；地形一般适宜、比较适宜和高度适宜等适宜区占比为 48.34%，相应地人口占比为 88.29%，其中以地形一般适宜区土地面积最大，为 24.91%。具体而言，马南、多尔帕、呼姆拉、拉苏瓦、木斯塘、穆古等 20 个县以地形不适宜类型为主，几乎没有地形高度适宜和地形比较适宜类型；巴克塔普尔、帕尔帕、西扬加、萨尔亚、加德满都、辛杜利等 27 个县以地形一般适宜类型为主；萨普塔里、贾帕、劳塔哈特、卢潘德希、锡拉哈、卡皮尔瓦斯图、孙萨里等 18 个县以地形高度适宜类型为主，县域内没有地形不适宜地区。

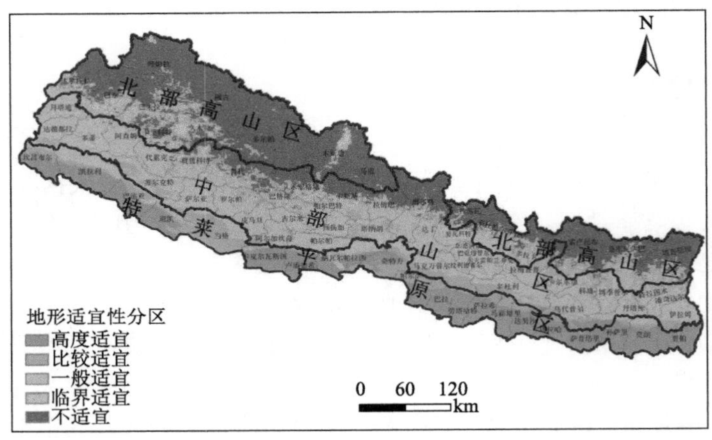

图 3-1　尼泊尔地形适宜性分区

1. 地形高度适宜地区

尼泊尔地形高度适宜地区土地面积为 4.59 万 km^2，为国土总面积的 14.38%；相应人口占比达全国的 45.76%，人口数为 1330 万。高度适宜地区在空间上呈条带状不连续分布于境内南部平原，靠近印度边界。就三个地区而言，地形高度适宜地区仅分布于特莱低地地区（图 3-1）。就县域而言，地形高度适宜地区共分布于 23 个县，其中分布面积较大的县依次为凯拉利县、贾帕县、卡皮尔瓦斯图县、莫朗县、巴迪亚县、萨普塔里县、卢潘德希县、班凯县、坎昌布尔县及萨拉希县（表 3-1），人口共占尼泊尔总人口的 25.17%，其中凯拉利县人口分布最多。该地区气温较高，雨量充沛，土地肥沃、交通便利，是尼泊尔人口与产业聚集区，是主要农产区，人类活动频繁。

2. 地形比较适宜地区

尼泊尔地形比较适宜地区土地面积为 1.33 万 km^2，约为国土面积的 9.05%；相应人口为 295 万，约为全国的 10.13%。尼泊尔地形比较适宜地区在空间上镶嵌分布于地形高度适宜地区和一般适宜地区之间（图 3-1）。就三个地区而言，地形比较适宜地区分布于中部山区和特莱平原区，该区域主要为丘陵地带，属于马哈巴拉特山脉南部边缘地区，人类活动相对较少。从县域分布来看，比较适宜地区共在 49 个县有所分布，其中当格县分布面积最大，其人口总数占全境人口的 2.07%，其次在马克万普尔县、奇特万县、辛杜利县、苏尔克特县、乌代普尔县及帕尔萨县分布面积较大，6 县人口总数占比达 9.35%；地形比较适宜地区在科塘县、博季普尔县、帕尔巴特县、阿查姆县、贾贾科特县、辛杜帕尔乔克县、多蒂县、鲁孔县仅有极少量分布（表 3-1）。该区域地势相对平缓，交通便利，人口相对较多。

3. 地形一般适宜地区

尼泊尔地形一般适宜地区土地面积为 3.67 万 km^2，约占国土面积的 24.91%；相应人口数为 944 万人，约为全国的 32.4%。尼泊尔地形一般适宜地区在空间上呈条带状相邻于地形比较适宜地区和地形临界适宜地区，该区域由马哈巴拉特山系和相对较矮的丘日山系组成，河谷和丘陵广布（图 3-1）。就县域分布而言，分布于 66 个县，其中萨尔亚县分布面积最大，该县人口占全国总人口的 0.96%，其次苏尔克特县、帕尔帕县、辛杜利县、多蒂县、凯拉利县、达德都拉县、马克万普尔县、乌代普尔县、阿查姆县、达丁县及拜塔迪县分布面积较大（表 3-1），这 11 县总人口占全境总人口的 13.74%。该区域气候温和，土地肥沃，人口稠密，人类活动相对集中。

4. 地形临界适宜地区

尼泊尔地形临界适宜地区土地面积约为 3 万 km^2，占国土面积的 20.44%，对应的人口数为 309 万，占总人口的 10.60%。尼泊尔地形临界适宜地区在空间上嵌于地形一般适宜地区和地形不适宜地区之间（图 3-1），以山地峡谷为主。就县域而言，其共分布于 60 个县，其中久木拉县分布面积最大，人口分布占 0.35%，其次在巴格隆县、巴章县、贾贾科特县、鲁孔县、桑库瓦萨巴县、卡里科特县、巴朱拉县分布较多（表 3-1），此 7 县人口占全国总人口的 4.83%。该区域山地峡谷广布，人类活动受限，人类分布相对较少。

5. 地形不适宜地区

尼泊尔地形不适宜地区占国土面积的 31.22%，对应土地面积为 4.59 万 km^2，在各适宜类型中面积最大。该地区人口数为 32.5 万，占尼泊尔总人口的 1.11%。地形不适宜地区分布于尼泊尔的北部，与地形临界适宜地区相邻，有 8 座海拔超过 8000m 的高峰坐落在尼泊尔北部境内或边界上，集中于北部高山区（图 3-1）。就各县来看，其共分布于 39 个县（表 3-1），其中在多尔帕县内分布面积最大，该县人口仅占尼泊尔总人口的 0.12%，其次为呼姆拉县，人口占比为 0.2%，在木斯塘县、穆古县、塔普勒琼县、索卢昆布县、马南县、廓尔喀县、巴章县 7 个县分布面积相当，该区人口总数占境内总人口的 2.82%。该区山高势险，终年积雪，土地贫瘠，人烟稀少。

表 3-1 尼泊尔地形适宜性分县评价结果 （单位：%）

	区县	面积占比				
		地形不适宜地区	地形临界适宜地区	地形一般适宜地区	地形比较适宜地区	地形高度适宜地区
特莱平原区	班凯	0.00	0.00	13.22	28.50	58.28
	巴拉	0.00	0.00	2.21	19.81	77.98
	巴迪亚	0.00	0.00	18.21	20.16	61.63
	奇特万	0.00	2.99	16.61	40.82	39.57
	当格	0.00	0.87	30.73	68.40	0.00
	达努沙	0.00	0.00	0.00	20.99	79.01
	贾帕	0.00	0.00	0.44	7.04	92.52
	凯拉利	0.00	2.09	35.00	13.03	49.88
	坎昌布尔	0.00	0.00	10.71	25.76	63.53
	卡皮尔瓦斯图	0.00	0.00	6.81	8.75	84.44
	马霍塔里	0.00	0.00	0.00	24.00	76.00
	莫朗	0.00	2.59	14.81	9.20	73.40
	纳瓦尔帕拉西	0.00	1.48	38.40	18.28	41.84
	帕尔萨	0.00	0.00	0.00	44.19	55.81
	劳塔哈特	0.00	0.00	4.50	5.46	90.04
	卢潘德希	0.00	0.00	9.66	5.36	84.98
	萨普塔里	0.00	0.00	0.00	7.17	92.83
	萨拉希	0.00	0.00	0.00	19.14	80.86
	锡拉哈	0.00	0.00	0.09	15.16	84.75
	孙萨里	0.00	0.17	9.49	6.46	83.88
中部山区	阿查姆	1.47	37.43	60.81	0.29	0.00
	阿尔加坎奇	0.00	5.64	72.10	22.26	0.00
	巴格隆	14.65	71.46	13.89	0.00	0.00
	拜塔迪	0.07	32.62	67.31	0.00	0.00
	巴克塔普尔	0.00	0.00	100.00	0.00	0.00
	博季普尔	3.34	37.55	58.91	0.20	0.00
	达德都拉	0.00	15.93	74.25	9.82	0.00
	代累克	5.64	39.16	52.55	2.65	0.00
	达丁	0.52	26.08	65.76	7.64	0.00
	丹库塔	0.00	27.39	72.61	0.00	0.00
	多蒂	0.49	39.88	59.24	0.39	0.00
	廓尔喀	61.26	14.21	19.43	5.10	0.00
	古尔米	0.00	28.39	70.17	1.44	0.00

续表

区县		面积占比				
		地形不适宜地区	地形临界适宜地区	地形一般适宜地区	地形比较适宜地区	地形高度适宜地区
中部山区	伊拉姆	0.65	17.18	58.53	20.02	3.62
	贾贾科特	28.09	56.31	15.33	0.27	0.00
	卡斯基	42.66	22.19	25.44	9.71	0.00
	加德满都	0.00	15.07	84.93	0.00	0.00
	卡夫雷帕兰乔克	0.00	29.32	65.73	4.95	0.00
	科塘	1.96	40.25	57.73	0.06	0.00
	拉利德普尔	0.00	32.41	67.59	0.00	0.00
	拉姆忠	40.72	29.13	27.87	2.28	0.00
	马克万普尔	0.00	14.85	43.08	41.86	0.21
	米亚格迪	58.58	39.50	1.92	0.00	0.00
	努瓦科特	10.81	35.51	49.83	3.85	0.00
	奥卡尔东加	1.11	58.22	40.67	0.00	0.00
	帕尔帕	0.00	2.20	92.09	5.71	0.00
	潘奇达尔	3.36	50.52	46.12	0.00	0.00
	帕尔巴特	0.74	54.10	44.42	0.74	0.00
	皮乌旦	0.22	25.36	72.54	1.88	0.00
	拉梅查普	20.97	37.53	41.50	0.00	0.00
	罗尔帕	1.28	47.87	50.85	0.00	0.00
	鲁孔	46.63	42.11	10.91	0.35	0.00
	萨尔亚	0.00	7.73	85.10	7.17	0.00
	辛杜利	0.00	14.18	82.82	0.00	3.00
	苏尔克特	0.00	12.11	60.22	27.67	0.00
	西扬加	0.00	6.24	87.42	6.34	0.00
	塔纳胡	0.00	2.49	60.52	36.99	0.00
	特拉图木	0.30	60.30	39.40	0.00	0.00
	乌代普尔	0.00	6.34	45.10	27.34	21.22
北部高山区	巴章	58.58	36.39	5.03	0.00	0.00
	巴朱拉	50.09	46.33	3.58	0.00	0.00
	达尔丘拉	59.67	32.42	7.91	0.00	0.00
	多拉卡	52.95	35.36	11.69	0.00	0.00
	多尔帕	96.85	3.15	0.00	0.00	0.00
	呼姆拉	92.96	7.04	0.00	0.00	0.00
	久木拉	45.77	54.15	0.08	0.00	0.00

续表

区县		面积占比				
		地形不适宜地区	地形临界适宜地区	地形一般适宜地区	地形比较适宜地区	地形高度适宜地区
北部高山区	卡里科特	32.00	66.43	1.57	0.00	0.00
	马南	98.58	1.42	0.00	0.00	0.00
	穆古	80.10	19.34	0.56	0.00	0.00
	木斯塘	81.85	18.15	0.00	0.00	0.00
	拉苏瓦	82.70	15.99	1.31	0.00	0.00
	桑库瓦萨巴	52.60	33.04	13.98	0.38	0.00
	辛杜帕尔乔克	41.43	35.84	22.45	0.28	0.00
	索卢昆布	73.33	25.39	1.28	0.00	0.00
	塔普勒琼	70.80	26.04	3.16	0.00	0.00

综上所述，尼泊尔主要为地形不适宜地区，与“山国”之称相呼应，境内地形起伏度以高值为主，北高南低。人口主要聚集于海拔低于 1000m 的地区，就地形适宜区而言，聚集于地形高度适宜和一般适宜类型，地形比较适宜地区人口分布相对较少，主要与河谷分布有关。就三大主要分布而言，特莱平原区地形适宜性最佳，也是人口的主要聚集区，中部山区也是人口分布的集中区，北部高山区人口分布最少。就县域来看，凯拉利地形适宜最佳，当格地形比较适宜地区面积最大，萨尔亚地形一般适宜地区面积最大，久木拉县地形临界适宜地区面积最大，多尔帕县地形不适宜地区居多。

3.2 温湿指数与气候适宜性

气候适宜性评价（suitability assessment of climate， SAC）是人居环境评价的一项重要内容。本节利用气温和相对湿度数据计算了尼泊尔的温湿指数（Oliver，1978），采用地理空间统计的方法开展了尼泊尔的人居环境气候适宜性评价。本节所采用的气温数据源自瑞士联省研究所提供的地球陆表高分辨率气候数据（The Climatologies at High Resolution for the Earth’s Land Surface，CHELSA），相对湿度数据来自国家气象科学数据中心。

气温和相对湿度是计算温湿指数的基础气候要素，研究分析了尼泊尔的气温和相对湿度的空间分布状况，为温湿指数分析提供了研究基础。

3.2.1 气温

根据多年平均气温数据统计，尼泊尔年均气温为 13.26℃，各地区年均气温介于 20～23℃，空间上呈现出由西南向东北逐渐递减的分布规律。年均温度低于 20℃的地区面积占比为 7.45%，对应人口占比为 1.11%，该部分地区主要分布于北部高山区，在干城章嘉峰、珠穆朗玛峰、希夏邦马峰三座海拔超过 8000m 的山峰附近。年均气温高于 23℃的地区面积占比为 10.92%，相应人口占比为 14.48%，主要分布在特莱平原区。尼泊尔 30.38%的地区年均气温介于 21～22℃，主要分布在中部山区，相应地，有 41.4%的人口聚集在这一地区。

3.2.2　相对湿度

尼泊尔年均相对湿度为 60.77%，各地区年均相对湿度介于 55%～67%，整体上呈现由西北向东南逐渐升高的空间分布态势。年均相对湿度介于 63%～64%的地区面积占比为 26.68%，主要分布在境内东部的拉利德普尔、奇特万、卡夫雷帕兰乔克、马克万普尔、奥卡尔东加、马霍塔里、辛杜利、达怒沙、萨拉希、帕尔萨、劳塔哈特、巴拉共 12 县，该地区为孙科西河、阿润河等流经地，河谷广布，同时是尼泊尔首都加德满都所在地，社会经济相对发达，因此人口密度大，人口占比高达 41.43%。尼泊尔年均相对湿度大于 64%的地区仅占 11.17%，相应人口占比为 18.78%，主要分布于桑库瓦特巴、科塘、塔普勒琼、乌代普尔、博季普尔、锡拉哈、特拉图木、萨普塔里、丹库塔、潘奇达尔、伊拉姆、孙萨里、莫朗、贾帕共 14 个县，平原广布，水资源充足。年均相对湿度低于 63%的地区面积占比约为 59.64%，人口比重为 39.78%，主要分布于达德都拉、凯拉利、多蒂、萨尔亚等 48 县所在中西部山地地区，山高谷深，地形复杂，人类活动相对较少。

3.2.3　温湿指数

基于平均气温和相对湿度数据计算了尼泊尔温湿指数。结果表明，尼泊尔平均温湿指数为 55，各县平均温湿指数范围为 33～71，尼泊尔境内山区多，高差大，各地气候不同，舒适度各异。整体上温湿指数呈现出由北向南递增的空间分布趋势。温湿指数为 12～44 时，气温极低，体感寒冷，该地区面积占比为 26.03%，主要位于尼泊尔境内北部喜马拉雅山脉沿线的北部山区，从县域来看，主要分布于达丁、巴朱拉、木斯塘、鲁孔等 18 个县，其中呼姆拉县分布面积最大，相应地，该地区基本没有人口分布。温湿指数为 44～60 的气候偏冷、体感清冷的地区面积占比为 27.92%，相应人口占比为 15.09%，主要分布在尼泊尔中部山区，介于喜马拉雅山脉和马哈巴拉特山脉之间，分布广泛。从县域分布来看，该地区遍及巴章、多拉卡、鲁孔、罗尔帕、巴格隆、卡斯基等 34 个县。温湿指数介于 60～74 的地区面积超过总面积的 4/9，达 46.05%，人口占比高达 84.39%，主要分布在尼泊尔南部平原地区，该地区气温较高，水土条件良好，是人类活动聚集区。

3.2.4　气候适宜性评价

依据尼泊尔气候区域特征及差异，参考温湿指数生理气候分级标准（蔚丹丹和李山，

2019）开展了人居环境的气候适宜性评价，即基于温湿指数的尼泊尔人居环境适宜性评价。参考气候以及相对湿度的区域特征和差异，将人居环境气候适宜程度分为不适宜、临界适宜、一般适宜、比较适宜和高度适宜 5 类。具体评价要素如表 3-2 所示。

表 3-2　气候适宜性评价的要素

温湿指数	人体感觉程度	适宜性分级
≤35，>80	极冷，极其闷热	不适宜
35～45，77～80	寒冷，闷热	临界适宜
45～55，75～77	偏冷，炎热	一般适宜
55～60，72～75	清，偏热	比较适宜
60～72	清爽或温暖	高度适宜

根据人居环境气候适宜性分区标准（表 3-2），完成了尼泊尔基于温湿指数的人居环境气候适宜性评价（图 3-2 和表 3-3）。结果表明，尼泊尔属于气候较适宜地区，气候高度适宜区、比较适宜区和一般适宜区总面积占比为 72.15%，对应人口占比为 99.32%；气候临界适宜和不适宜地区土地面积共占比 27.85%，相应的人口占比为 0.67%，其中气候临界适宜地区人口占比为 0.64%，气候不适宜地区人迹罕至。具体而言，班凯、巴拉、巴迪亚、达努沙、坎昌布尔、帕尔萨、萨拉希、锡拉哈等 48 个县以气候高度适宜类型为主；加德满都、贾帕、拜他迪、罗尔帕 4 县中气候比较适宜地区面积最多；卡里科特、巴格隆、巴朱拉、贾贾科特等 10 个县以气候一般适宜地区面积最多；久木拉、达尔丘拉、穆古 3 县以气候临界适宜类型为主；马南、多尔帕等 5 个县以气候不适宜类型面积占比最大。

1. 气候高度适宜地区

尼泊尔气候高度适宜地区土地面积为 6.63 万 km^2，占国土总面积的 45.05%；相应人口占比为全国的 81.39%，人口数为 2370 万人。根据图 3-2 可知，尼泊尔的高度适宜地区主要分布在境内南部的河谷丘陵、平原地区，该地区气温高，降水充足，是人类活动聚集地。气候高度适宜地区是尼泊尔占比最大的气候适宜性类型，空间上广泛分布于三大地理分区内，其中特莱平原整个区域及中部山区大部分区域均为气候高度适宜地区（图 3-2）。就县域而言，气候高度适宜地区广泛分布于境内 69 个县（表 3-3），其中凯拉利分布面积最大，该县人口占比为 2.94%，其次在辛杜利、乌代普尔、奇特万、苏尔克特、纳瓦尔帕拉西分布较多，分布面积相当，五县总人口占比约 8.2%。

2. 气候比较适宜地区

尼泊尔气候比较适宜地区土地面积为 1.7 万 km^2，约为全国的 11.57%；相应人口为 399 万人，约为全国的 13.68%。在空间上集中于南部特莱平原区（图 3-2），温湿条件适宜，人类活动相对集中，对应人口分布占比为 4.81%。就各县而言，气候比较适宜地区在贾帕分布面积最大，该县人口占比为 2.85%，其次为罗尔帕、拜塔迪、多蒂、莫朗、信杜帕尔乔克、萨尔亚等共 59 个县。整体来看，气候比较适宜地区在各县分布面积相对于其他适宜类型较少（表 3-3）。

3. 气候一般适宜地区

尼泊尔气候一般适宜地区土地面积为 2.29 万 km^2，约占全国的 15.53%；相应人口为 124 万人，约为全国的 4.25%。尼泊尔的气候一般适宜地区呈条带状分布于高度适宜区和临界适宜区之间（图 3-2），在西北部分布面积大于东南部，聚集于中部山区与北部高山区之间。就各县而言，该区分布于 56 个县（表 3-3），其中在鲁孔、巴章、巴朱拉、桑库瓦萨巴、塔普勒琼分布面积较大，5 县总人口占全国的 2.97%。该类地区年均气温偏低，气候干燥，人口密度相对较小。

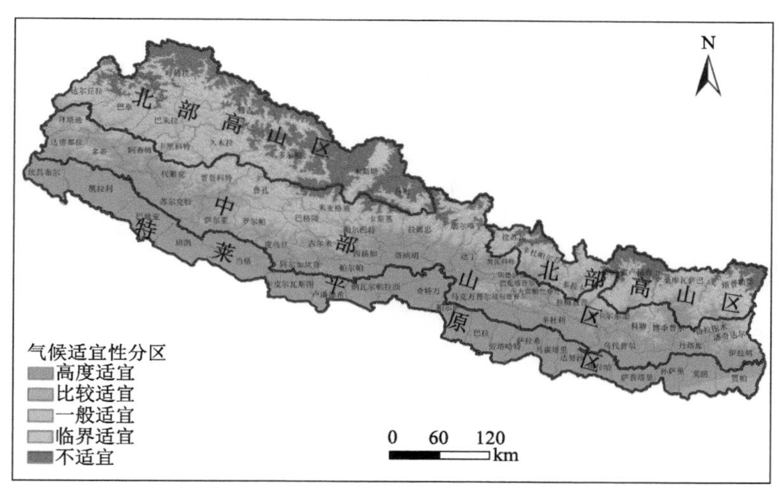

图 3-2　尼泊尔气候适宜性分区

4. 气候临界适宜地区

尼泊尔气候临界适宜地区土地面积为 216 万 km^2，约占国土面积的 14.65%；相应人口仅为 18.7 万人，约占全国总人口的 0.64%。尼泊尔的气候临界适宜地区嵌于气候一般适宜和不适宜地区之间，呈现出由西北向东南面积逐渐减少的趋势，主要集中于北部高山区（图 3-2）。就各县而言，该区分布于尼泊尔境内 33 个县，分布面积较大的几个县依次为多尔帕、呼姆拉、久木拉、穆古、木斯塘、塔普勒琼、巴章（表 3-3），该 7 县人口仅占全国总人口的 2.06%。该类地区气温偏低，干燥寒冷，人烟稀少。

5. 气候不适宜地区

尼泊尔气候不适宜地区土地面积为 1.94 万 km^2，约占国土面积的 13.2%；相应人口数约为 9450 人，约为全国总人口的 0.03%。尼泊尔气候不适宜地区分布于靠近喜马拉雅山脉北部高山地区，该地区气候严寒，常年积雪，不适宜人类活动。气候不适宜地区的分布情况与气候临界适宜地区的分布情况相似，但相比于气候临界适宜地区面积偏小（图 3-2）。就各县而言，多尔帕气候不适宜地区分布面积最大，远大于其他县，该县人口占全国总人口的 0.12%，呼姆拉、木斯塘、马南、索卢昆布、穆古、塔普勒琼、廓尔喀和巴章也是气候不适宜地区面积较大的县，8 县人口总数占比为 3.02%（表 3-3）。

表 3-3　尼泊尔国气候适宜性评价结果　　（单位：%）

区	县	面积占比				
		气候不适宜地区	气候临界适宜地区	气候一般适宜地区	气候比较适宜地区	气候高度适宜地区
特莱平原区	班凯	0.00	0.00	0.00	0.00	100.00
	巴拉	0.00	0.00	0.00	0.00	100.00
	巴迪亚	0.00	0.00	0.00	0.00	100.00
	奇特万	0.00	0.00	0.00	1.83	98.17
	当格	0.00	0.00	0.00	1.60	98.40
	达努沙	0.00	0.00	0.00	0.00	100.00
	贾帕	0.00	0.00	0.00	57.73	42.27
	凯拉利	0.00	0.00	0.00	1.73	98.27
	坎昌布尔	0.00	0.00	0.00	0.00	100.00
	卡皮尔瓦斯图	0.00	0.00	0.00	0.00	100.00
	马霍塔里	0.00	0.00	0.00	0.00	100.00
	莫朗	0.00	0.00	0.16	30.84	69.00
	纳瓦尔帕拉西	0.00	0.00	0.00	1.02	98.98
	帕尔萨	0.00	0.00	0.00	0.00	100.00
	劳塔哈特	0.00	0.00	0.00	0.00	100.00
	卢潘德希	0.00	0.00	0.00	0.00	100.00
	萨普塔里	0.00	0.00	0.00	0.00	100.00
	萨拉希	0.00	0.00	0.00	0.00	100.00
	锡拉哈	0.00	0.00	0.00	0.00	100.00
	孙萨里	0.00	0.00	0.00	3.78	96.22
中部山区	阿查姆	0.00	0.12	14.06	26.95	58.87
	阿尔加坎奇	0.00	0.00	0.32	16.21	83.47
	巴格隆	0.00	16.13	52.21	22.58	9.08
	拜塔迪	0.00	0.00	20.81	45.50	33.69
	巴克塔普尔	0.00	0.00	0.82	32.79	66.39
	博季普尔	0.00	0.26	18.09	25.36	56.29
	达德都拉	0.00	0.00	9.89	28.07	62.04
	代累克	0.00	0.61	17.88	26.99	54.52
	达丁	2.50	8.61	14.89	11.91	62.09

续表

区	县	面积占比				
		气候不适宜地区	气候临界适宜地区	气候一般适宜地区	气候比较适宜地区	气候高度适宜地区
中部山区	丹库塔	0.00	0.00	3.01	16.48	80.51
	多蒂	0.00	0.00	20.72	28.43	50.85
	廓尔喀	23.92	26.78	17.89	6.01	25.40
	古尔米	0.00	0.00	7.28	31.53	61.19
	伊拉姆	0.00	0.06	10.58	20.16	69.20
	贾贾科特	0.18	18.40	43.64	21.73	16.05
	卡斯基	16.79	16.79	23.62	14.58	28.22
	加德满都	0.00	0.00	15.98	59.50	24.52
	卡夫雷帕兰乔克	0.00	0.00	9.75	34.98	55.27
	科塘	0.00	0.13	16.91	23.09	59.87
	拉利德普尔	0.00	0.00	12.66	39.75	47.59
	拉姆忠	5.76	19.22	28.29	17.36	29.37
	马克万普尔	0.00	0.00	5.22	13.83	80.95
	米亚格迪	25.37	25.64	37.18	10.19	1.62
	努瓦科特	0.34	4.27	18.76	25.71	50.92
	奥卡尔东加	0.00	0.00	27.58	24.42	48.00
	帕尔帕	0.00	0.00	0.00	6.81	93.19
	潘奇达尔	0.00	1.68	24.70	30.38	43.24
	帕尔巴特	0.00	0.00	21.00	31.79	47.21
	皮乌旦	0.00	0.00	12.41	22.95	64.64
	拉梅查普	6.01	10.30	25.70	18.73	39.26
	罗尔帕	0.00	1.06	36.29	40.60	22.05
	鲁孔	5.77	26.39	42.45	15.16	10.23
	萨尔亚	0.00	0.00	2.47	27.53	70.00
	辛杜利	0.00	0.00	0.24	7.33	92.43
	苏尔克特	0.00	0.00	1.03	8.94	90.03
	西扬加	0.00	0.00	0.67	13.74	85.59
	塔纳胡	0.00	0.00	0.06	1.02	98.92
	特拉图木	0.00	0.00	20.90	30.15	48.95
	乌代普尔	0.00	0.00	0.35	4.21	95.44
北部高山区	巴章	20.84	30.78	34.77	11.10	2.51
	巴朱拉	6.55	30.54	49.56	10.95	2.40
	达尔丘拉	37.60	62.40	0.00	0.00	0.00
	多拉卡	12.72	24.09	39.24	17.21	6.74
	多尔帕	57.51	36.60	5.88	0.01	0.00

续表

区	县	面积占比				
		气候不适宜地区	气候临界适宜地区	气候一般适宜地区	气候比较适宜地区	气候高度适宜地区
北部高山区	呼姆拉	42.10	29.59	6.98	7.65	13.68
	久木拉	5.13	63.16	31.71	0.00	0.00
	卡里科特	0.00	25.71	55.84	13.07	5.38
	马南	63.62	31.64	4.74	0.00	0.00
	穆古	32.05	43.24	23.28	1.43	0.00
	木斯塘	37.44	24.26	2.54	0.00	35.76
	拉苏瓦	30.34	31.72	30.01	5.37	2.56
	桑库瓦萨巴	10.57	25.59	31.77	13.58	18.49
	辛杜帕尔乔克	8.77	19.07	33.95	21.52	16.69
	索卢昆布	37.33	25.54	28.11	6.34	2.68
	塔普勒琼	25.17	31.28	27.44	10.29	5.82

综上所述，气候适宜性是影响尼泊尔人口分布的关键因素，尼泊尔以气候适宜区为主，气温适宜，相对湿度较大，温湿指数呈现由北向南递增的趋势。从人口分布来看，气候高度适宜地区人口占绝对比重，占比达到80%以上。就县域而言，凯拉利气候高度适宜地区面积最大；气候比较适宜地区在贾帕分布面积最大；鲁孔气候一般适宜地区面积最大；多尔帕气候临界适宜地区面积最大；气候不适宜地区在多尔帕分布面积最大。人口数最多的加德满都，各气候适宜类型面积由大到小依次为气候比较适宜地区、气候高度适宜地区和气候一般适宜地区，气候适宜类型对人口分布有重要影响。

3.3 水文指数与水文适宜性

水文适宜性评价（suitability assessment of hydrology，SAH）是人居环境自然适宜性评价的基础内容之一，它反映一个区域水文特征对该区域人类生活、生产与发展的影响与制约。地表水文指数（land surface water abundance index，LSWAI）是区域降水量和地表水文状况的综合表征。本节将基于水文指数的水文适宜性评价纳入尼泊尔人居环境自然适宜性评价体系。采用降水量和地表水分指数（land surface water index，LSWI）构建了人居环境水文适宜性评价模型，利用 ArcGIS 空间分析等方法提取了尼泊尔 1km×1km 栅格大小的水文指数；并从降水量、地表水分指数等方面开展了尼泊尔人居环境水文适宜性评价。

3.3.1 降水量

尼泊尔以干旱、半干旱地区为主，境内地形差别大，北部为高山，南部为平原，降水量分配不均匀。在空间上降水量偏多的地区集中于尼泊尔东南部，由西北向东南降水量逐渐增加。年均降水量小于 200mm 的地区占尼泊尔土地面积的 26.36%，主要集中于尼泊尔西北部，降水量偏少，气候干旱。年均降水量介于 200～400mm 的地区面积占比为 46.28%，集中分布于尼泊尔境内中部山区。年均降水量达 400mm 以上的地区面积占比为 27.36%，位于阿润河和孙科西河交汇处，属于半湿润地区。就县域而言，囊括萨尔亚、巴迪亚、班凯、帕尔萨等 34 个县，属于半干旱区域。就各县而言年均降水量大于 400mm 的地区分布于桑库瓦萨巴、达努沙、孙萨里、辛杜利等 23 个县，对应人口约占全国总人口的 31.56%。

3.3.2　地表水分指数

总体而言，尼泊尔地表水分指数介于 0～0.93，空间上分布不均衡，地表水分指数整体呈现由中间向东南、西北两边递减的趋势，其中西北部地表水分指数小于东南部，中部山区的水分指数最大，北部高山区水分指数最小。具体而言，尼泊尔约一半地区的地表水分指数介于 0.4～0.6，地表水分指数低于 0.4 的地区面积占比约为 37.39%，地表水分指数高于 0.7 的地区面积占比最小，约为 6.82%。

就各县地表水分指数均值而言，木斯塘、多尔帕、穆古、呼姆拉 4 县地表水分指数偏低，均值皆低于 0. 3，4 县人口数占境内总人口数的 0.55%，人迹稀少；久木拉、达努沙、加德满都、巴朱拉、鲁孔、达丁、多蒂等 59 个县地表水分指数均值介于 0.3～0.5，对应人口分布达 90.16%；奇特万、塔纳胡、帕尔巴特、伊拉姆、马克万普尔、潘奇达尔、西扬加、博季普尔、丹库塔、古尔米、辛杜利、巴格隆共 12 县地表水分指数均值高于 0.5，相应人口占比为 12.88%。

3.3.3　水文指数

尼泊尔水文指数介于 0.04～0.65，全国水文指数均值为 0.36，空间上分布不均衡，呈现出由东南向西北逐渐递减的趋势。就县域来看，木斯塘和多尔帕水文指数均值均低于 0.19，为全国最低，两县人口仅占全境总人口的 0.17%；博季普尔、丹库塔、潘奇达尔、伊拉姆水文指数均值大于 0.5，4 县人口占全国总人口的 3.38%；其余 69 个县水文指数均值介于 0.2～0.4。整体而言，尼泊尔水文指数存在区域差异，西北部分布不均衡，东南部分布相对较均衡。

就水文指数的区间来看，水文指数低于 0.2 的地区面积最小，主要分布于常年积雪的高海拔山区；水文指数高于 0.5 的地区面积约为尼泊尔总面积的 15.53%，加德满都、博卡拉等河谷分布在该地区，河谷广布，湖泊众多，地表水资源丰富。尼泊尔大部分地区水文指数介于 0.2～0.5，约占尼泊尔面积的 3/4；其中水文指数介于 0.4～0.5 的地区约占尼泊尔面积的 37.92%，位于尼泊尔中南部的大部分地区，在中部根德格河流域和阿润河与孙科西河交汇处有所集中。

3.3.4 水文适宜性评价

基于水文指数的尼泊尔人居环境水文适宜性评价表明，尼泊尔属于水文适宜地区，尼泊尔人居环境水文适宜地区占 93%，其中高度适宜、比较适宜与一般适宜三类土地占比分别为 28.63%、41.08%与 23.29%。相应地，水文适宜类型土地承载的人口约占尼泊尔的 98.04%，其中比较适宜地区面积占比最大，为 41.08%，对应人口占比也最大，为 44.05%。尼泊尔人居环境水文临界适宜和不适宜地区总占比为 7%，其中水文临界适宜地区占比为 6.73%，相应的人口占比为 1.96%；水文不适宜地区土地面积占比为 0.27%，几乎没有人类活动（图 3-3）。具体而言，卢潘德希、拜塔迪、萨尔亚等 17 个县以水文高度适宜类型为主；西扬加、帕尔巴特、古尔米等 32 个县以水文比较适宜类型为主；伊拉姆、潘奇达尔等 13 个县以水文一般适宜类型为主；木斯塘、多尔帕 2 县以水文临界适宜类型面积最大。

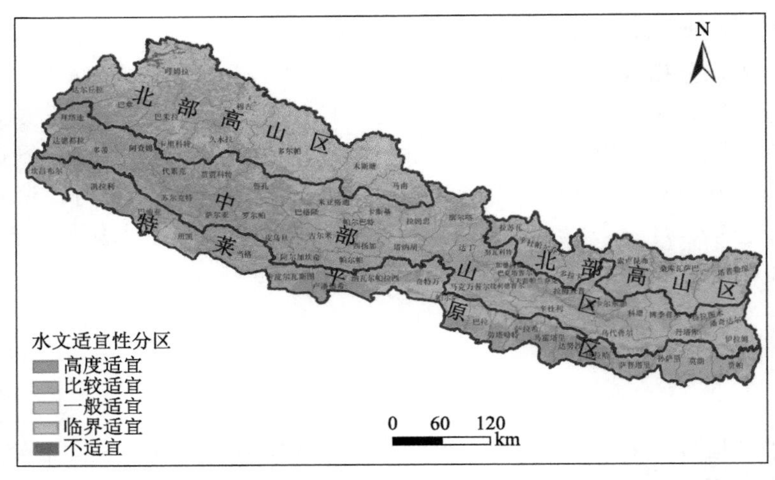

图 3-3 尼泊尔水文适宜性分区

1. 水文高度适宜地区

尼泊尔的水文高度适宜地区土地面积为 4.21 万 km^2，为国土面积的 28.63%；相应人口占比达 39.72%，为 1160 万人。水文高度适宜地区在空间上主要分布在尼泊尔西部及南部边境的格尔利河、根德格河等河流流域（图 3-3）。就各县而言，凯拉利的水文高度适宜地区面积最大，丹库塔水文高度适宜地区面积最小，其他 75 县中，水文高度适宜地区面积较大的县由大到小依次为当格、苏尔克特、巴章、呼姆拉、萨尔亚、鲁孔、多蒂、阿查姆、拜塔迪、达尔丘拉、卢潘德希和罗尔帕，该 12 县总人口约为全境人口的 13.23%

（表 3-4）。该区域河流较多，水文条件优越，人类活动相对较多。

2. 水文比较适宜地区

尼泊尔水文比较适宜地区土地面积为 6.05 万 km^2，约为国土面积的 41.08%；相应人口占比达 44.05%，约为 1280 万人。尼泊尔的水文比较适宜地区在空间上集中于根德格河与孙科西河流域，该区域河谷广布，湖泊众多，水文条件较好，且尼泊尔首都加德满都坐落于此，人口稠密。水文比较适宜地区遍布三大地理分区（图 3-3）。就各县而言，该区遍布 75 个县，其中在廓尔喀分布面积最大，该县人口占全国总人口的 1.03%；其次在马克万普尔、呼姆拉、辛杜帕尔乔克、凯拉利、达丁分布较多，以及在当格、卡斯基、巴格隆分布面积相近，8 县人口总数占比约为 11.84%；在巴克塔普尔分布面积最少，该县人口占全境总人口的 1.06%。

3. 水文一般适宜地区

尼泊尔水文一般适宜地区土地面积为 3.43 万 km^2，约占国土面积的 23.29%；相应人口为 416 万人，约为全国人口的 14.26%。尼泊尔水文一般适宜地区在空间上主要位于尼泊尔东部的孙科西河以北和阿润河以东地区，主要分布于中部山区和北部高山区（图 3-3）。就各县而言，水文一般适宜地区分布于 75 个县，其中，在多尔帕分布面积最大，该县人口占比为 0.12%，其次在塔普勒琼、桑库瓦萨巴、呼姆拉分布面积较大，面积相近，3 县人口占比为 1.22%（表 3-4）。该区域水文条件略差，人类活动有所减少。

4. 水文临界适宜地区

尼泊尔水文临界适宜地区土地面积约为 0.99 万 km^2，占国土面积的 6.73%，对应的人口数为 57.2 万人，占总人口的 1.96%。尼泊尔水文临界适宜地区在空间上分布于尼泊尔北部高山区内西北部边境地区，该区高峰耸立，终年积雪（图 3-3）。就各县而言，水文临界适宜地区分布于全境一半的县内，在 33 个县有分布。其中，该区在多尔帕分布面积最大，该县水文条件差，以水文一般适宜和临界适宜为主，其次木斯塘水文临界适宜地区面积较大，该县对应人口占比为 0.05%，其余各县皆仅有少量分布（表 3-4）。该区域水文条件匮乏，人迹稀少。

5. 水文不适宜地区

尼泊尔水文不适宜地区占国土面积的 0.27%，对应土地面积为 392.66km^2，在各适宜类型中面积最小。该地区人口数仅约为 550 人，几乎没有人类活动。水文不适宜地区集中于尼泊尔北部高山区内的西北部，该地区山高势陡，常年积雪（图 3-3）。就各县来看，该区仅分布于呼姆拉、穆古、巴章、达尔丘拉和久木拉 5 县内，5 县人口占全国总人口的 1.95%，其中呼姆拉分布最多（表 3-4）。该地区水文条件贫瘠，人类生存受限，荒无人烟。

表 3-4 尼泊尔水文适宜性分县评价结果 （单位：%）

区	县	面积占比				
		水文不适宜地区	水文临界适宜地区	水文一般适宜地区	水文比较适宜地区	水文高度适宜地区
特莱平原区	孙萨里	0.00	0.09	19.73	68.51	11.67
	莫朗	0.00	0.00	22.25	65.91	11.84
	奇特万	0.00	0.00	44.93	39.48	15.59
	贾帕	0.00	0.00	13.28	65.09	21.63
	萨普塔里	0.00	0.08	10.67	64.64	24.61
	巴拉	0.00	0.00	21.23	48.22	30.55
	帕尔萨	0.00	0.00	46.67	19.62	33.71
	班凯	0.00	0.16	19.91	42.99	36.94
	坎昌布尔	0.00	0.31	10.09	52.20	37.40
	纳瓦尔帕拉西	0.00	0.00	10.25	49.72	40.03
	巴迪亚	0.00	0.00	7.50	50.68	41.82
	萨拉希	0.00	0.00	8.74	41.14	50.12
	凯拉利	0.00	0.00	4.89	44.08	51.03
	当格	0.00	0.07	3.96	43.22	52.75
	卡皮尔瓦斯图	0.00	0.00	2.35	44.15	53.50
	劳塔哈特	0.00	0.00	15.04	23.75	61.21
	马霍塔里	0.00	0.00	11.30	27.00	61.70
	达努沙	0.00	0.00	7.00	26.14	66.86
	锡拉哈	0.00	0.00	4.56	27.87	67.57
	卢潘德希	0.00	0.00	3.99	18.77	77.24
中部山区	阿查姆	0.00	0.00	1.93	30.46	67.61
	伊拉姆	0.00	0.00	78.06	20.16	1.78
	丹库塔	0.00	0.00	55.12	42.65	2.23
	博季普尔	0.00	0.00	54.13	41.22	4.65
	潘奇达尔	0.00	0.00	67.23	26.86	5.91
	帕尔巴特	0.00	0.00	10.59	83.09	6.32
	科塘	0.00	0.00	38.36	54.32	7.32
	塔纳胡	0.00	0.00	16.33	76.08	7.59
	马克万普尔	0.00	0.00	31.62	60.59	7.79
	乌代普尔	0.00	0.00	50.26	41.71	8.03
	西扬加	0.00	0.00	4.32	86.46	9.22
	奥卡尔东加	0.00	0.00	23.95	66.76	9.29
	卡夫雷帕兰乔克	0.00	0.00	22.58	67.31	10.11

续表

区	县	面积占比				
		水文不适宜地区	水文临界适宜地区	水文一般适宜地区	水文比较适宜地区	水文高度适宜地区
中部山区	辛杜利	0.00	0.00	45.53	44.36	10.11
	拉利德普尔	0.00	0.25	22.28	65.57	11.90
	古尔米	0.00	0.00	5.12	81.31	13.57
	特拉图木	0.00	0.00	50.30	36.12	13.58
	拉姆忠	0.00	0.96	24.38	61.02	13.64
	多拉卡	0.00	1.87	36.81	47.52	13.80
	努瓦科特	0.00	0.42	13.99	71.77	13.82
	卡斯基	0.00	1.77	25.78	57.58	14.87
	米亚格迪	0.00	4.42	31.32	47.55	16.71
	巴格隆	0.00	0.44	16.40	65.77	17.39
	拉梅查普	0.00	3.39	21.42	55.50	19.69
	帕尔帕	0.00	0.00	2.41	76.96	20.63
	加德满都	0.00	5.02	32.78	41.39	20.81
	达丁	0.00	0.16	9.14	69.22	21.48
	廓尔喀	0.00	1.95	23.81	50.40	23.84
	阿尔加坎奇	0.00	0.00	0.97	70.32	28.71
	达德都拉	0.00	0.00	55.79	0.86	43.35
	鲁孔	0.00	4.14	13.68	37.72	44.46
	贾贾科特	0.00	1.35	9.47	44.55	44.63
	皮乌旦	0.00	0.00	0.68	54.25	45.07
	罗尔帕	0.00	0.00	2.44	44.00	53.56
	多蒂	0.00	0.00	0.98	42.37	56.65
	苏尔克特	0.00	0.00	1.70	36.02	62.28
	代累克	0.00	0.00	2.45	31.54	66.01
	萨尔亚	0.00	0.00	0.93	28.56	70.51
	拜塔迪	0.00	0.00	3.13	24.02	72.85
北部高山区	木斯塘	0.00	57.38	22.64	10.75	9.23
	多尔帕	0.00	47.66	31.26	11.84	9.24
	辛杜帕尔乔克	0.00	1.93	29.40	58.49	10.18
	桑库瓦萨巴	0.00	0.92	55.55	30.99	12.54
	索卢昆布	0.00	16.97	34.95	33.37	14.71
	塔普勒琼	0.00	5.02	54.83	24.07	16.08
	拉苏瓦	0.00	10.42	32.96	37.62	19.00

续表

区	县	面积占比				
		水文不适宜地区	水文临界适宜地区	水文一般适宜地区	水文比较适宜地区	水文高度适宜地区
北部高山区	马南	0.00	15.62	41.20	23.85	19.33
	呼姆拉	5.51	15.57	30.75	24.49	23.68
	穆古	0.87	19.65	30.97	24.52	23.99
	久木拉	0.16	9.44	30.97	29.91	29.52
	卡里科特	0.00	3.27	11.92	47.91	36.90
	巴克塔普尔	0.00	0.00	9.84	52.46	37.70
	巴朱拉	0.00	2.14	15.31	41.41	41.14
	巴章	0.58	6.68	17.08	32.89	42.77
	达尔丘拉	0.47	3.80	17.24	32.85	45.64

综上所述，水文适宜性是影响尼泊尔人口分布的重要因素，尼泊尔整体为水文适宜地区，其中以水文比较适宜为主，尼泊尔降水量、地表水分指数和水文指数空间分布不均衡，降水量和水文指数呈现由西北向东南增加的趋势，地表水分指数由中间向两侧递减。就人口分布情况，人口主要聚集于分布面积最广的水文比较适宜地区，水文不适宜地区几乎没有人口分布。就三大区来看，特莱平原区水文适宜条件最好，北部高山区的西北部水文适宜条件最差。就各县来看，卢潘德希水文高度适宜区面积占比最大，其次为拜塔迪，木斯塘和多尔帕近一半地区为水文临界适宜地区，水文不适宜地区在呼姆拉占比最大，约为呼姆拉面积的 5.51%，人口聚集县多以水文高度适宜地区和水文比较适宜地区为主。

3.4　地被指数与地被适宜性

地被适宜性评估（suitability assessment of vegetation，SAV）是人居环境自然适宜性评价的基础与核心内容之一，它反映一个区域地被覆盖特征对该区域人类生活、生产与发展的影响与制约。本节利用土地覆被类型和归一化植被指数（NDVI）的乘积构建尼泊尔的地被指数，采用空间统计的方法对尼泊尔的地被适宜性进行评价分析。本节采用的土地覆被类型数据来源于国家科技资源共享服务平台——国家地球系统科学数据中心（http:// www.geodata.cn），数据时间为 2017 年，空间分辨率为 30m。MOD13A1 数据（V006，包括 NDVI）来源于 NASA EarthData 平台，时间跨度为 2013～2017 年，空间分辨率为 1km。

3.4.1　土地覆被

尼泊尔全境植被覆盖类型差异较大，由南向北植被丰富度逐渐降低，主要覆被类型为森林和农田，90%以上的人口集中分布在农田、森林、草地和灌丛覆被地区。根据“一带一路”沿线国家和地区 2017 年土地覆盖数据（包括农田、森林、草地、灌丛、湿地、水体、苔原、不透水层、裸地、冰雪共 10 种类型）分析发现（表 3-5），森林占尼泊尔国土面积的 49.59%，人口比重为 25.41%，空间上分布于尼泊尔中部山区喜马拉雅山脉和马哈巴拉特山脉之间；农田占比为 19.86%，承载人口超过尼泊尔总人口的一半，是人口主要活动区域，主要分布在特莱平原区；草地面积占 7.95%，人口占比约为 4.80%，主要分布于尼泊尔北部山区；灌丛面积占 6.98%，人口占比为 5.98%，空间上零星分布于尼泊尔中部，在西部分布的面积大于东部；湿地占比不足 1%，人口占比不足 0.2%，零星分布在南部的河流沿岸及北部的高海拔山区附近；水体占 1.67%，人口占比与湿地基本一致，不足 0.2%，主要分布于北部山区冰雪覆盖附近；不透水层面积占比不足 0.5%，人口占比为 7.18%，集中于首都加德满都附近；裸地占 9.23%，人口占比不足 0.6%，分布于尼泊尔北部边境地区，在木斯塘和多尔帕交界处附近分布面积最大；冰雪占比为 3.74%，零星散落于北部边境高海拔山峰坐落处（表 3-5）。境内苔原分布极少，故不作讨论。

表 3-5　尼泊尔土地覆被类型面积及人口占比统计　（单位：%）

覆被类型	面积占比	人口占比
农田	19.86	55.66
森林	49.59	25.41
草地	7.95	4.80
灌丛	6.98	5.98
湿地	0.49	0.19
水体	1.67	0.19
不透水层	0.49	7.18
裸地	9.23	0.58
冰雪	3.74	0.01

数据来源：于 http://www.geodata.cn；2020 年 WorldPop 人口格网数据 https://www.worldpop.org/。

3.4.2　植被指数

总体而言，尼泊尔 NDVI 多年均值为 0.53，介于 0～0.83，空间上分布不均衡，由尼泊尔中部向南北方向逐渐减少，其中南部归一化植被指数大于北部；就各县而言，木斯塘 NDVI 多年均值最低，约为 0.15；马南、多尔帕和呼姆拉的 NDVI 多年均值介于 0.2～0.3，NDVI 多年均值低于 0.3 的地区主要分布于北部高山区；穆古、索卢昆布、拉苏瓦、塔普勒琼、巴章、廓尔喀、达尔丘拉、米亚格迪多年 NDVI 均值介于 0.3～0.5，分布于中部山区；锡拉哈、巴拉、加德满都、孙萨里、卡斯基等 24 个县多年 NDVI 均值介于 0.5～0.6，在中部山区和特莱平原区均有分布；凯拉利、达丁、科塘、皮乌旦、古尔米等多数分布于中部山区的 39 个县多年 NDVI 值大于 0.6，其中帕尔巴特多年 NDVI 均值最高，为 0.69。

尼泊尔 NDVI 介于 0.6～0.7 地区的面积占比最大，约为尼泊尔土地面积的 38.19%，主要分布于尼泊尔中部地区，相应的人口占比为 30.92%；NDVI 介于 0.5～0.6 时，对应的土地面积占比为 18.48%，相应的人口占比高达 35.92%，比例最高。尼泊尔 86.6%的地区 NDVI 介于 0.2～0.8，71.9%的地区 NDVI 介于 0.5～0.8，人口主要分布于 NDVI 介于 0.4～0.7 的地区，分布人口占总人口的 86%，当 NDVI 高于 0.8 或低于 0.2 时，人口占比不足 1%。

3.4.3 地被指数

尼泊尔地被指数介于 0～1，全国地被指数均值为 0.185，山地广布，地被指数偏低，空间上分布不均衡，呈现出由南部平原向北部高山逐渐递减的趋势；尼泊尔地被指数主要介于 0～0.1（0≤LCI≤0.1），属于裸地等类型，该地区的面积占尼泊尔土地面积的 78.58%，分布于尼泊尔境内的大部分地区，相应的人口占比达 39.47%；地被指数介于 0.6～0.7（0.6≤LCI≤0.7）的地区面积占比为 6.59%，主要分布于尼泊尔南部平原地区，以农田为主，相应的人口占比高达 13.82%，是人口聚集分布区；尼泊尔地被指数介于 0.2～0.5 的地区和地被指数介于 0.7～1 的地区分别占尼泊尔土地面积的 2.59%和 3.42%，相应的人口占比分别为 10.85%和 4.07%（表 3-6）。

表 3-6　尼泊尔地被指数与人口占比的统计

参数	<0.1	0.1～0.2	0.2～0.3	0.3～0.4	0.4～0.5	0.5～0.6	0.6～0.7	>0.7
面积/km²	115660.36	1643.19	293.03	369.04	3167.37	11327.31	9692.12	5028.58
面积占比/%	78.58	1.12	0.20	0.25	2.14	7.70	6.59	3.42
人口数量/人	11494471	1165472	460362	193519	2508679	8091292	4020880	1185868
人口比例/%	39.47	4.00	1.58	0.66	8.61	27.79	13.82	4.07

数据来源：2020 年 WorldPop 人口格网数据 https://www.worldpop.org/；封志明等，2022。

就地理分区来看，地被指数介于 0～0.1 的地区主要集中于北部高山区；地被指数介于 0.1～0.2 的地区主要分布于中部山区；地被指数介于 0.2～0.5 的地区散落在北部高山区和中部山区；地被指数介于 0.6～0.7 的地区集中于特莱平原区；地被指数大于 0.7 的地区仅在特莱平原区有分布。就各县而言，木斯塘、马南、多尔帕、呼姆拉及索卢昆布 5 县的地被指数均值低于 0.1；塔普勒琼、巴章、久木拉、鲁孔等 19 个县地被指数均值介于 0.1～0.2；拜塔迪、萨尔亚、加德满都、班凯等 37 个县地被指数均值介于 0.2～0.4；坎昌布尔、巴拉、孙萨里、萨拉希等 13 个县地被指数均值介于 0.4～0.6；贾帕的地被指数均值最大，为 0.638，该县位于特莱平原区，水源充足，利于地被覆盖。

3.4.4 地被适宜性评价

根据尼泊尔地被指数空间分布特征及人居环境地被适宜性评价要素体系（表 3-7），

完成了尼泊尔地被指数的人居环境地被适宜性评价（图 3-4）。基于地被指数的尼泊尔人居环境地被适宜性评价表明，尼泊尔属于地被较适宜地区，尼泊尔人居环境地被适宜地区占比 72.24%，其中高度适宜、比较适宜、一般适宜三类土地占比分别为 20.59%、27.38% 与 24.27%。相应地，2015 年地被适宜类型土地承载人口约占尼泊尔的 91.87%，其中比较适宜地区面积占比最大，为 27.38%，对应人口占比仅为 15.48%；高度适宜地区面积占比为 20.59%，对应人口占比高达 59.79%，人口稠密。尼泊尔人居环境地被临界适宜和不适宜地区总占比为 27.76%，其中地被临界适宜地区占比为 16.69%，相应的人口占比为 7.89%；地被不适宜地区占比为 11.06%，对应人口占比不足 1%，人迹稀少。具体而言，锡拉哈、贾帕、马霍塔里等 19 个县以地被高度适宜类型为主；伊拉姆、帕尔巴特、塔纳胡等 29 个县内地被比较适宜类型面积最大；萨尔亚、阿查姆、苏尔克特等 18 个县以地被一般适宜类型为主；多尔帕、穆古、索卢昆布、巴章 4 县以地被临界适宜类型为主；木斯塘、马南、呼姆拉 3 县内地被不适宜类型面积最大。

表 3-7　尼泊尔地被适宜性评价的要素和分级阈值

地被指数	覆被类型	人居适宜性
≤0.01	苔原、冰雪、水体、裸地等未利用地	不适宜
0.01～0.10	灌丛	临界适宜
0.10～0.17	草地	一般适宜
0.17～0.28	森林	比较适宜
≥0.28	不透水层、农田	高度适宜

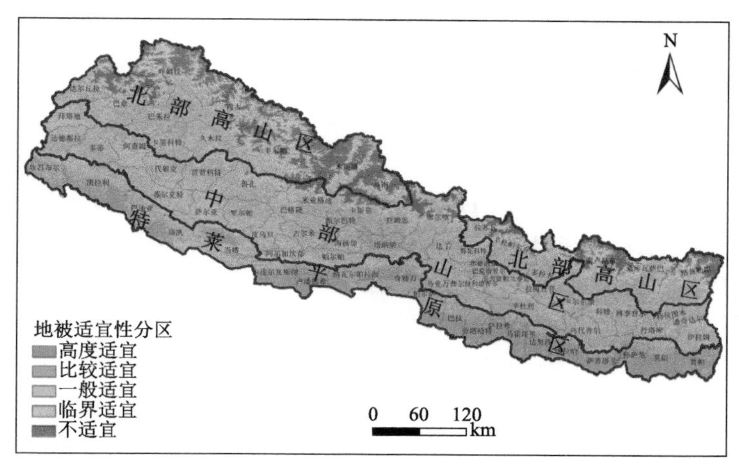

图 3-4　尼泊尔地被适宜性分区

1. 地被高度适宜地区

尼泊尔的地被高度适宜地区土地面积为 3.03 万 km^2，为尼泊尔国土总面积的 20.59%；

相应人口占比高达 59.79%，为 1740 万人。高度适宜地区在空间上主要分布在尼泊尔特莱平原边境地区（图 3-4）。就县域而言，地被高度适宜地区在尼泊尔各个县内均有分布，其中凯拉利的地被高度适宜地区面积最大，其次贾帕、莫朗、卡皮尔瓦斯图、当格、卢潘德希、萨拉希、锡拉哈 7 个位于特莱平原区的县地被高度适宜地区分布较多，该 8 县人口总数占全境总人口的 21.54%；西北部的丹库塔、伊拉姆、帕尔巴特地被高度适宜地区面积稀少（表 3-8）。该区域地势平缓，土地肥沃，是尼泊尔主要农产区。

2. 地被比较适宜地区

尼泊尔地被比较适宜地区土地面积为 4.03 万 km^2，约为国土总面积的 27.38%，在各适宜类型中面积最大；相应人口占比仅为全国的 15.48%，约为 451 万人。尼泊尔的地被比较适宜地区在空间上分布于尼泊尔中部喜马拉雅山和马哈巴拉特山脉中间大部分区域，集中于地理分区的中部山区，部分分布于北部高山区（图 3-4）。就各县而言该区皆有分布，其中东北部位于北部高山区的桑库瓦萨巴省分布面积最大，其次中部山区的马克万普尔、奇特万、塔普勒琼、巴格隆、伊拉姆、鲁孔地被比较适宜地区分布较多；地被比较适宜类型分布面积最少的县是面积最小的巴克塔普尔（表 3-8）。

3. 地被一般适宜地区

尼泊尔地被一般适宜地区土地面积为 3.57 万 km^2，约占国土面积的 24.27%；相应人口为 483 万人，约为全国的 16.60%。尼泊尔地被一般适宜地区在空间上分散于地被高度适宜与地被比较适宜地区之间，在各个地理分区均有分布，且在西北部分布面积大于东南部，分布于尼泊尔境内的各个县（图 3-4）。其中，该区在尼泊尔西部的当格、苏尔克特、久木拉、萨尔亚分布面积较大，在中部山区的巴克塔普尔、帕尔巴特及特莱平原区的锡拉哈和卢潘德希分布面积较小（表 3-8）。

4. 地被临界适宜地区

尼泊尔地被临界适宜地区土地面积约为 2.46 万 km^2，占国土面积的 16.69%，对应的人口为 230 万人，占总人口的 7.89%。尼泊尔地被临界适宜地区在空间上分布于尼泊尔北部边境高海拔山区，镶嵌于地被不适宜地区之间（图 3-4）。就各县而言，该区在北部山区西部的多尔帕、呼姆拉、木斯塘及东部的索卢昆布分布较多，在特莱平原区的巴克塔普尔、帕尔萨、贾帕及卢潘德希几乎没有分布（表 3-8）。该区域群山连绵，人类活动有限（图 3-4）。

5. 地被不适宜地区

尼泊尔地被不适宜地区占国土面积的 11.06%，对应土地面积为 1.63 万 km^2，在各适宜类型中面积最小。该地区人口数仅为 7.06 万人，占比不到 1%。地被不适宜地区位于尼泊尔北部常年积雪的高海拔山区，与地被临界适宜地区镶嵌分布（图 3-4）。县域分布情况与地被临界适宜地区基本一致，不同的是地被不适宜地区仅在 20 个县有一定的分布规模。该区在北部山区西北部的多尔帕、呼姆拉、木斯塘及马南分布面积大，在特莱平原区的县域内分布稀少（表 3-8）。

表 3-8　尼泊尔地被适宜性分县评价结果　　（单位：%）

区	县	面积占比				
		地被不适宜地区	地被临界适宜地区	地被一般适宜地区	地被比较适宜地区	地被高度适宜地区
特莱平原区	孙萨里	2.94	3.27	8.82	13.27	71.70
	莫朗	0.00	2.20	10.35	19.55	67.90
	奇特万	0.54	2.86	11.07	53.64	31.89
	贾帕	0.13	0.31	4.86	9.60	85.10
	萨普塔里	2.09	2.85	8.37	11.31	75.38
	巴拉	0.00	0.87	13.42	20.99	64.72
	帕尔萨	0.00	0.21	6.87	46.96	45.96
	班凯	0.32	2.44	38.06	14.91	44.27
	坎昌布尔	0.25	2.72	25.45	18.76	52.82
	纳瓦尔帕拉西	0.56	5.38	18.55	35.20	40.31
	巴迪亚	0.65	2.40	27.89	24.90	44.16
	萨拉希	0.00	1.59	9.85	7.70	80.86
	凯拉利	0.33	3.13	29.20	25.02	42.32
	当格	0.07	5.63	41.66	17.88	34.76
	卡皮尔瓦斯图	0.06	1.09	16.70	17.07	65.08
	劳塔哈特	0.19	1.05	12.07	12.93	73.76
	马霍塔里	0.10	1.60	10.50	6.80	81.00
	达努沙	0.17	1.85	14.76	4.13	79.09
	锡拉哈	0.35	1.31	6.14	3.24	88.96
	卢潘德希	0.16	0.23	5.46	15.15	79.00
中部山区	阿查姆	0.00	17.94	47.24	25.97	8.85
	伊拉姆	0.00	10.70	19.32	60.41	9.57
	丹库塔	0.22	14.92	29.29	39.53	16.04
	博季普尔	0.00	14.15	27.46	40.17	18.22
	潘奇达尔	0.08	14.79	22.30	53.24	9.59
	帕尔巴特	0.37	15.62	11.15	58.55	14.31
	科塘	0.19	13.50	33.63	31.48	21.20
	塔纳胡	0.38	7.65	9.44	58.29	24.24
	马克万普尔	0.04	7.96	26.27	49.94	15.79
	乌代普尔	0.43	6.12	26.30	36.20	30.95
	西扬加	0.00	20.56	15.75	52.26	11.43

续表

区	县	面积占比				
		地被不适宜地区	地被临界适宜地区	地被一般适宜地区	地被比较适宜地区	地被高度适宜地区
中部山区	奥卡尔东加	0.09	14.39	32.69	31.66	21.17
	卡夫雷帕兰乔克	0.00	15.13	37.13	33.12	14.62
	辛杜利	0.08	6.21	28.44	40.09	25.18
	拉利德普尔	0.00	11.39	37.47	31.90	19.24
	古尔米	0.00	19.59	18.06	48.70	13.65
	特拉图木	0.15	21.20	21.34	39.55	17.76
	拉姆忠	6.19	13.87	23.48	48.71	7.75
	多拉卡	12.30	22.40	30.22	29.84	5.24
	努瓦科特	0.25	18.84	32.08	26.97	21.86
	卡斯基	17.79	14.30	16.40	39.89	11.62
	米亚格迪	24.02	20.30	15.40	34.73	5.55
	巴格隆	0.11	16.07	19.19	58.18	6.45
	拉梅查普	5.12	19.82	36.25	22.31	16.50
	帕尔帕	0.07	16.23	22.56	54.81	6.33
	加德满都	0.00	9.57	20.81	41.63	27.99
	达丁	2.66	16.43	34.61	29.13	17.17
	廓尔喀	23.84	17.48	23.04	23.07	12.57
	阿尔加坎奇	0.08	11.05	36.61	43.15	9.11
	达德都拉	0.00	10.55	34.71	44.26	10.48
	鲁孔	2.87	22.18	31.57	34.54	8.84
	贾贾科特	0.67	19.30	32.82	35.44	11.77
	皮乌旦	0.00	14.30	45.00	29.72	10.98
	罗尔帕	0.00	14.19	28.16	50.90	6.75
	多蒂	0.08	12.43	39.61	39.61	8.27
	苏尔克特	0.16	11.63	46.90	26.71	14.60
	代累克	0.00	12.58	43.85	29.23	14.34
	萨尔亚	0.05	14.29	53.08	21.34	11.24
	拜塔迪	0.27	20.48	44.23	24.28	10.74
北部高山区	木斯塘	56.68	33.36	6.54	1.88	1.54
	多尔帕	40.18	42.11	12.27	3.01	2.43
	辛杜帕尔乔克	8.77	18.58	28.52	38.01	6.12
	桑库瓦萨巴	12.39	18.95	25.22	38.30	5.14
	索卢昆布	27.15	30.10	17.00	24.41	1.34

续表

区	县	面积占比				
		地被不适宜地区	地被临界适宜地区	地被一般适宜地区	地被比较适宜地区	地被高度适宜地区
北部高山区	塔普勒琼	25.63	22.72	18.69	31.20	1.76
	拉苏瓦	26.47	22.74	26.28	19.86	4.65
	马南	54.03	27.03	12.44	4.74	1.76
	呼姆拉	38.67	34.34	16.47	6.26	4.26
	穆古	21.48	30.35	26.97	11.62	9.58
	久木拉	4.43	21.69	42.68	21.22	9.98
	卡里科特	0.06	9.98	35.09	43.19	11.68
	巴克塔普尔	0.00	2.46	18.85	18.85	59.84
	巴朱拉	7.68	19.81	31.15	32.46	8.90
	巴章	20.38	27.95	24.85	19.39	7.43
	达尔丘拉	16.90	24.04	26.26	24.29	8.51

综上所述，尼泊尔以地被适宜类型为主，地被适宜性是影响尼泊尔人口分布的主要因素。尼泊尔主要覆被类型为森林和农田，植被指数和地被指数空间上分布不均衡，均由尼泊尔中部向南北方向逐渐减小。由人口聚集情况来看，尼泊尔 90%以上的人口集中分布在农田、森林、草地和灌丛覆被地区；归一化植被指数介于 0.4～0.7，地被指数介于 0.6～0.7，是人口聚集分布区；地被高度适宜地区承载的人口数量最多。就各县情况而言，锡拉哈地被高度适宜类型占比最大，占全县总面积的 88.96%；伊拉姆以地被比较适宜类型占比最多，占全县总面积的 60.41%；萨尔亚 53.08%的地区为地被一般适宜类型，在各县中占比最大；地被临界适宜类型在各县的占比均偏低，其中多尔帕占比最大，达 42.11%；木斯塘以地被不适宜类型为主，占县内总面积的 56.68%，相应的木斯塘县人口占全境总人口的 0.05%（表 3-8）。

3.5　人居环境自然适宜性综合评价与分区研究

人居环境自然适宜性综合评价与分区研究是开展资源环境承载力评价的基础研究。它是在基于地形起伏度的地形适宜性评价、基于温湿指数的气候适宜性评价、基于水文指数的水文适宜性评价，以及基于地被指数的地被适宜性评价基础上（表 3-9），利用地形起伏度、温湿指数、水文指数与地被指数，通过构建人居环境指数，结合单要素适宜性与限制性因子组合，将人居环境自然适宜性划分为三大类、7 小类。其中，HSI 是反映人居环境地形、气候、水文与地被适宜性与限制性特征的加权综合指数（封志明等，2008）。

根据《丝绸之路沿线国家人居环境适宜性评价报告》（封志明等，2020），将人居环境指数平均值 35 与 44 作为划分人居环境不适宜地区与临界适宜地区、临界适宜地区与适宜地区的特征阈值。在此基础上，根据人居环境地形适宜性、气候适宜性、水文适宜性与地被适宜性四个单要素评价结果进行因子组合分析，再进行人居环境适宜性与限制性 7 个小类划分。具体而言，沿线国家与地区人居环境适宜性与限制性划分为三个大类、7 个小类，分别如下：

（1）人居环境不适宜地区（non-suitability area，NSA），根据地形、气候、水文、地被等限制性因子类型（即不适宜）及其组合特征，把人居环境不适宜地区再分为人居环境永久不适宜地区（permanent NSA，PNSA）和条件不适宜地区（conditional NSA，CNSA）。

（2）人居环境临界适宜地区（critical suitability area，CSA），根据地形、气候、水文、地被等自然限制性因子类型（即临界适宜）及其组合特征，把人居环境临界适宜地区再分为人居环境限制性临界地区（restrictively CSA，RCSA）与适宜性临界地区（narrowly CSA，NCSA）。

（3）人居环境适宜地区（suitability area，SA），根据地形、气候、水文、地被等适宜性因子类型（主要是高度适宜与比较适宜）及其组合特征，将人居环境适宜地区再分为一般适宜地区（low suitability area，LSA）、比较适宜地区（moderate suitability area，MSA）与高度适宜地区（high suitability area，HSA）。

3.5.1 人居环境指数

经计算，尼泊尔人居环境指数介于 0.13～0.87，平均值约为 0.41。可见，人居环境适宜性与限制性划分的三个大类、7 个小类在该国均有分布，但以人居环境适宜性为主。从水文、气候、地被等自然特征来看，这一评价结果是合理且可信的。尼泊尔是南亚内陆山国，位于喜马拉雅山中段南麓，地势北高南低，划分为三个地理分区，第一分区分北部高山区，终年积雪，土地贫瘠，人烟稀少；第二分区为中部山区，河谷丘陵山地广布，气候温和，四季如春，水土条件良好，人口稠密；第三分区为特莱平原区，为冲积平原，常年炎热，雨量充沛，是主要农产区，人类活动集中。

从空间上看，人居环境指数高值区（HSI>0.6）位于南部特莱平原区，对应地区面积占比为 23%，聚集了尼泊尔一半以上的人口；中值区（0.4≤HIS≤0.6）位于该国中部山区，面积占比为 34.82%，对应人口比例为 39.06%，人口相对较多；低值区（HSI<0.4）主要位于尼泊尔北部高山区，该地区为尼泊尔土地面积的 42.18%，对应人口占比仅为 5.12%，人类活动有限。尼泊尔被称为“山国”，境内山地占全国面积的 3/4 以上。海拔 900m 以上的土地约占全国总面积的 1/2，该区域山势险峻，气温偏低，水土条件贫瘠，人居环境指数低值区面积较大。

就尼泊尔 75 个县而言，帕尔萨人居环境指数最小值最高，达 0.51，有 27 个县的人居环境指数最小值不到 0.1；各县人居环境指数最大值皆达到 0.5 以上。就人居环境指数均值来看，贾帕人均环境指数均值最高，为 0.69；其次，锡拉哈、萨拉希、达努沙、孙萨里等 20 个县人居环境指数均值皆达到 0.6 以上，这 21 个县皆位于南部平原地区，适宜人口分布；拉姆查普、达丁、科塘、古尔米、班凯、尹拉姆等 31 个县人居环境指数均值介于 0.4～0.6，这 31 个县山地分布较少，多为河谷丘陵地区，人类活动较多；拉姆忠、鲁孔、巴朱拉、巴章、久木拉、马南等 23 个县人居环境指数均值低于 0.4，其中木斯塘和多尔帕人居环境指数均值低于 0.1，两县位于尼泊尔北部，皆为高海拔山区，人口分布受限。

3.5.2 人居环境适宜性评价

根据尼泊尔人居环境指数空间分布特征及人居环境地被适宜性评价要素体系，完成了尼泊尔的人居环境适宜性评价。评价结果表明，尼泊尔属于人居环境较适宜地区，尼泊尔人居环境适宜地区占比 52.85%，其中高度适宜、比较适宜、一般适宜三类土地占比分别为 13.29%、21.37%与 18.19%。相应地，2020 年尼泊尔人居环境适宜类型土地承载人口约占 91.45%，其中高度适宜地区面积占比最低，为 13.29%，对应人口占比高达 45.47%，人口聚集；尼泊尔人居环境适宜性临界、限制性临界、条件不适宜和永久不适宜地区面积总占比为 47.15%，其中人居环境永久不适宜地区面积最大，占比为 30.75%，相应的人口仅为尼泊尔总人口的 1.07%；人居环境适宜性临界地区土地面积占比最小，为全境的 1.06%，对应人口占比不足 1%；人居环境限制性临界地区面积略大于条件不适宜地区，对应的人口限制性临界地区远高于条件不适宜地区。具体而言，锡拉哈、卢潘德希、萨普塔里等 13 个县以人居环境高度适宜类型为主；塔纳胡、当格、阿尔加坎奇等 16 个县以人居环境比较适宜类型为主；丹库塔、潘奇达尔、伊拉姆等 21 个县以人居环境一般适宜类型为主；马南、巴格隆、罗尔帕、贾贾科特 4 县内人均环境限制性临界适宜分布面积最大；久木拉、卡里科特 2 个县以人居环境条件不适宜类型为主；多尔帕、呼姆拉、木斯塘等 15 个县内人居环境永久不适宜类型分布占比最大。

1. 人居环境高度适宜地区

尼泊尔人居环境高度适宜地区总面积为 1.96 万 km^2，为尼泊尔国土面积的 13.29%；相应人口为 1320 万人，占比为 45.47%。人居环境高度适宜地区在空间上主要分布于尼泊尔南部特莱平原区及中部山区（图 3-5）。就各县而言，人居环境高度适宜地区分布在 64 个县内，其中，凯拉利的人居环境高度适宜地区面积最大，为 1420 万 km^2，占该县面积的 43.9%，该县人口占尼泊尔总人口的 2.94%，是人口主要聚集区；其次，特莱平原区的卡皮尔瓦斯图、卢潘德希、萨普塔里的人居环境高度适宜地区分布面积较大，三县人口总数约占全国总人口的 7.97%；北部高山区的塔普勒琼、拉苏瓦、辛杜帕尔乔克、巴朱拉，中部山区的帕尔巴特、丹库塔、巴格隆及西扬加人居环境高度适宜类型分布稀少（表 3-10）。

2. 人居环境比较适宜地区

尼泊尔人居环境比较适宜地区总面积为 3.15 万 km^2，占国土面积的 21.37%，对应人口占比为 22.83%，约为 665 万人。人居环境比较适宜地区在尼泊尔主要位于境内中南部地区，嵌于高度适宜地区和一般适宜地区之间，遍及全境 70 个县（图 3-5）。分县域来看，人居环境比较适宜地区在当格分布面积最大，为 1860km^2，该县有人口 60.3 万人；在奇特万、马克万普尔、凯拉利、苏尔克特、塔纳胡、辛杜利人居环境比较适宜地区分布面积较多，6 县对应人口数占全国总人口的 10.02%，其中凯拉利和奇特万在特莱平原区，其余 4 县在中部山区（表 3-10）；位于北部高山区的穆古、塔普勒琼、拉苏瓦、巴朱拉对应人居环境比较适宜地区面积分别为 9.9km^2、21.01km^2、27.32km^2、41.05km^2，分布稀少。

3. 人居环境一般适宜地区

尼泊尔人居环境一般适宜地区总面积为 2.68 万 km^2，占尼泊尔国土面积的 18.19%，对应人口数为 675 万人，约为总人口的 23.16%。人居环境一般适宜地区位于尼泊尔中部山区，且东部分布面积大于西部（图 3-5）。就县域来看，各个县均有分布，位于中部山区的辛杜利、萨尔亚、伊拉姆和乌代普尔是人居环境一般适宜地区分布面积最大的四个县，人居环境一般适宜地区分别占各县面积的 50.32%、53.81%、61.95%及 45.01%。丹库塔县的人居环境适宜类型以一般适宜为主，该适宜类型占全县总面积的 78.06%，该县人口为 18.5 万人。在北部山区的马南、多尔帕、木斯塘，以及特莱平原区的锡拉哈、贾帕以及萨普塔里，人居环境一般适宜地区仅有少量分布（表 3-10）。

4. 人居环境临界适宜地区

人居环境临界适宜地区在尼泊尔面积最小，占比仅为 1.06%，对应面积为 1560km^2，相应的人口分布不足 1%，是人口分布最少的地区，人口为 27.7 万人。人居环境临界适宜地区在空间上零星分布于尼泊尔中西部，主要分布于中部山区（图 3-5）。从各县来看，分布于 50 个县内，位于中部山区的拜塔迪的分布面积最大，约为 318.2km^2；其次，在罗尔帕、萨尔亚、达德都拉分布较多，面积分别为 174.72km^2、99.48km^2、112.26km^2；在巴克塔普尔、孙萨里、呼姆拉、伊拉姆等 27 个县人居环境临界适宜地区分布量极少（表 3-10）。

5. 人居环境限制性临界地区

人居环境限制性临界地区占尼泊尔总面积的 8.78%，约为 1.29 万 km^2，对应人口占比为 4.76%，人口数为 139 万人。人居环境限制性临界地区在空间上分布于尼泊尔中部，与人居环境比较适宜地区、一般适宜地区、临界适宜地区、条件不适宜地区镶嵌分布（图 3-5）。人居环境限制性临界地区共分布于 61 个县，就各县而言，人居环境限制性临界地区在巴格隆分布面积最大，为 629.3km^2，该县人口数为 30.8 万人，约占全国总人口的 1.06%；其次，在北部高山区的桑库瓦萨巴、塔普勒琼及中部山区的贾贾科特、罗尔帕和鲁孔 3 县，人居环境限制性临界地区分布面积较多，分别占各县面积的 18.42%、14.90%、27.59%、28.74%、17.62%；人居环境限制性临界地区分布最少的县多位于特莱平原区，包括莫朗、孙萨里、坎昌布尔、当格及纳瓦尔帕拉西和奇特万（表 3-10），其中分布面积最少的莫朗仅有约 1km^2 的分布。

6. 人居环境条件不适宜地区

人居环境条件不适宜地区占尼泊尔总面积的 6.56%，面积为 9660km^2，人口数为 51.6 万人，不到总人口数的 2%。在空间上，人居环境条件不适宜地区与人居环境永久不适宜地区相嵌，主要分布在尼泊尔境内西北部（图 3-5）。就县域来看，其分布于 46 个县，主要集中于中部山区和北部高山区（表 3-10），其中人居环境条件不适宜地区占久木拉面积的 45.26%，在各县中分布面积最大，为 1150km^2，对应人口数为 10 万人；其次在卡里科特、巴朱拉、巴章、木斯塘人居环境条件不适宜地区分布较多，分布面积分别为 776.24km^2、627.19km^2、112.26km^2、633.60km^2，其中卡里科特和巴朱拉分布人口相当，人口分布相对较多；此外，位于中部山区的拉利德普尔、达德都拉、丹库塔、苏尔克特、卡夫雷帕兰乔克、萨尔亚、古尔米、特拉图木人居环境条件不适宜地区分布面积稀少，其中拉利德普尔和达德都拉都仅分布了约 1km^2 的人居环境条件不适宜地区。

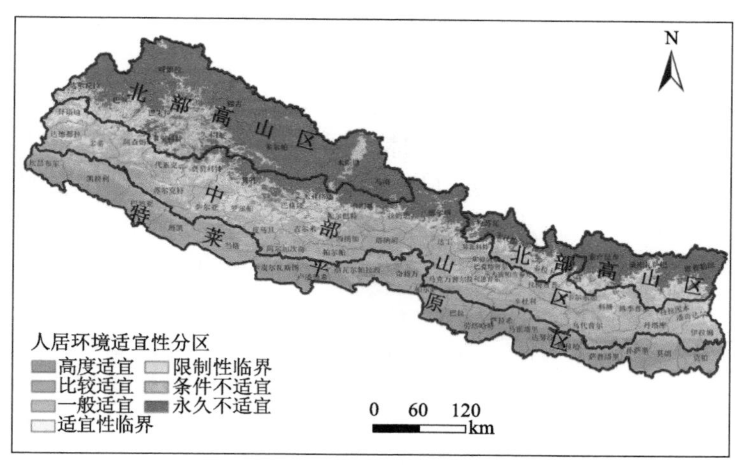

图 3-5　尼泊尔人居环境适宜性分区图

7. 人居环境永久不适宜地区

人居环境永久不适宜地区在各适宜类型中面积占比最大，为尼泊尔国土面积的 30.75%，约为 4.53 万 km^2，该地区承载人口数约为 31.1 万人，占全国总人口的 1.07%，人烟稀少。人居环境永久不适宜地区位于尼泊尔北部高山区，西部分布面积大于东部（图 3-5）。就县域而言，其遍及 39 个县，主要集中于北部山区的西部。在多尔帕人居环境永久不适宜地区分布面积最大，为 7600km^2，约占全县总面积的 96.29%，该县人口数为 3.46 万人，为全境总人口的 0.12%；其次，呼姆拉 91.81%的面积为人居环境永久不适宜地区，对应面积为 5200km^2，该县人口数为 5.83 万人；其次该区在北部山区的呼姆拉、木斯塘、穆古、塔普勒琼、索卢昆布分布较多，面积相当；该区在中部山区的鲁孔、米亚格迪分布面积相当，分别为 1340km^2、1660km^2，两县对应人口分别占全境总人口的 0.71%、0.44%，人口分布较多；在中部山区的特拉图木、拜塔迪、皮乌旦、帕尔巴特、伊拉姆、多蒂、奥卡尔东加几乎没有分布（表 3-10），分布面积依次为 2.03km²、2.03km²、2.95km²、2.75km²、6.07km²、8.89km² 和 9.97km²。

表 3-9　尼泊尔 4 种自然要素适宜性评价结果　（单位：%）

分区	地形		气候		水文		地被	
	土地	人口	土地	人口	土地	人口	土地	人口
高度适宜	14.43	45.76	45.05	81.39	28.63	39.72	20.59	59.79
比较适宜	9.00	10.13	11.57	13.68	41.08	44.05	27.38	15.48
一般适宜	24.91	32.40	15.53	4.25	23.29	14.26	24.27	16.60
临界适宜	20.44	10.60	14.65	0.64	6.73	1.96	16.69	7.89
不适宜	31.22	1.11	13.20	0.03	0.27	0.00	11.06	0.24

尼泊尔人居环境综合评价表明，尼泊尔属于人居环境较适宜地区，人居环境指数由北向南逐渐增大，其中以小于 0.4 的地区面积占比最大；以三大类来看，人居环境适宜类型面积占比最大，且以比较适宜为主；以 7 小类来看，以永久不适宜面积占比最大。从人口分布情况而言，人类主要聚集于人居环境高度适宜地区，人居环境指数大于 0.6 的地区是人类主要聚集区。分县来看，贾帕人居环境指数均值最高，凯拉利高度适宜地区面积最大，均为人口分布的聚集县（表 3-10）；多尔帕、木斯塘人居环境指数均值最低，适宜类型面积分布也最少，同时是除马南外人口最少的两个县。人口第一大县加德满都没有人居环境不适宜类型，以人居环境一般适宜类型面积占比最大。

表 3-10　尼泊尔人居环境适宜性分县评价结果　（单位：%）

区	县	人居环境永久不适宜	人居环境条件不适宜	人居环境限制性临界	人居环境临界适宜	人居环境一般适宜	人居环境比较适宜	人居环境高度适宜
特莱平原区	孙萨里	0.00	0.00	0.09	0.08	10.75	21.41	67.67
	莫朗	0.00	0.00	0.05	0.00	14.98	42.40	42.57
	奇特万	0.00	0.00	0.31	0.00	11.43	61.19	27.07
	贾帕	0.00	0.00	0.00	0.00	1.18	53.62	45.20
	萨普塔里	0.00	0.00	0.00	0.08	1.63	20.25	78.04
	巴拉	0.00	0.00	0.00	0.00	4.50	34.02	61.48
	帕尔萨	0.00	0.00	0.00	0.00	2.34	54.53	43.13
	班凯	0.00	0.00	0.00	0.00	1.33	46.07	52.60
	坎昌布尔	0.00	0.00	0.06	0.00	11.39	38.27	50.28
	纳瓦尔帕拉西	0.00	0.00	0.28	0.00	19.48	43.64	36.60
	巴迪亚	0.00	0.00	0.28	0.00	19.47	43.65	36.60
	萨拉希	0.00	0.00	0.00	0.00	2.70	20.02	77.28
	凯拉利	0.00	0.00	0.55	0.06	20.00	35.49	43.90
	当格	0.00	0.00	0.10	0.17	20.01	62.90	16.82
	卡皮尔瓦斯图	0.00	0.00	0.00	0.00	2.96	26.84	70.20

续表

区	县	人居环境永久不适宜	人居环境条件不适宜	人居环境限制性临界	人居环境临界适宜	人居环境一般适宜	人居环境比较适宜	人居环境高度适宜
特莱平原区	劳塔哈特	0.00	0.00	0.00	0.00	3.64	21.46	74.90
	马霍塔里	0.00	0.00	0.00	0.00	3.30	19.70	77.00
	达努沙	0.00	0.00	0.00	0.00	3.29	21.41	75.30
	锡拉哈	0.00	0.00	0.00	0.35	1.05	15.81	82.79
	卢潘德希	0.00	0.00	0.00	0.00	3.07	16.24	80.69
中部山区	阿查姆	1.46	6.50	21.44	4.98	44.35	16.23	5.04
	伊拉姆	0.36	2.02	8.03	0.30	61.95	24.49	2.85
	丹库塔	0.00	0.22	3.90	0.22	78.06	16.82	0.78
	博季普尔	2.10	2.49	13.56	0.33	60.68	19.46	1.38
	潘奇达尔	3.84	6.08	19.18	0.08	62.19	7.43	1.20
	帕尔巴特	0.56	6.51	27.32	1.30	20.45	43.12	0.74
	科塘	1.26	3.97	19.12	0.76	51.67	19.81	3.41
	塔纳胡	0.00	0.00	0.89	0.00	22.00	73.54	3.57
	马克万普尔	0.00	0.00	5.14	0.98	34.52	55.28	4.08
	乌代普尔	0.00	0.00	0.61	0.00	45.01	39.45	14.93
	西扬加	0.00	0.00	1.92	0.58	35.35	61.19	0.96
	奥卡尔东加	0.93	5.48	30.92	0.83	36.21	22.01	3.62
	卡夫雷帕兰乔克	0.00	0.43	11.61	0.36	50.75	34.12	2.73
	辛杜利	0.00	0.00	0.81	0.12	50.32	42.51	6.24
	拉利德普尔	0.00	0.25	17.22	1.52	47.34	26.84	6.83
	古尔米	0.00	0.63	12.85	2.16	33.15	50.22	0.99
	特拉图木	0.30	1.79	18.36	0.60	60.44	14.33	4.18
	拉姆忠	39.52	6.13	13.87	0.06	16.82	23.60	0.00
	多拉卡	51.87	5.94	19.04	0.70	14.87	7.58	0.00
	努瓦科特	10.97	5.36	13.65	1.01	34.00	31.74	3.27
	卡斯基	42.90	5.79	11.05	0.29	11.53	25.91	2.53
	米亚格迪	57.66	14.87	18.50	0.22	4.20	4.55	0.00
	巴格隆	14.16	25.64	35.27	1.59	9.51	13.34	0.49
	拉梅查普	21.55	4.28	20.08	1.15	33.31	14.26	5.37
	帕尔帕	0.00	0.00	0.34	0.14	37.83	60.11	1.58
	加德满都	0.00	0.00	6.54	2.10	54.44	28.50	8.42
	达丁	18.38	3.67	9.41	0.43	32.43	31.21	4.47
	廓尔喀	59.34	4.39	7.19	0.00	10.04	18.02	1.02
	阿尔加坎奇	0.00	0.00	0.00	0.74	34.58	61.53	3.15

续表

区	县	人居环境永久不适宜	人居环境条件不适宜	人居环境限制性临界	人居环境临界适宜	人居环境一般适宜	人居环境比较适宜	人居环境高度适宜
中部山区	达德都拉	0.00	0.07	11.28	7.30	34.83	41.41	5.11
	鲁孔	46.56	18.03	17.62	0.86	9.74	6.12	1.07
	贾贾科特	27.05	20.33	27.59	2.57	12.58	7.58	2.30
	皮乌旦	0.23	5.05	12.11	4.36	44.32	30.47	3.46
	罗尔帕	1.22	13.18	28.74	9.30	25.35	20.51	1.70
	多蒂	0.44	6.34	23.94	3.90	33.01	27.40	4.97
	苏尔克特	0.00	0.12	6.14	3.84	35.66	46.97	7.27
	代累克	5.64	7.68	26.18	2.99	33.51	15.09	8.91
	萨尔亚	0.00	0.32	4.74	6.80	53.81	28.09	6.24
	拜塔迪	0.13	3.67	21.95	20.95	34.09	16.48	2.73
北部高山区	木斯塘	81.68	17.73	0.31	0.00	0.28	0.00	0.00
	多尔帕	96.29	2.64	0.94	0.00	0.13	0.00	0.00
	辛杜帕尔乔克	40.95	8.25	19.11	0.44	16.41	14.76	0.08
	桑库瓦萨巴	49.54	5.75	18.42	0.00	22.30	3.99	0.00
	索卢昆布	72.97	7.74	13.84	0.00	3.16	2.29	0.00
	塔普勒琼	67.81	4.77	14.90	0.00	11.91	0.58	0.03
	拉苏瓦	81.33	6.49	7.01	0.26	3.01	1.77	0.13
	马南	11.45	16.07	42.46	1.92	11.45	16.06	0.59
	呼姆拉	91.81	5.19	2.41	0.02	0.57	0.00	0.00
	穆古	78.86	13.36	5.36	0.09	2.05	0.28	0.00
	久木拉	46.24	45.26	6.19	0.04	2.27	0.00	0.00
	卡里科特	30.07	44.58	16.21	0.72	4.48	3.21	0.73
	巴克塔普尔	0.00	0.00	0.00	0.83	31.40	40.50	27.27
	巴朱拉	47.95	28.66	14.40	1.53	5.32	1.88	0.26
	巴章	58.03	18.29	14.28	1.88	4.03	2.80	0.69
	达尔丘拉	59.44	16.85	9.58	0.73	7.49	4.88	1.03

3.6 结论与展望

利用地形起伏度、温湿指数、水文指数、地被指数加权构建人居环境指数，对尼泊尔地形适宜性、气候适宜性、水文适宜性与地被适宜性及人居环境适宜性进行分区评价，基于 ArcGIS 进行地理空间统计，通过综合分析得到以下结论：

（1）尼泊尔为人居环境较适宜地区。尼泊尔人居环境适宜类型、临界适宜类型与不适宜类型相应土地面积分别为 7.78 万 km^2、1.45 万 km^2 与 5.49 万 km^2，相应占比分别为

52.85%、9.84%与 37.31%。以 2020 年尼泊尔人口来看，人居环境高度适宜、临界适宜与不适宜地区人口数量约为 0.27 亿人、166.38 万人与 82.66 万人，对应比例分别为 91.45%、5.71%与 2.84%。可见，人居环境适宜地区在尼泊尔占比较大，人口主要分布于人居环境高度适宜地区。

（2）尼泊尔为气候、水文和地被要素适宜地区，地形要素限制地区。四个自然要素中，水文适宜类型面积占比最大，为 93%，气候和地被适宜类型占比均约为 72%，地形适宜类型占比仅为 48%。

（3）尼泊尔特莱平原区的贾帕、巴拉、帕尔萨、班凯、萨拉希、卡皮尔瓦斯图、劳塔哈特、马霍塔里、达努沙及卢潘德希为人居环境适宜性最好的 10 个县（适宜类型占比皆为 100%），锡拉哈人居环境高度适宜类型面积占比最大；木斯塘和多帕为人居环境限制性最大的两个县（不适宜类型占比 99.41%、98.93%）；此外，地形适宜类型最好的县为贾帕，气候适宜最好的县为帕尔萨，水文适宜最好的县为卢潘德希，地被适宜最好的县为锡拉哈。各县人居适宜情况与地形、气候、水文、地被等地理因素分配密切相关。

尼泊尔受地形条件限制，人口分布较为集中于境内南部，主要因为尼泊尔北部为高海拔山区；同时受高海拔影响，气候、水文和地被要素也表现为限制性。而尼泊尔南部则表现为人居环境适宜性。尼泊尔人居环境适宜类型主要分布于南部平原森林、农田覆被区，因其地形平坦，雨量充足，水土条件优越，各要素表现为适宜性。影响人口分布的因素中，政治和经济因素对人口分布也有重要影响。加德满都虽不为各要素适宜最佳的县，但因其政治地位，加德满都是人口最集中的县。

基于本研究，在尼泊尔人居环境单要素适宜区中，水文适宜类型面积最大，地形适宜类型面积最小，气候和地被适宜类型面积相当。在尼泊尔高度适宜类型中，地形对应的面积最小，地被次之，气候高度适宜类型面积最大。通过人为改变自然要素，并结合政治经济要素的调整，可以提高尼泊尔人居环境适宜性。尼泊尔以“山国”著称，地形调整改变的难度大，并有引发一系列自然灾害等的风险，故要以地被为主要对象以提高境内人居环境的适宜性。尼泊尔地形适宜地区主要分布于森林、农田和草地，未来，通过合理调整扩大相应的地被类型，改变地区小气候，以扩大尼泊尔人居环境适宜面积。

参考文献

封志明, 李鹏, 游珍. 2022. 绿色丝绸之路: 人居环境适宜性评价. 北京: 科学出版社.

封志明, 李文君, 李鹏, 等. 2020. 青藏高原地形起伏度及其地理意义. 地理学报, 75(7): 1359-1372.

封志明, 唐焰, 杨艳昭, 等. 2007. 中国地形起伏度及其与人口分布的相关性. 地理学报, (10): 1073-1082.

封志明, 唐焰, 杨艳昭, 等. 2008. 基于 GIS 的中国人居环境指数模型的建立与应用. 地理学报, 63(12): 1327-1336.

蔚丹丹, 李山. 2019. 气候舒适度的体感分级: 季节锚点法与中国案例. 自然资源学报, 34(8): 1633-1653.

Oliver J E. 1978. Climate and man’s environment: an introduction to applied climatology. https://www.researchgate.net/publication/48014263_Climate_and_Man’s_Environment_An_Introduction_to_Applied_Climatology[2022-5-18].

第 4 章　土地资源承载力评价与增强策略

土地资源是人类赖以生存和发展的最重要自然资源，土地资源承载力评价是明晰资源环境底线，厘定资源环境承载上线，确定区域发展路线的重要方面（封志明，1994）。面向尼泊尔资源环境承载力国别评价的需求，开展尼泊尔土地资源承载力基础考察与评价，科学认识土地资源承载力演变过程和规律，提出土地资源承载力适应策略，是尼泊尔资源环境承载力国别评价的重要组成部分。

本章利用遥感数据、统计资料和调查问卷，从土地资源利用与农产品生产特征、食物消费水平与结构等供需两个侧面，分别分析了尼泊尔的土地资源利用现状及其变化、尼泊尔土地资源生产能力和尼泊尔居民的食物消费结构，并从人粮平衡和当量平衡两个角度，分析了全国、分地区和分县不同尺度的尼泊尔土地资源承载力及其承载状态，揭示了其土地资源承载力的时空格局；在此基础上，探讨了尼泊尔土地资源承载力的增强策略。

4.1　土地资源利用及其变化

本节从土地资源利用对尼泊尔土地资源基础和供给能力进行分析评价，是对尼泊尔土地资源本底状况的认识。首先描述了尼泊尔土地利用现状，在此基础上，通过对比 2000 年、2010 年和 2020 年尼泊尔土地利用类型状况，分析了近 20 年尼泊尔土地利用变化的主要特征，为开展尼泊尔土地资源供给能力评价与土地资源承载力评价提供了数据基础。本节土地数据主要来源于 30m 全球地表覆盖数据集（http://globeland30.org/home. html?type=data）。

4.1.1　土地利用现状

尼泊尔是内陆山国，位于喜马拉雅山中段南麓，北与中国西藏接壤，东、西、南三面被印度包围，国境线长 2400 km，占地面积 147516 km^2。从北面海拔约 8000 m 的世界屋脊，经过中部高山、丘陵地带，到南部海拔约 200 m 的平原，在约 200 km 的距离内地势急剧降低，根据这种北高南低的地势构造，尼泊尔可以划分为三个主要地理区域。北部为高山区，是喜马拉雅山脉的中心部分，海拔在 4877～8844 m，其自然景观包括世界最高峰珠穆朗玛峰和世界十大最高峰中的其他七座。中部主要为山地与河谷，位于山区南部，海拔大多在 1000～4000 m，该区域是尼泊尔的政治和文化中心，也是人口最稠密的地区，占尼泊尔国土面积的 68%，主要由马哈巴拉特莱赫山脉和西瓦利克山脉组成。南部为狭长平原区，与中部山区平行，占尼泊尔国土面积的 17%，属于低地热带和亚热带地带，平坦的冲积土地沿着尼泊尔—印度边界延伸，它是印度甘地平原的北部延伸，从海拔约 300m 开始，上升到西瓦利克山脉脚下约 1000m。

尼泊尔土地利用现状分析表明，尼泊尔土地资源利用以林地为主，占土地总面积的近 2/5，耕地为辅，约占 3/10。具体而言，2020 年尼泊尔林地面积为 6.14 万 km^2，约占土地总面积的 39.48%，主要分布在中部山区；耕地约 4.39 万 km^2，占土地总面积的 28.23%；草地相对较少，为 2.39 万 km^2，约占 15.38%；裸地总面积仅次于草地，约 1.27 万 km^2，占土地总面积的 8.15%，主要分布在北部高山区；该区域还有少部分的冰川和永久积雪区域，占土地总面积的 4.15%；灌木丛约为 5449.30 km^2，占土地总面积的 3.50%；其他土地利用类型面积较少，水体仅为 799.87 km^2，占土地总面积的 0.51%；不透水层面积为 846.70 km^2，占土地总面积的 0.56%，这两类土地利用类型占比均不足 1%（表 4-1）。

表 4-1　2020 年尼泊尔土地利用概况

土地利用类型	面积/km^2	占比/%
耕地	43925.40	28.23
林地	61433.70	39.48
草地	23923.40	15.38
灌木林	5449.30	3.50
湿地	63.61	0.04
水体	799.87	0.51
不透水层	864.70	0.56
裸地	12687.00	8.15
冰川和永久积雪	6452.86	4.15

数据来源：GlobeLand30（http://globeland30.org/home.html?type=data）。

空间分布上，尼泊尔地势北高南低，境内大部分属于丘陵地带，海拔 1km 以上的土地占总面积的近一半。从 2020 年土地利用现状可以看出（图 4-1），林地作为尼泊尔国

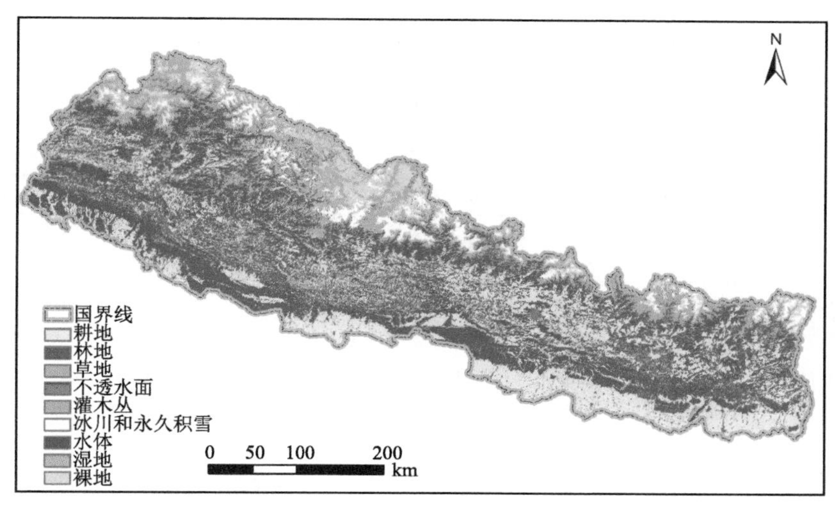

图 4-1　2020 年尼泊尔土地利用图

家主要土地利用类型，以中部山地河谷区的马哈布哈拉山系和相对较矮的丘日山系为主要分布区，还有少部分位于南部冲积平原地区；草地分布区与林地基本一致，以中部和南部的山脉河谷区和冲积平原为主要分布区；耕地主要分布在中部加德满都谷地和南部特莱平原。

4.1.2 土地利用变化

对比分析尼泊尔 2000 年、2010 年和 2020 年的土地利用及其变化，研究发现：

2000～2010 年，尼泊尔耕地、草地、灌木丛、湿地和不透水层五类用地类型均以减少为主要特征。其中，草地面积减少最多，约 510.90 km^2；其次为耕地面积，减少了约 240.30 km^2；灌木丛减少了约 127.25 km^2；湿地和不透水层面积均有少量的减少。2000～2010 年，尼泊尔裸地面积有了明显的增加，约为 581.90 km^2（图 4-2）。

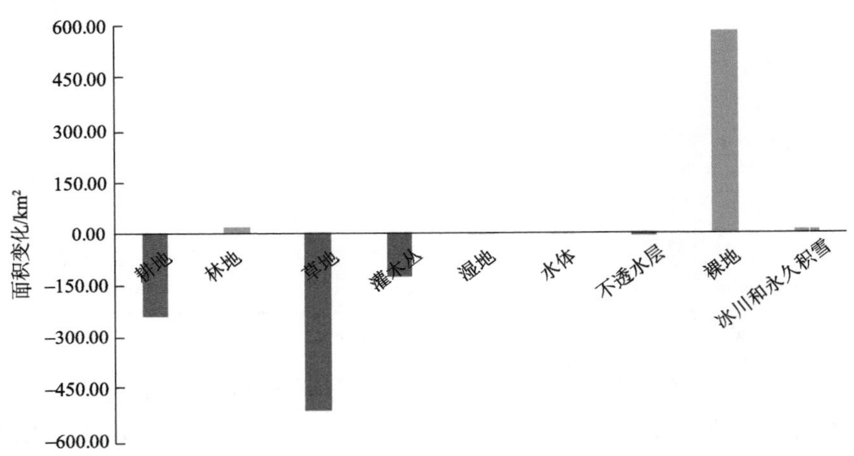

图 4-2 2000～2010 年尼泊尔土地利用变化

数据来源：GlobeLand30（http://globeland30.org/home.html?type=data）

从 2000～2010 年尼泊尔不同地类之间的转化来看，土地利用类型的转换主要发生在耕地、林地和草地之间，其他用地类型的相互转换较少（表 4-2）。

表 4-2 尼泊尔 2000～2010 年土地利用转变矩阵 （单位：km^2）

用地类型	耕地	林地	草地	灌木丛	湿地	水体	不透水层	裸地	冰川和永久积雪
耕地	39305.88	786.69	226.28	49.93	0.13	46.04	26.96	13.84	0.00
林地	722.21	54559.61	3366.67	1102.16	0.01	22.59	1.11	158.14	3.95
草地	177.92	3345.29	17670.44	744.99	0.02	44.61	0.90	2343.92	38.85
灌木丛	46.32	1030.70	923.45	3607.72	0.00	4.20	0.15	154.68	0.90
湿地	0.11	0.01	0.00	0.00	2.92	0.08	0.00	0.00	0.00
水体	45.17	44.25	28.97	4.42	0.08	396.41	0.26	6.45	0.35
不透水层	28.68	1.51	1.40	3.09	0.00	0.28	418.67	0.16	0.00

续表

用地类型	耕地	林地	草地	灌木丛	湿地	水体	不透水层	裸地	冰川和永久积雪
裸地	36.24	208.59	1656.29	146.16	0.00	10.99	0.15	8977.03	64.29
冰川和永久积雪	0.00	4.58	16.52	0.68	0.00	0.04	0.00	65.19	4710.08

数据来源：GlobeLand30（http://globeland30.org/home.html?type=data）。

就耕地与不同地类的转换来看，2000～2010 年尼泊尔耕地中约 1149.87 km^2 转出为其他土地类型，其中转出最多的为林地，达 786.69 km^2，其次是草地，为 226.28 km^2。从转入情况看，约有 1056.65 km^2 其他土地类型转入为耕地，其中林地最多，约有 722.21 km^2；其次为草地，约有 177.92 km^2 转入为耕地。

就林地与不同地类的转换来看，2000～2010 年尼泊尔林地转出为草地的最多，约有 3366.67 km^2，其次是转为灌木丛较多；其他地类转入为林地的用地类型中，草地最多，约有 3345.29 km^2 草地转变为林地。

就草地与不同地类的转换来看，2000～2010 年尼泊尔草地转出为林地最多，裸地次之；转入为草地的土地类型中，林地最多。

2010～2020 年，尼泊尔的耕地、冰川和永久积雪、不透水层等土地利用类型均以增加为主要特征。其中，不透水层面积增加了约 83.21%，增幅明显，表明尼泊尔在该 10 年城市化水平发展较快；受气候变化影响，冰川和永久积雪面积增加了约 26.53%，由 2010 年的 0.49 万 km^2 增长到了 0.62 万 km^2；耕地由 2010 年的 4.05 万 km^2，增长为 2020 年的 4.20 万 km^2，约增长了 3.70%；湿地、水体和裸地面积均有不同程度的增加。

2010～2020 年，林地、草地和灌丛出现了不同幅度的减少。林地和草地的面积减少较多，林地由 6.00 万 km^2 减少到 5.83 万 km^2，草地由 2.40 万 km^2 减少到 2.27 万 km^2，灌木丛面积从 0.57 万 km^2 减少到 0.53 万 km^2，下降了约 7.71%（图 4-3）。

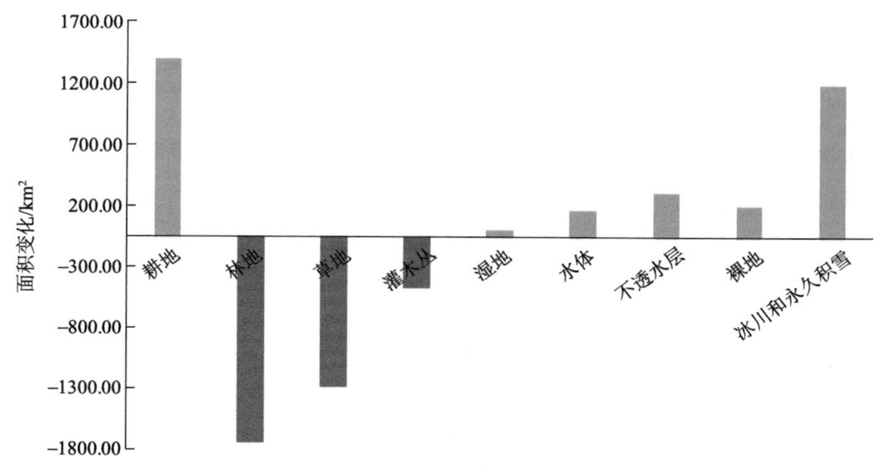

图 4-3　2010～2020 年尼泊尔土地利用变化

数据来源：GlobeLand30（http://globeland30.org/home.html?type=data）

从 2010～2020 年尼泊尔不同地类之间的转化来看，土地利用类型的转换依旧主要发生在耕地、林地和草地之间（表 4-3）。

表 4-3 尼泊尔 2010～2020 年土地利用转变矩阵 （单位：km^2）

用地类型	耕地	林地	草地	灌木丛	湿地	水体	不透水层	裸地	冰川和永久积雪
耕地	17922.04	12631.77	2180.16	779.69	4.69	251.38	394.54	178.04	26.16
林地	15024.55	29027.84	6409.57	2160.83	43.36	317.69	220.12	1326.63	534.50
草地	2486.59	6584.46	6190.53	795.79	5.71	62.51	26.43	3915.05	1733.67
灌木丛	837.46	1948.38	1002.76	519.75	0.06	18.83	8.97	443.54	311.38
湿地	2.97	0.05	0.01	0.00	0.00	0.00	0.00	0.00	0.00
水体	159.27	163.70	35.00	7.43	0.06	3.53	3.42	13.79	7.53
不透水层	180.16	58.73	10.30	2.84	0.04	7.00	58.78	2.33	0.13
裸地	222.64	1431.14	3084.36	260.66	0.80	21.26	1.72	3360.69	1193.01
冰川和永久积雪	0.68	464.44	1016.49	107.69	0.00	1.83	0.80	933.37	1505.57

数据来源：GlobeLand30（http://globeland30.org/home.html?type=data）。

就耕地与不同地类的转换来看，2010～2020 年尼泊尔耕地中约 16446.43km^2 转出为其他土地类型，其中转为林地的最多，为 12631.77km^2；其次是草地，为 2180.16km^2；约有 18914.32km^2 其他土地类型转入为耕地，其中林地最多，约有 15024.55km^2，草地其次，约有 2486.59km^2。

就林地与不同地类的转换来看，2010～2020 年尼泊尔林地转出为耕地规模最大，约为 15024.55km^2；转出为草地次之，约为 6409.57km^2；其他类型土地转入为林地中，耕地最多，约有 12631.77km^2 耕地转变为林地，其次为草地。

就草地与不同地类的转换来看，转出为林地最多，转出为裸地次之；其他土地利用类型转入为草地的土地类型中，林地最多。

4.2 农业生产能力及其地域格局

本节主要从全国水平、地区格局，再到分县水平，多尺度定量分析了尼泊尔不同地区的农业生产能力及其时空格局，从而为土地资源承载力评价提供支撑。

4.2.1 国家水平

1990～2020 年，尼泊尔耕地面积整体处于减少的态势。1990 年尼泊尔耕地面积为 232.04 万 hm^2，到 2020 年减少到了 211.37 万 hm^2，年均减少约 0.67 万 hm^2。其中，尼泊尔耕地面积 1990～2001 年一直处于增长趋势，年增长约 0.29 万 hm^2；2001～2012 年处于减少趋势，年减少约 1.98 万 hm^2，降幅明显；2012 年之后尼泊尔耕地面积保持稳定状态，基本稳定在 211.37 万 hm^2。由于耕地面积的减少和人口的不断增长，尼泊尔人均耕地面积整体呈现持续下降的变化趋势，由 1990 年的约人均 0.12hm^2 减少到 2020 年的约人均 0.07hm^2（图 4-4）。

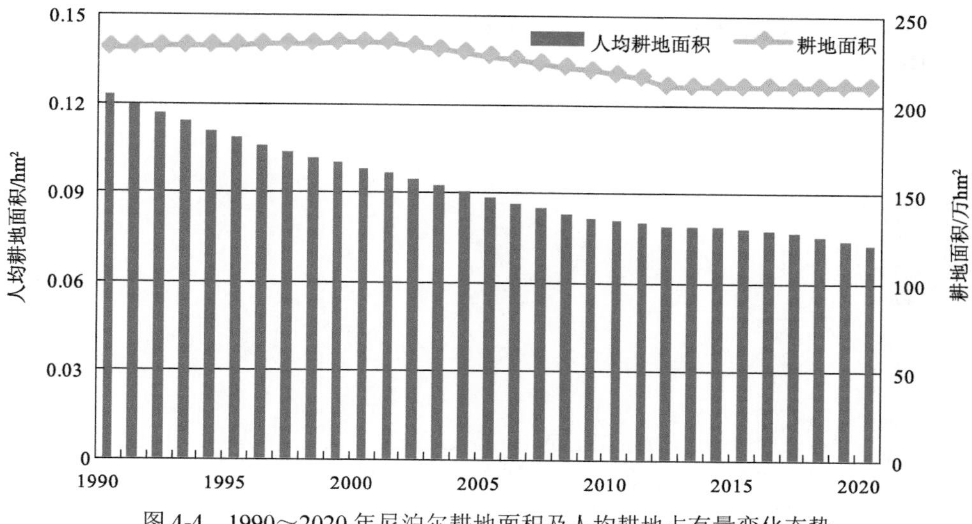

图 4-4　1990～2020 年尼泊尔耕地面积及人均耕地占有量变化态势

空间分布上，基于 2020 年尼泊尔耕地资源分布图可以看出，尼泊尔耕地主要分布在中部的加德满都谷地和南部的特莱平原区，北部高山区分布较少（图 4-5）。

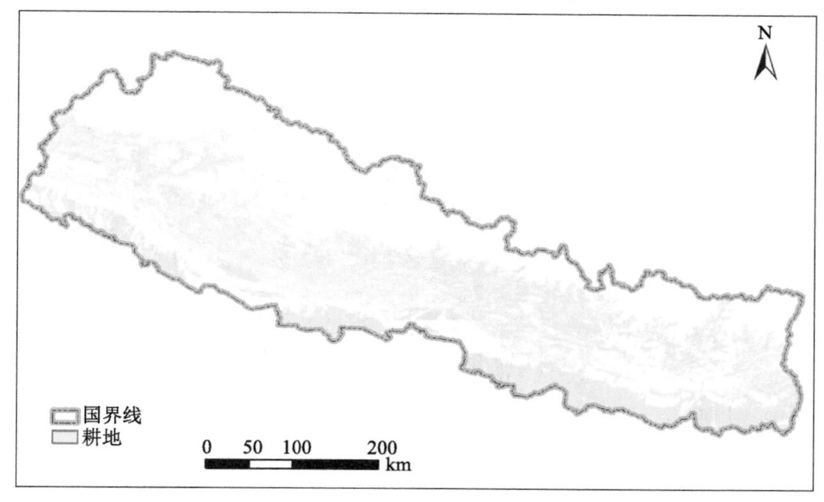

图 4-5　2020 年尼泊尔耕地资源分布图

1990～2020 年，尼泊尔粮食产量总体呈现波动增长趋势，由 1990 年的 584.71 万 t 增长至 2020 年的 1092.39 万 t，年均增长约 16.38 万 t，整体年均增幅约 2.28%；其中 2007 年之前，增幅较小，年均增幅为 1.41%，2007 年之后增幅明显，年增幅约 3.50%。

伴随着粮食总量的增长，1990～2020 年尼泊尔人均粮食产量也呈波动增长趋势，但受人口增长的影响，人均粮食产量的增幅较小，从 1990 年的人均 309.28kg 增长到 2020

年的 374.92kg，年均增幅约 0.64%（图 4-6）。

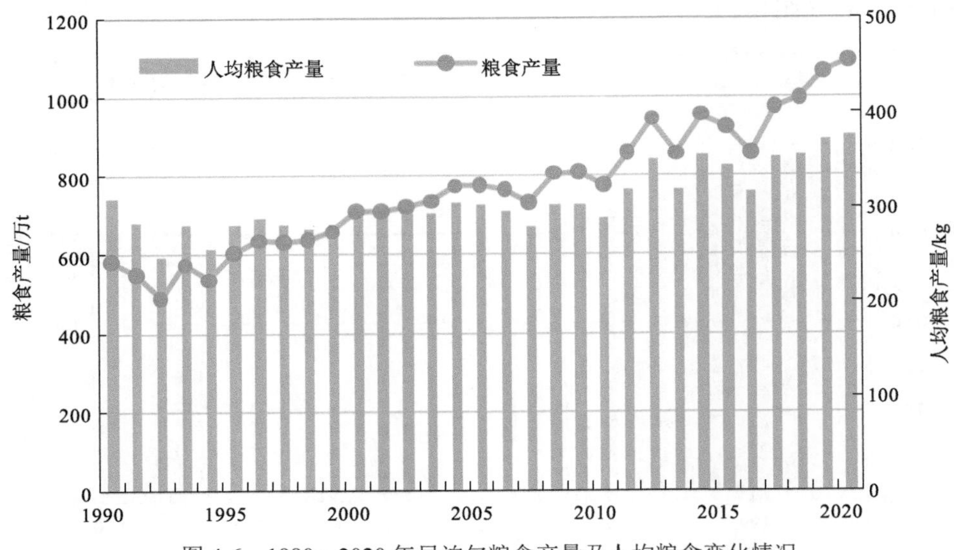

图 4-6　1990～2020 年尼泊尔粮食产量及人均粮食变化情况

1990～2020 年，尼泊尔地均粮食产量变化与粮食总产量变化趋势相近，整体呈现持续增长态势，由 1990 年的 2.52t/hm^2 增长到 2020 年的 5.17t/hm^2，地均粮食产量增长了 2.65t，年均增长约 2.42%（图 4-7 和表 4-4）。

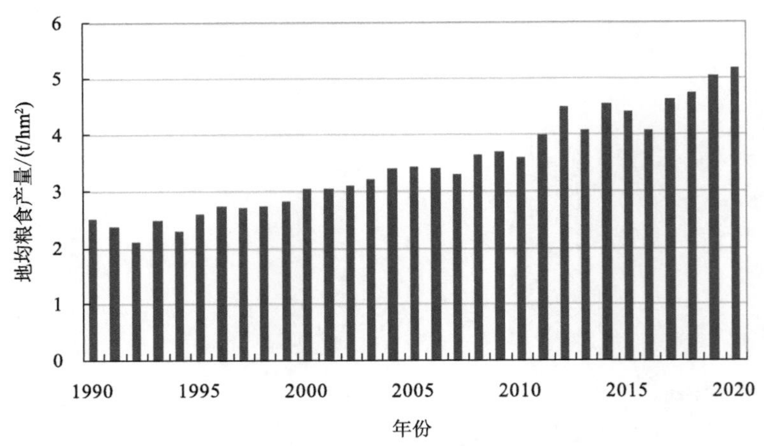

图 4-7　1990～2020 年尼泊尔地均粮食产量变化态势

表 4-4　1990～2020 年尼泊尔粮食产量及人均、地均粮食变化

年份	粮食产量/万 t	人均粮食产量/kg	地均粮食产量/（t/hm^2）	年份	粮食产量/万 t	人均粮食产量/kg	地均粮食产量/（t/hm^2）
1990	584.71	309.28	2.52	1993	577.26	281.73	2.48
1991	551.97	284.44	2.38	1994	537.46	255.44	2.30
1992	490.18	245.85	2.11	1995	607.78	281.69	2.60

续表

年份	粮食产量/万 t	人均粮食产量/kg	地均粮食产量/（t/hm²）	年份	粮食产量/万 t	人均粮食产量/kg	地均粮食产量/（t/hm²）
1996	637.84	288.74	2.73	2009	812.24	302.13	3.69
1997	635.04	281.18	2.71	2010	777.10	287.67	3.56
1998	639.00	277.13	2.72	2011	861.54	318.60	3.98
1999	658.99	280.30	2.80	2012	945.77	350.42	4.47
2000	711.56	297.21	3.02	2013	858.03	318.76	4.06
2001	712.00	292.44	3.02	2014	956.27	355.40	4.52
2002	722.08	292.04	3.09	2015	926.62	343.00	4.38
2003	736.69	293.73	3.18	2016	861.43	315.99	4.08
2004	775.41	305.05	3.37	2017	975.89	353.24	4.62
2005	777.46	301.99	3.41	2018	999.20	355.74	4.73
2006	766.37	294.01	3.39	2019	1062.52	371.40	5.03
2007	733.68	278.09	3.28	2020	1092.39	374.92	5.17
2008	807.71	302.89	3.64				

数据来源：FAO、尼泊尔统计年鉴、尼泊尔农业统计。

尼泊尔的粮食作物主要包括水稻、玉米和小麦。其中 1990～2020 年水稻产量占粮食产量的比例始终在 50%以上，1993 年占比高达 63.90%，之后呈缓慢下降趋势，到 2020 年水稻产量达 555.09 万 t，占粮食产量的比例降为 52.51%，但占比依然比其他作物高；其次为玉米，玉米产量占比总体稳定在 20%～30%，且总体呈现增长趋势，由 1990 年的 123.10 万 t 增长至 2020 年 283.57 万 t，2020 年玉米产量占比为 26.82%；相比较而言，小麦的产量占比较低，在 2007 年之前的一直处于 20%以下，但在 2007 年之后，小麦产量占比有所增长，由 1990 年的 85.50 万 t 增长至 2017 年 218.53 万 t。整体上看，尼泊尔的粮食作物结构比较稳定（图 4-8）。

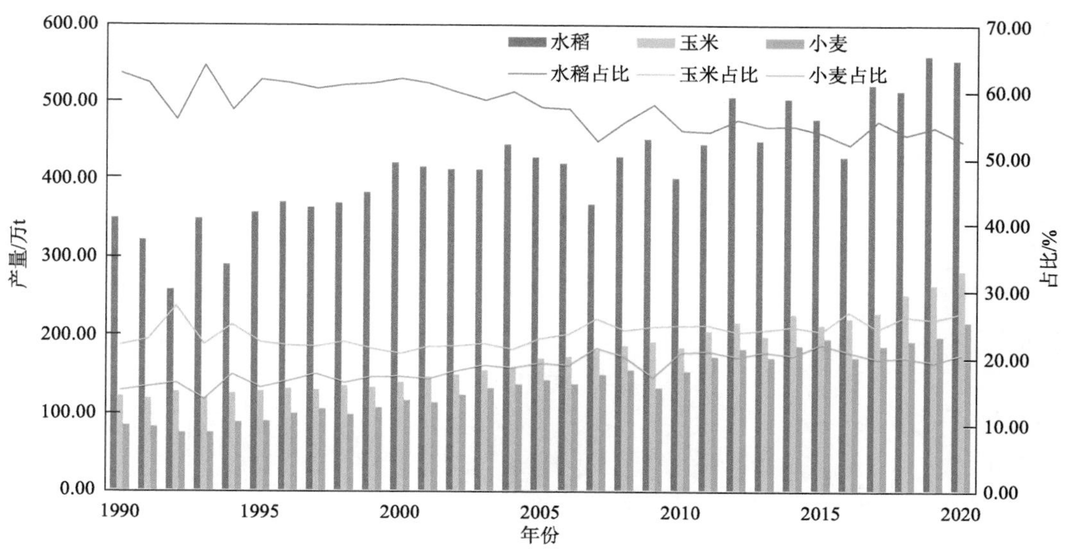

图 4-8　1990～2020 年尼泊尔主要粮食作物产量及其占比变化情况

1990～2020 年，尼泊尔糖类、油料、豆类以及蔬菜等农作物产量也多呈增长趋势。具体来看，蔬菜和糖类作物两者的产量均由 1990 年的不足 100 万 t 增长至 2020 年的 300 多万吨，其中蔬菜产量增长了约 2.99 倍，糖类作物增长了约 2.44 倍；土豆的产量增幅最大，由 1990 年的 67.18 万 t 增长到了 313.18 万 t，增长了约 3.66 倍；其他作物产量增幅较小（图 4-9）。

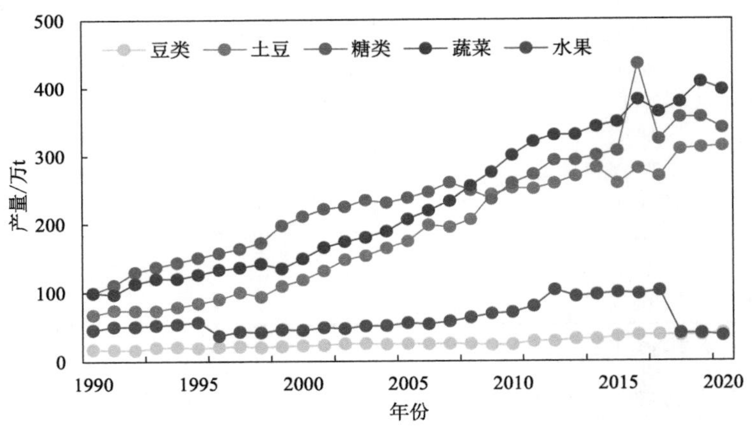

图 4-9　1990～2020 尼泊尔各农作物产量变化情况

尼泊尔的牲畜养殖主要为牛、羊和猪，1990～2020 年，尼泊尔的牛、羊、猪牲畜养殖总量都呈现波动增长趋势。具体而言，牛的养殖规模由 1990 年的 929.34 万头增长至 2020 年的 1271.65 万头，增长了约 36.83%；羊的养殖产量一直保持较快的增长趋势，从 1990 年的 621.59 万头增长到 2020 年的 1361.80 万头，增长了约 1.19 倍；猪的养殖数量虽然相对较少，但整体也处于较快的增长趋势，1990～2020 年从 57.42 万头增长到了 151.96 万头，增长了 1.65 倍，增幅最大（图 4-10）。

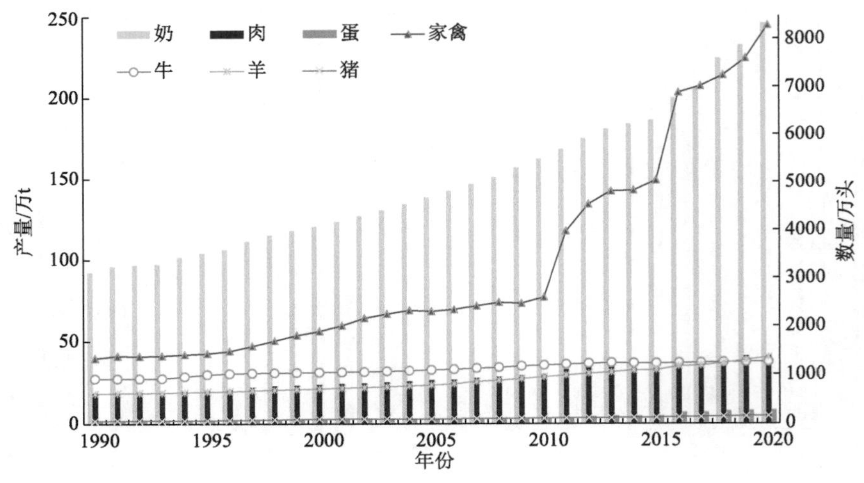

图 4-10　1990～2020 年尼泊尔肉、蛋、奶产量及其变化情况

1990～2020 年，尼泊尔的肉蛋奶产量总体均呈现显著增长趋势。其中，奶类产量由 1990 年的 92.22 万 t 增长到 2020 年的约 245.53 万 t，增长了约 2.66 倍；肉类产量由 18.65 万 t 增长到 41.24 万 t，增长了约 1.21 倍；蛋类产量由 1990 年的 1.70 万 t 增长到 2020 年的约 8.02 万 t，增长了约 3.72 倍，增幅最大（图 4-10）。

4.2.2　地区尺度

1. 北部高山区

北部高山区起源于中亚高海拔地区帕米尔斯，是喜马拉雅山脉的中心部分，海拔多在 4000m 以上，土地面积约 5.18 万 km^2，其中耕地面积约 53.41 万 hm^2，受地形和气候等要素限制，人口稀少，截至 2020 年，仅有约 192.54 万人，土地生产力也较低。

2020 年，北部高山区粮食总产量为 56.82 万 t，占全国的 5.20%，占比较低。2001～2020 年，粮食产量总体保持波动上升的趋势。2001 年为 39.02 万 t，到 2011 年增至 52.39 万 t，之后 5 年波动减少，其中 2015 年降至低谷值 43.20 万 t，随后又稳步提升，2019 年粮食产量达到近 20 年的最高值 56.82 万 t。北部高山区每公顷耕地的粮食产量为三个地区中最低，多数年份均不足 1t/hm^2，最高值为 2020 年 1.06t/hm^2（图 4-11）。

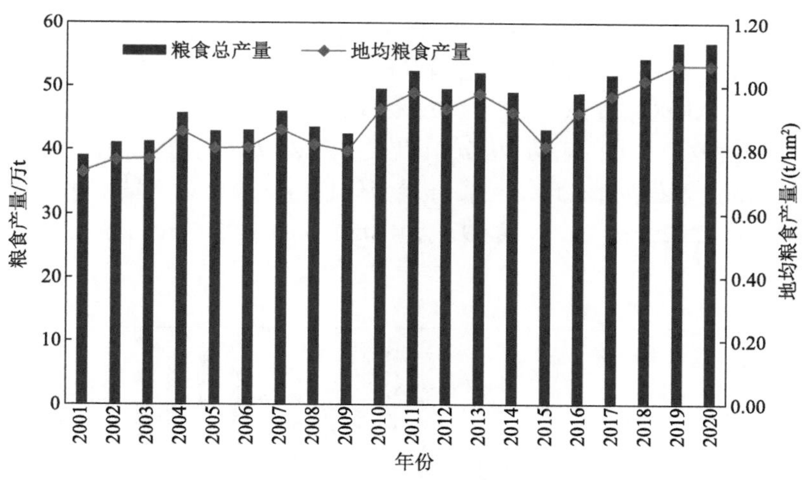

图 4-11　2001～2020 年北部高山区粮食产量与地均粮食产量变化

从主要粮食作物来看，北部高山区玉米的产量最高，2020 年达 22.42 万 t，占粮食总产的 40%；2001～2020 年玉米产量呈波动增长趋势，2020 年是 2001 年的 1.60 倍，占粮食产量的比例始终在 35%以上，维持在较高的水平。2001～2020 年水稻的产量从 9.78 万 t 增长到 16.52 万 t，增长了 68.92%，水稻的产量占粮食总产的比例保持在 25%～30%。2001～2020 年小麦的产量低于 10 万 t，整体较为稳定，增长不明显，约占粮食产量的 17%。此外，2001～2020 年小米的产量由 6.26 万 t 减少到 5.97 万 t，出现了下降；大麦的产量不足 2 万 t，仅占粮食产量的 3%（图 4-12）。

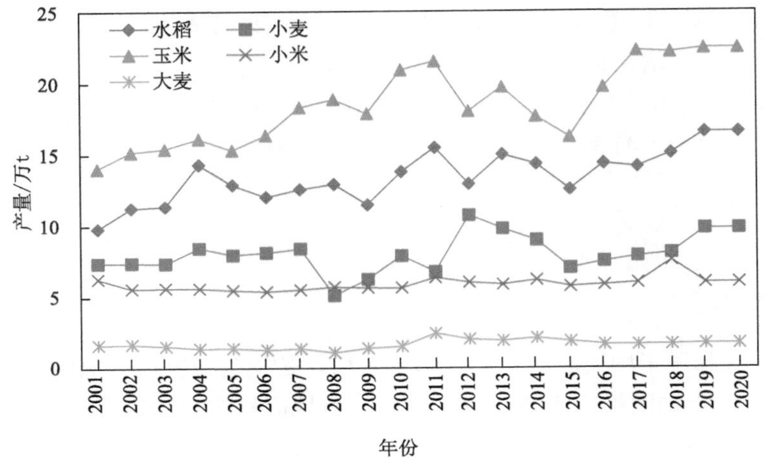

图 4-12　2001～2020 年北部高山区各农作物产量变化

2. 中部山区

中部山区毗邻北部高山区，海拔大多在 1000～4000m，主要由马哈巴拉特莱赫山脉和西瓦利克山脉组成，尼泊尔土地最肥沃的加德满都谷地也位于中部山区，该地区也是尼泊尔的政治和文化中心。中部山区土地面积约 6.13 万 km^2，截至 2020 年，人口约 1307.74 万人。中部山区的农业生产自然条件整体较好，土地生产力较北部高山区有了很大提升。

2020 年，中部山区粮食总产量为 417.98 万 t，占全国的 38.22%。2001～2020 年，粮食产量总体保持波动上升的趋势，从 2001 年的 259.24 万 t 上升至 2020 年的 417.98 万 t，达到近 20 年来的产量最高值。地均粮食产量变化趋势与粮食总产量变化趋势相似，地均粮食产量在 1.20～2.02t/hm^2 波动，最高值为 2020 年的 2.02t/hm^2，在三大区中处于中间水平（图 4-13）。

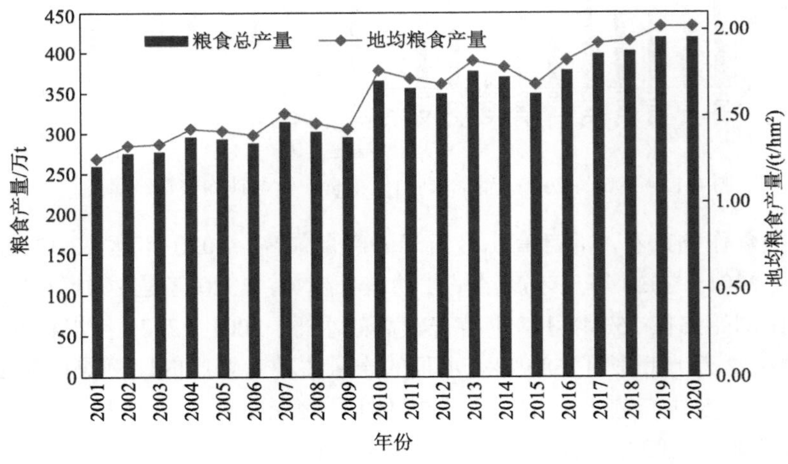

图 4-13　2001～2020 年中部山区粮食产量与地均粮食产量变化

从主要粮食作物来看，与北部高山区一样，中部山区也是玉米的产量最高，2020 年达 197.13 万 t，占粮食总产量的 47%；2001～2020 年玉米产量整体呈波动增长趋势，2020 年的产量是 2001 年的 1.90 倍，整体占粮食总产量的比例在 40%～50%。2001～2020 年水稻的产量从 92.82 万 t 增长到 126.63 万 t，增长了 36.43%，占粮食总产量的比例保持在 30%～36%。小麦的产量整体较稳定，处于 40 万～70 万 t，占粮食总产量约 15%，增长较少。此外，小米和大麦的产量占比均不足 10%，且基本保持稳定（图 4-14）。

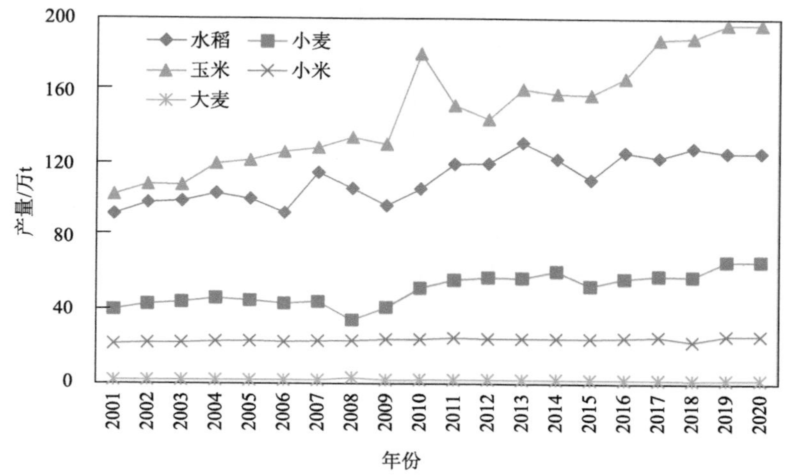

图 4-14　2001～2020 年中部山区各农作物产量变化

3. 特莱平原区

特莱平原区以热带和亚热带气候为主，地势整体平坦宽阔，该平原是恒河平原的一部分，沿着尼泊尔和印度边界延伸，东西长约 800km；河网纵横，主要河流为科西河、纳拉亚尼河（印度甘达克河）和卡纳利河；土壤类型主要是黄土和黑色砂土，比较肥沃。特莱平原区耕地占全国耕地总面积的 60%以上，是尼泊尔的主要农业区，素有“尼泊尔谷仓”之称。土地面积约 3.40 万 km^2，截至 2020 年，人口约 1413.40 万人。

2020 年，特莱平原区粮食总产量为 618.78 万 t，占全国的 56.58%。2001～2020 年，粮食产量总体保持波动上升的趋势。2001 年粮食产量为 425.41 万 t，2020 年粮食产量达到近年来的最高值 618.78 万 t。地均粮食产量变化趋势与粮食产量变化趋势相似，地均粮食产量为三个地区最高，最高值为 2020 年的 3.48 t/hm^2（图 4-15）。

从主要粮食作物来看，水稻在特莱平原区粮食作物中占有绝对地位，产量最高，2020 年达 411.94 万 t，占粮食总产量的 66.59%。2001～2020 年水稻产量呈波动增长的趋势，2001 年水稻产量为 313.86 万 t，2020 年水稻产量是 2001 年的 1.31；小麦产量也呈现波动增长趋势，从 77.10 万 t 增长到 2020 年的 141.71 万 t，增长了 83.80%，小麦产量整体约占粮食总产量的 22.34%；玉米产量的增幅最大，增长了 92.58%，其中 2020 年玉米产量为 64.02 万 t，约占粮食总产量的 10.35%。（图 4-16）。

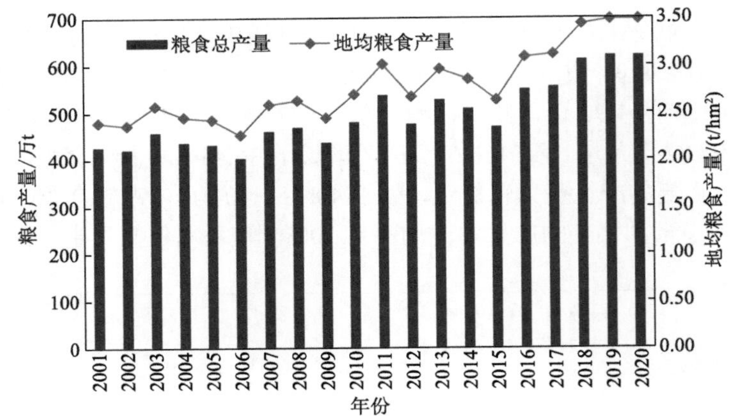

图 4-15　2001～2020 年特莱平原区粮食产量与地均粮食产量

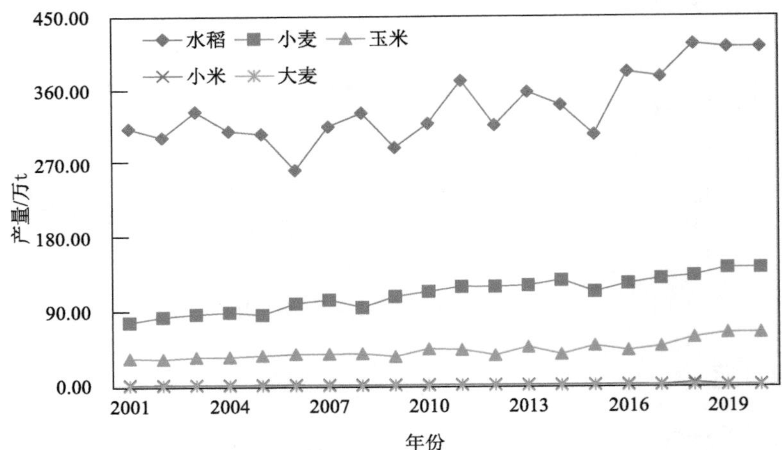

图 4-16　特莱平原区 2001～2020 年各农作物产量变化

4.2.3　分县格局

根据尼泊尔最新的县域行政区划，分别选取 2001 年、2005 年、2011 年、2015 年和 2020 年五个时间节点，对尼泊尔 75 个县的粮食产量进行了分析，探讨分县粮食生产能力的时空变化特征。

通过分析 2020 年尼泊尔分县粮食生产能力发现，尼泊尔分县粮食产量整体自北向南依次递增（图 4-17）。位于特莱平原区的县粮食产量普遍较高，其中贾帕、莫朗和凯拉利等县的粮食产量较高，均在 45 万 t 以上，贾帕粮食产量达到 55.72 万 t，占粮食总产量的 5.10%；莫朗和凯拉利两个县的粮食产量占比也均在 4%以上。位于北部高山区的县粮食产量整体较低，其中，产量最低的三个县，呼姆拉、木斯塘和马南均位于北部高山区，2020 年粮食产量均不足 0.5 万 t，占比皆低于 0.05%。单位耕地面积上的粮食生产能力与该县域的粮食生产能力大致成正比，其中呼姆拉由于耕地面积仅有约 34.29hm^2，所以地均粮食产量较高（表 4-5）。

表 4-5　2020 年各县粮食产量及比重

县	产量/万 t	地均粮食产量/（t/hm²）	占比/%	县	产量/万 t	地均粮食产量/（t/hm²）	占比/%
贾帕	55.72	4.18	5.10	廓尔喀	11.04	1.38	1.01
莫朗	47.63	3.72	4.36	帕尔帕	10.67	2.44	0.98
凯拉利	46.62	4.17	4.27	拉梅查普	10.42	1.54	0.95
巴拉	37.40	4.92	3.42	阿尔加坎奇	9.06	2.19	0.83
卢潘德希	37.09	3.64	3.40	拜塔迪	8.95	1.37	0.82
达努沙	36.05	4.20	3.30	阿查姆	8.74	1.25	0.80
卡皮尔瓦斯图	34.69	3.50	3.18	拉姆忠	8.57	1.78	0.78
坎昌布尔	33.08	4.75	3.03	鲁孔	8.46	1.83	0.77
巴迪亚	29.11	4.20	2.66	丹库塔	8.12	6.11	0.74
帕尔萨	28.58	4.81	2.62	潘奇达尔	8.11	1.85	0.74
孙萨里	28.34	3.45	2.59	皮乌旦	7.91	1.70	0.72
萨拉希	28.31	2.80	2.59	贾贾科特	7.91	1.33	0.72
当格	25.70	2.61	2.35	罗尔帕	7.57	1.02	0.69
纳瓦尔帕拉西	25.32	3.03	2.32	帕尔巴特	7.56	2.80	0.69
萨普塔里	24.36	2.60	2.23	桑库瓦萨巴	7.22	0.99	0.66
马霍塔里	23.63	2.91	2.16	多蒂	7.18	1.50	0.66
锡拉哈	22.15	2.41	2.03	奥卡尔东加	6.38	2.02	0.58
班凯	20.39	3.15	1.87	拉利德普尔	6.26	2.96	0.57
西扬加	19.78	4.75	1.81	特拉图木	6.07	1.91	0.56
劳塔哈特	19.49	2.63	1.78	加德满都	5.96	3.38	0.55
伊拉姆	18.06	2.19	1.65	达德都拉	5.84	1.90	0.53
科塘	17.23	3.19	1.58	米亚格迪	5.49	1.54	0.50
辛杜利	16.55	2.45	1.52	塔普勒琼	5.43	1.21	0.50
努瓦科特	15.36	1.97	1.41	巴章	5.06	1.20	0.46
卡夫雷帕兰乔克	15.29	1.70	1.40	索卢昆布	4.73	1.19	0.43
奇特万	14.92	2.04	1.37	达尔丘拉	4.12	1.71	0.38
马克万普尔	14.73	1.47	1.35	巴克塔普尔	3.88	4.79	0.36
辛杜帕尔乔克	14.23	1.55	1.30	多拉卡	3.86	0.76	0.35
卡斯基	14.17	3.00	1.30	久木拉	2.78	0.52	0.25
苏尔克特	14.16	1.88	1.30	巴朱拉	2.48	0.66	0.23
达丁	14.13	1.53	1.29	卡里科特	2.25	0.59	0.21
博季普尔	14.05	2.27	1.29	拉苏瓦	1.26	1.04	0.12
巴格隆	13.21	2.49	1.21	穆古	1.15	0.78	0.11
塔纳胡	12.71	2.39	1.16	多尔帕	0.99	1.38	0.09
代累克	12.59	2.08	1.15	呼姆拉	0.47	138.47	0.04
萨尔亚	12.37	1.75	1.13	木斯塘	0.23	0.65	0.02
乌代普尔	11.63	3.16	1.06	马南	0.06	2.53	0.01
古尔米	11.32	2.10	1.04				

就不同年份分县的粮食产量变化而言，整体上尼泊尔 75 个县 2001～2020 年粮食产量呈波动增加的趋势，仅木斯塘和马南等少部分县，2020 年粮食产量较 2001 年有所降低（表 4-6）。就空间分布格局来看，尼泊尔分县粮食生产能力空间格局整体稳定，从各年份的粮食产量的变化趋势可以看出，尼泊尔县域粮食产量分布一直比较稳定，贾帕、莫朗、卢潘德希等南部特莱平原区的县一直位于前列，北部高山区的呼姆拉、木斯塘、马南粮食生产能力较低（图 4-17）。

表 4-6 各县粮食产量及其变化趋势 （单位：万 t）

县	2001年	2005年	2011年	2015年	2020年	变化趋势
贾帕	32.75	40.10	42.16	44.20	55.72	
莫朗	33.07	38.01	36.52	35.82	47.63	
卢潘德希	26.15	24.22	41.49	36.55	37.09	
巴拉	26.39	28.68	34.51	27.43	37.40	
凯拉利	22.72	22.40	28.77	32.81	46.62	
达努沙	23.69	20.77	28.24	23.42	36.05	
卡皮尔瓦斯图	22.22	20.49	29.95	22.28	34.69	
帕尔萨	21.97	23.46	29.20	23.98	28.58	
孙萨里	18.13	23.93	23.42	22.58	28.34	
巴迪亚	16.22	18.33	26.81	24.34	29.11	
坎昌布尔	17.82	17.54	22.41	22.78	33.08	
纳瓦尔帕拉西	20.30	19.55	27.22	20.88	25.32	
萨拉希	18.90	17.18	25.35	22.81	28.31	
当格	19.28	18.92	24.16	20.23	25.70	
萨普塔里	20.95	19.28	23.10	13.00	24.36	
锡拉哈	18.64	22.74	21.24	12.15	22.15	
马霍塔里	16.11	13.46	16.89	17.40	23.63	
西扬加	13.73	16.61	18.24	17.01	19.78	
劳塔哈特	16.74	14.03	18.32	15.47	19.49	
班凯	13.67	13.03	19.80	16.11	20.39	
奇特万	19.69	14.71	16.24	14.09	14.92	
努瓦科特	10.19	11.29	13.92	14.59	15.36	
卡斯基	10.21	12.47	14.22	13.78	14.17	
伊拉姆	7.60	8.99	13.96	15.93	18.06	
卡夫雷帕兰乔克	12.16	11.92	12.06	12.08	15.29	
苏尔克特	9.06	10.41	15.37	11.81	14.16	
科塘	7.51	9.11	12.98	13.33	17.23	
塔纳胡	11.73	11.71	11.74	12.10	12.71	
马克万普尔	9.00	8.79	12.54	12.23	14.73	
辛杜帕尔乔克	10.67	11.68	11.39	8.86	14.23	
博季普尔	8.15	8.07	12.66	12.79	14.05	
辛杜利	6.83	7.41	9.72	12.05	16.55	
巴格隆	7.47	7.56	11.29	12.20	13.21	
达丁	8.52	10.49	8.11	9.66	14.13	
廓尔喀	10.18	11.65	9.58	8.23	11.04	
萨尔亚	7.75	8.35	8.26	9.31	12.37	
古尔米	6.65	8.20	9.66	9.75	11.32	
乌代普尔	5.53	8.27	10.44	9.19	11.63	
帕尔帕	8.34	7.80	8.84	8.86	10.67	
代累克	4.97	5.46	9.78	10.00	12.59	
拉姆忠	6.75	10.00	9.13	7.01	8.57	
拉梅查普	5.60	7.08	9.48	8.34	10.42	
加德满都	8.04	7.14	9.13	8.72	5.96	
阿尔加坎奇	6.21	6.47	8.10	8.91	9.06	
鲁孔	5.83	5.82	6.84	7.14	8.46	

续表

县	2001年	2005年	2011年	2015年	2020年	变化趋势
丹库塔	4.90	7.83	7.28	5.26	8.12	
潘奇达尔	5.15	5.75	6.23	7.55	8.11	
帕尔巴特	5.97	5.97	6.66	6.16	7.56	
桑库瓦萨巴	5.19	6.34	7.16	5.81	7.22	
皮乌旦	4.46	4.95	6.07	6.74	7.91	
阿查姆	3.81	3.37	7.06	6.74	8.74	
拉利德普尔	4.25	5.74	7.67	5.71	6.26	
多蒂	4.19	4.25	6.55	5.92	7.18	
拜塔迪	3.52	3.43	6.83	5.31	8.95	
罗尔帕	4.10	4.16	5.71	6.12	7.57	
奥卡尔东加	3.41	5.53	5.85	5.41	6.38	
特拉图木	3.88	4.98	5.90	5.09	6.07	
塔普勒琼	3.54	4.88	6.69	4.34	5.43	
米亚格迪	2.68	4.23	5.51	5.22	5.49	
贾贾科特	3.19	3.92	4.23	3.76	7.91	
巴克塔普尔	4.35	4.14	4.45	4.27	3.88	
达德都拉	3.38	3.63	3.46	4.48	5.84	
索卢昆布	2.95	3.06	4.64	3.96	4.73	
巴章	2.76	3.00	3.54	4.63	5.06	
多拉卡	2.90	2.88	4.01	3.05	3.86	
达尔丘拉	2.57	2.51	3.63	2.77	4.12	
久木拉	2.05	2.01	2.44	2.73	2.78	
巴朱拉	1.85	1.86	2.39	1.88	2.48	
卡里科特	1.68	1.33	2.56	1.85	2.25	
穆古	0.76	1.09	1.15	1.27	1.15	
拉苏瓦	0.93	1.06	1.12	0.90	1.26	
多尔帕	0.39	0.41	0.97	0.52	0.99	
呼姆拉	0.43	0.41	0.33	0.32	0.47	
木斯塘	0.25	0.24	0.24	0.22	0.23	
马南	0.10	0.12	0.13	0.10	0.06	

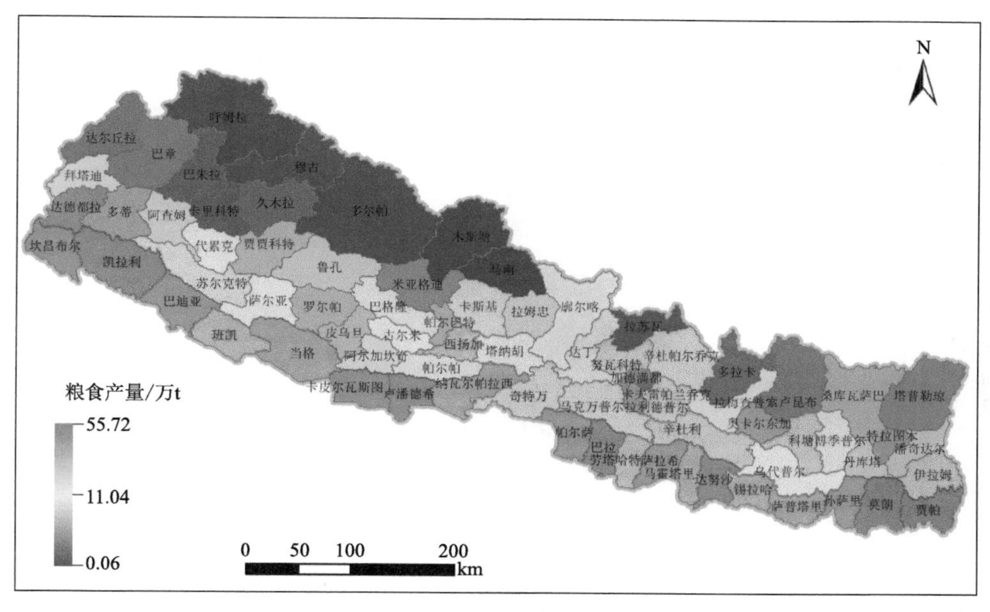

图 4-17　2020 年各县粮食产量分布

就水稻、小麦和玉米等主要粮食作物的分县生产能力来看，水稻和小麦主要分布在尼泊尔南部的特莱平原区，其中贾帕、莫朗、凯拉利等县的水稻产量最高，均在 30 万 t 以上；凯拉利、坎昌布尔、达努沙、卡皮尔瓦斯图等县的小麦产量最高，均在 10 万 t 以上；玉米主要分布在尼泊尔中部的加德满都谷地和东南部的孙科西河、阿润河等河谷盆地地区，其中各地形区中排在前三位的县分别为南部特莱平原区的贾帕、中部山区的伊拉姆和北部高山区的辛杜帕尔乔克；而小米和大麦的整体产量较低，占比均不到 3%（图 4-18）。

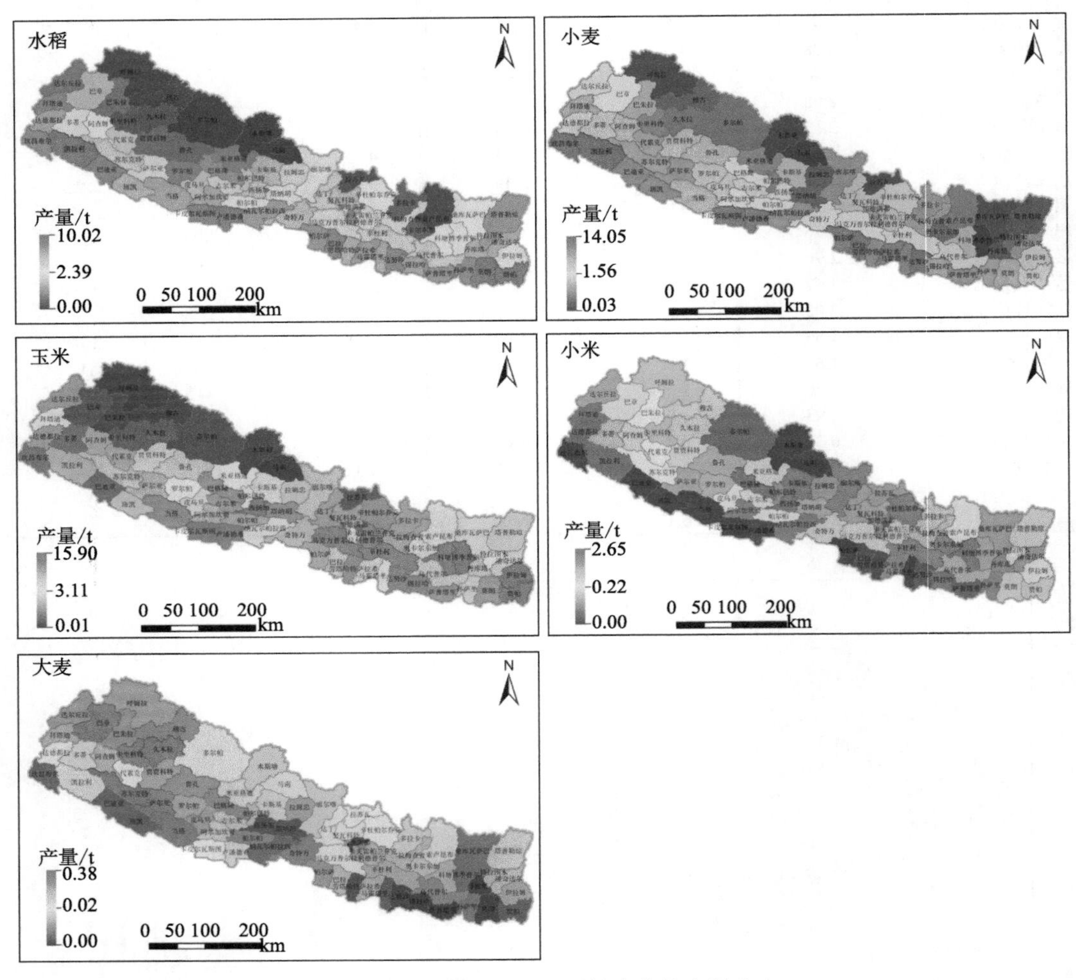

图 4-18　2020 年各县主要粮食作物产量分布

4.3　食物消费结构与膳食营养水平

本节主要分析了尼泊尔居民的食物消费与膳食营养结构，研究通过访谈和问卷等多种方法对尼泊尔居民进行了主要食物种类以及早、中、晚三餐食物摄取情况调查。在此基础上，基于收集整理的有效调研问卷，结合 FAO 消费数据，通过归纳与对比，对居民消费水平与消费结构方面进行了分析与探讨，揭示尼泊尔居民食物消费结构与膳食营养水平。

4.3.1　居民食物消费结构

通过对尼泊尔国家的科学考察，与尼泊尔居民进行访谈交流，整体掌握了尼泊尔居民的饮食习惯，对尼泊尔的主要食物种类、蔬菜品种、水果品种、肉类食品以及各种特色食物及其做法等有了较为全面的认识。

尼泊尔以亚热带和热带气候为主，水热同期，肥沃的冲积平原非常适合水稻生长。通过与尼泊尔居民的访谈和交流了解到大米是尼泊尔的主要食物之一。尼泊尔人通常习惯每日两餐，以米饭、蔬菜、豆汤和开胃小菜“阿杂”（Acara）为主，现在多数家庭也已经有了三餐的习惯。通常，早餐比较简单，主要是奶茶和饼干；晚餐比较重视，通常是米饭配一些扁豆或咖喱饭，大多数家庭一周只吃一两次肉，而且基本为羊肉和鸡肉。Momo 类似于中国的饺子，也是非常受尼泊尔人欢迎的食物。尼泊尔居民有饮用奶茶的习惯，一般三次奶茶的时间分别在早晨、下午一点钟和四五点钟。

尼泊尔人的营养摄入相对简单，其中谷物在尼泊尔人的膳食消费中占有绝对的地位。主食以米饭为主，偶尔也吃点面食；一些家庭也会吃羊肉、鸡、鸭、鱼等；蔬菜以西红柿、洋葱、辣椒、土豆、鲜笋、菜花、山芋等为主；调料爱用辣椒粉、胡椒粉、盐、醋、糖等；水果消费品种主要包括香蕉、柑、桔、西瓜、青果等。

在此基础上，我们开展了尼泊尔居民食物消费问卷调查，通过梳理归纳相关文献资料并总结以往调研经验，在遵循科学性、系统性、独立性、可比性等原则的基础上，对问卷内容进行初步设计后，邀请尼泊尔方面的专家进行讨论，形成最终的调研问卷。问卷主要包括家庭居住地、家庭成员数和成员年龄结构、主要食物种类以及一日三餐每餐的食物摄入种类和数量等基本内容（图 4-19）。

研究累计发放问卷 200 份，其中有效问卷占 100%。通过对收集的问卷整理分析可得，问卷家庭规模为每户 6 人左右，最少的每户 3 人，最多的每户 17 人。参加问卷的居民以城市居民为主，占有效问卷的 83%；所调查的人口以青年和中年人口为主，26～59 岁人口最多，接近 70%，老年人口相对较少，约占 16.45%不到（图 4-20）。

根据调查问卷结果，2020 年尼泊尔人均口粮消费量约为 170kg；蔬菜年人均消费量约为 162.20kg，水果年人均消费量约为 18.63kg，肉类和奶类的消费较少，但人均消费也在 50kg 以上；而蛋类和水产品的消费较少。需要指出的是，调查问卷中城市居民占多数，可能会对食物消费结构有一定的影响（图 4-21）。

Questionnaire on food consumption of residents

Family residence: urban✓ rural

Family members:____; 0-18 years old____, 19-25 years old____, 26-39 years old____, 40-59 years old____ and over 60 years old____.

The main food types include: Rice / Wheat / Others____________

Please fill in the following table for your family's three meals a day: (no 0)

The main food for breakfast is:____________ the quantity is ____________ kg;

Vegetables______, meat________, eggs________;

Milk and dairy products________, aquatic products________;

Others are:____________ the quantity is____________ kg;

The main food for lunch is: ____________ the quantity is ____________ kg;

Vegetables______, meat________, eggs________;

Milk and dairy products________, aquatic products________;

Others are:____________ the quantity is____________ kg;

The main food for dinner is:____________ the quantity is ____________ kg;

Vegetables______, meat________, eggs________;

Milk and dairy products________, aquatic products________;

Others are:____________ the quantity is____________ kg;

Fruit food per day__________ kg;

How long does edible oil run out per barrel _____? How many liters per barrel____;

图 4-19 尼泊尔居民食物消费调查问卷

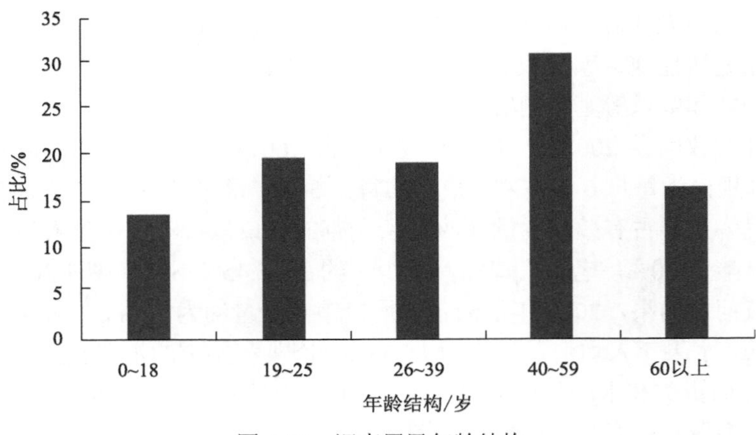

图 4-20 调查居民年龄结构

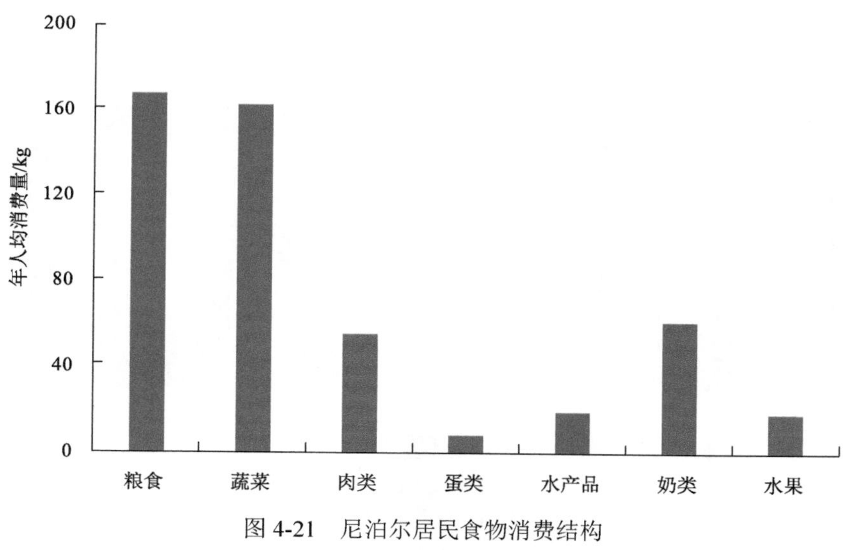

图 4-21 尼泊尔居民食物消费结构

4.3.2 居民膳食营养来源

能量、蛋白质和脂肪是人体生理活动所必需的三类主要营养素。居民营养素的摄取水平取决于食物消费结构和消费量，当食物种类和消费量确定后，由其提供的热量、蛋白质和脂肪的量就已经确定了。研究采用许世卫研究员等确定的食物营养素成分表，将居民消费的食物分为九大类，在此基础上计算了尼泊尔居民能量、蛋白质和脂肪等主要营养素的来源。表 4-7 中每类食物的营养素成分是建立在每种食物的营养含量基础之上的加权平均值。

表 4-7 主要食物营养素成分计算表

项目	粮食	植物油	糖类	蔬菜	水果	肉类	蛋类	奶类	水产品
热量/kcal	3553	3870	300	220	436	1760	1390	610	782
蛋白质/g	93	0	4.6	11.4	6.2	99.5	123.8	33.6	125
脂肪/g	25.7	1000	0	1.6	2.4	387.8	101.4	40.2	24.2

注：表中数据为每千克食物营养素提供量。

根据食物营养成分计算表，对尼泊尔居民热量、蛋白质和脂肪的摄入量进行转换计算后表明，尼泊尔居民热量摄入量约为 2309kcal，蛋白质摄入量约为 78g，脂肪摄入量约为 110g。从摄入营养素的结构来看，植物性食物仍是尼泊尔居民主要热量来源，粮食对热量的贡献达到了 70.76%，肉类的热量占比也较多，约占 11.59%，其余食物对热量的贡献均较小。粮食和肉类是尼泊尔居民蛋白质摄入的主要来源，分别占 54.73%和 19.36%。就脂肪而言，其主要来源为肉类、植物油和粮食，分别占 53.71%、26.18%和 10.77%（图 4-22）。

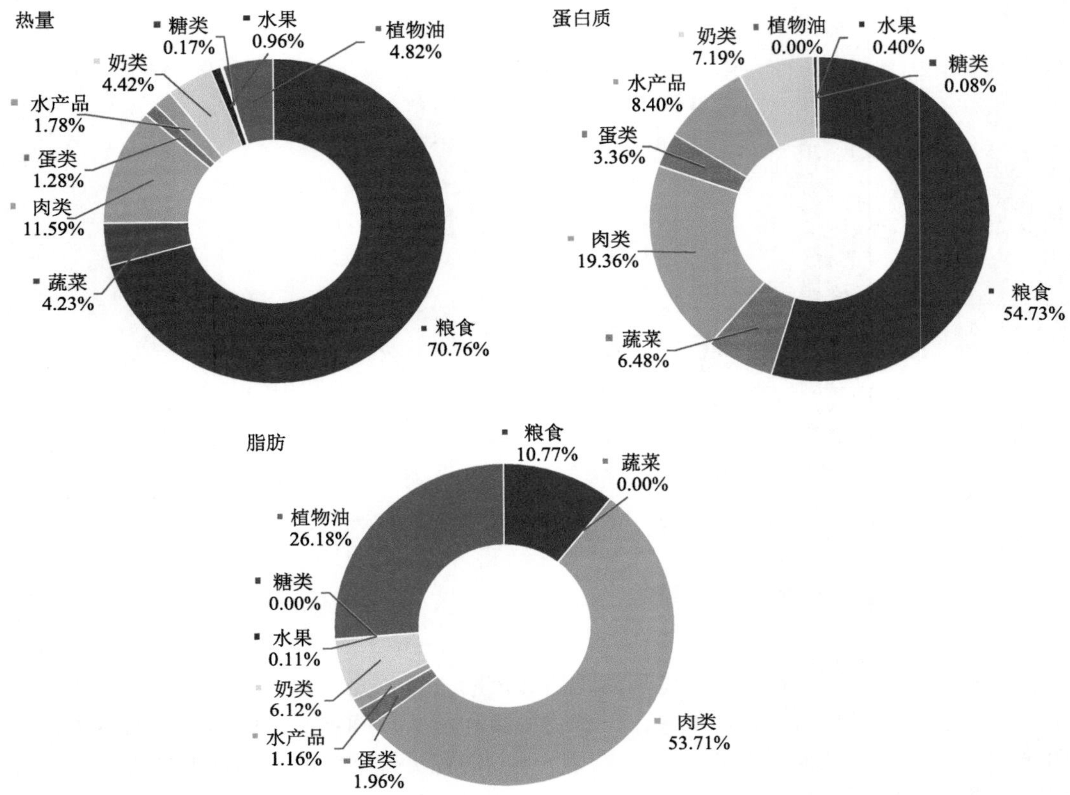

图 4-22　基于调查问卷的尼泊尔居民整体热量、蛋白质和脂肪饮食结构

此外，结合联合国粮食及农业组织（FAO）尼泊尔居民食物消费量数据，选择 2000 年和 2020 年数据对尼泊尔居民饮食结构中的热量变化进行对比分析。研究发现，近 20 年来，尼泊尔的饮食结构一直比较稳定，食物消费以植物性产品为主，排在前五名的依次是粮食、植物油、根茎类、豆类和糖类食物。可见，粮食消费在整个膳食消费中占绝对位置，尼泊尔人民的营养摄入整体来看相对简单（图 4-23）。

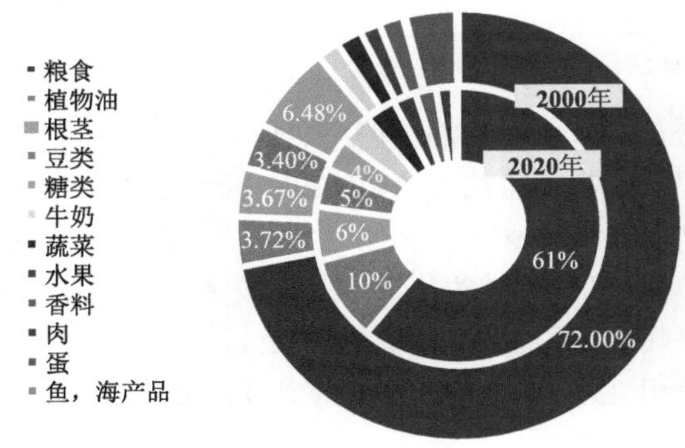

图 4-23　2000 年和 2020 年尼泊尔居民饮食结构热量消费对比

尼泊尔粮食贸易分析表明（表 4-8），尼泊尔粮食进口量远远高于出口量，2019 年粮食进口量是出口量的百余倍，尼泊尔属于粮食净进口国家。2019 年尼泊尔粮食贸易总量达到 150 万 t，与 2000 年相比增加了 128.1 万 t，粮食贸易量显著增加。具体到进出口量，2000 年以来，尼泊尔粮食进口量整体不断攀升，2014 年出现突破式增长，进口量超过 100 万 t，2016 年达到 150 万 t 水平，之后稳定在约 150 万～160 万 t 水平。尼泊尔粮食出口量保持平稳态势，始终在 1 万 t 左右，只有 2009 年为 6 万 t，出口量相对较高。

表 4-8　2000～2019 年尼泊尔粮食生产与进出口状况

年份	生产量/万 t	进口量/万 t	出口量/万 t	对外依存度/%	年份	生产量/万 t	进口量/万 t	出口量/万 t	对外依存度/%
2000	571.2	21.3	0.6	3.50	2010	643.1	29	1.1	4.16
2001	573.3	5.5	1.3	0.73	2011	713	43	1.4	5.51
2002	584.5	3.8	1.3	0.43	2012	776.9	53.9	1.1	6.36
2003	599.1	11.5	3.0	1.40	2013	708	79.2	1.1	9.94
2004	627.0	7.9	1.0	1.09	2014	957.2	134.1	1.1	12.20
2005	634.6	8.9	0.6	1.29	2015	927.5	128.1	0.7	12.08
2006	626.2	21.7	0.4	3.29	2016	862.3	158.1	1.2	15.39
2007	611.1	32.1	1.0	4.84	2017	977	164.1	1.0	14.31
2008	664.5	14.7	1.4	1.96	2018	1000.2	163.6	0.8	14.00
2009	661.6	17.7	6.0	1.74	2019	1063.6	149.1	0.9	12.23

2000～2019 年，尽管尼泊尔粮食生产能力逐年提高，粮食年产量从 571.2 万 t 增加到 1063.6 万 t，平均年增长率 3.33%。但粮食对外依存度呈现波动上升趋势，2016 年达到 15.39%，近年保持在 12%以上的较高水平（图 4-24）。

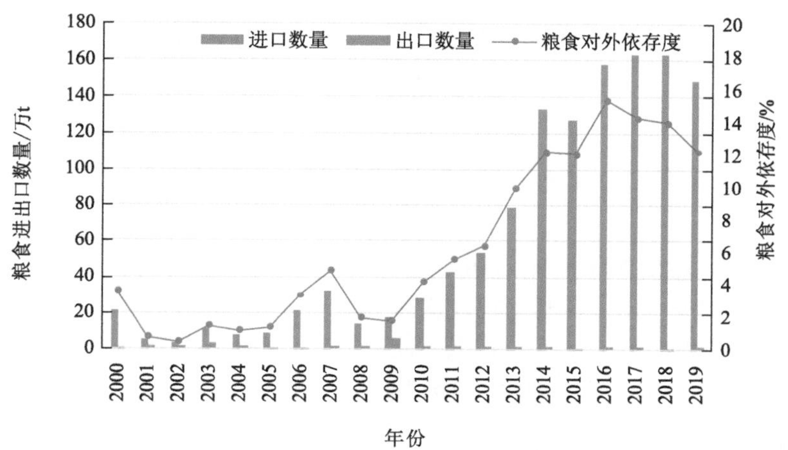

图 4-24　2000～2019 年尼泊尔粮食进出口数量及对外依存度

尼泊尔粮食进出口的产品种类主要有水稻、玉米、小麦、小米、大麦等。从进口结构上看，水稻是尼泊尔主要的进口粮食品种，其次是玉米和小麦，2019 年三者占进口粮食比重分别为 60.76%、24.60%和 11.13%。2000～2019 年，尼泊尔各类粮食进口量多呈增加态势，水稻、玉米和小麦2019年进口量分别达到561.0万t、265.3万t和201.6万t，较2000年依次增长了99.50%、87.49%和70.27%；从出口结构上看，小麦是尼泊尔粮食出口中最具优势的产品，2019年占比达83.27%，其次是谷物，占比7.64%（表4-9和图4-25）。

表4-9　2000～2019年尼泊尔主要进口粮食数量　（单位：万t）

年份	水稻	玉米	小麦	年份	水稻	玉米	小麦
2000	281.2	141.5	118.4	2010	268.4	185.5	155.7
2001	277.8	148.4	115.8	2011	297.5	206.8	174.6
2002	275.6	151.1	125.8	2012	338.3	217.9	184.6
2003	275.6	156.9	134.4	2013	450.5	199.9	172.7
2004	297.2	159.0	138.7	2014	504.7	228.3	189.2
2005	286.1	171.6	144.2	2015	478.9	214.5	198.5
2006	280.8	173.4	139.4	2016	429.9	223.2	174.6
2007	245.5	182.0	151.5	2017	523.0	230.0	189.0
2008	286.8	187.9	157.2	2018	515.2	253.5	195.9
2009	301.7	193.1	134.4	2019	561.0	265.3	201.6

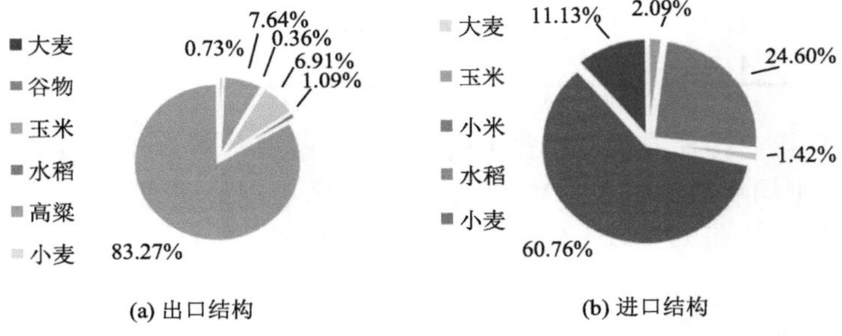

图4-25　2019年尼泊尔粮食进出口结构

4.4　土地资源承载力与承载状态

在对尼泊尔土地资源生产能力和居民食物消费结构与膳食营养水平进行分析的基础上，本节从人粮关系出发，基于粮食供需平衡关系，定量计算了尼泊尔国家、地区及分县尺度的土地资源承载力及承载状态，分析了尼泊尔土地资源承载力的空间分布格局（唐华俊和李哲敏，2012；封志明等，2017）。

4.4.1　土地资源承载力

1. 国家水平

根据尼泊尔居民人均综合粮食消费水平，结合尼泊尔粮食生产能力，以人均粮食消费 400kg 为标准对尼泊尔的土地资源承载力进行分析。

2020 年，尼泊尔粮食产量为 1092.39 万 t，土地资源承载力达 2730.99 万人。就 2000～2020 年的变化情况来看，近 20 年来，尼泊尔土地资源承载力趋于增强，可承载人口数逐步增加，2000 年的可承载人口数为 1778.90 万人，2020 年增长至 2730.99 万，增长了 53.52%（图 4-26）。

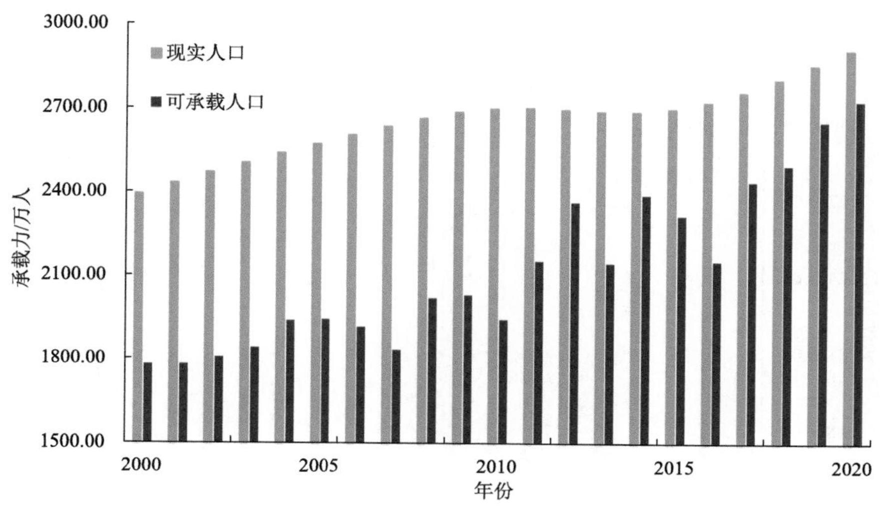

图 4-26　2000～2020 年尼泊尔粮食产量可承载人口数

从全国土地资源承载密度分析，尼泊尔单位耕地面积上可承载人口数呈现上升趋势，由 2000 年每公顷可承载约 7.56 人上升至 2020 年每公顷可承载约 12.92 人，增长显著（图 4-27）。

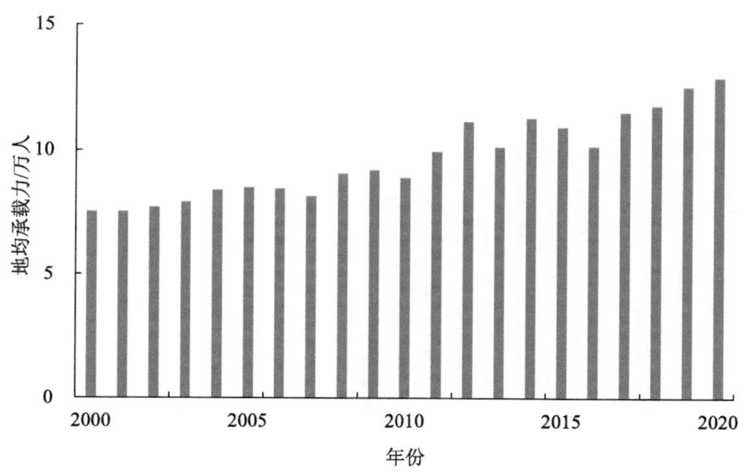

图 4-27　2000～2020 年尼泊尔单位耕地面积可承载人口数

根据世界卫生组织出版的《热量和蛋白质摄取量》一书给出的居民膳食能量需要量，以中等身体活动水平的成年男性和女性每天所需热量的平均值 2400kcal 为标准，计算尼泊尔粮食、植物油、糖类、蔬菜、水果、肉类、水产品、奶类、蛋类等产量所对应的热量值，进而获得尼泊尔基于热量需求的土地资源人口承载力现状。

以热量平衡计（图 4-28），2000～2020 年尼泊尔基于热量平衡的可承载人口增长显著，可承载人口从 2000 年的 2260 万人增加到 2020 年的接近 2978 万人。基于热量平衡的尼泊尔土地资源承载力在逐渐增强。

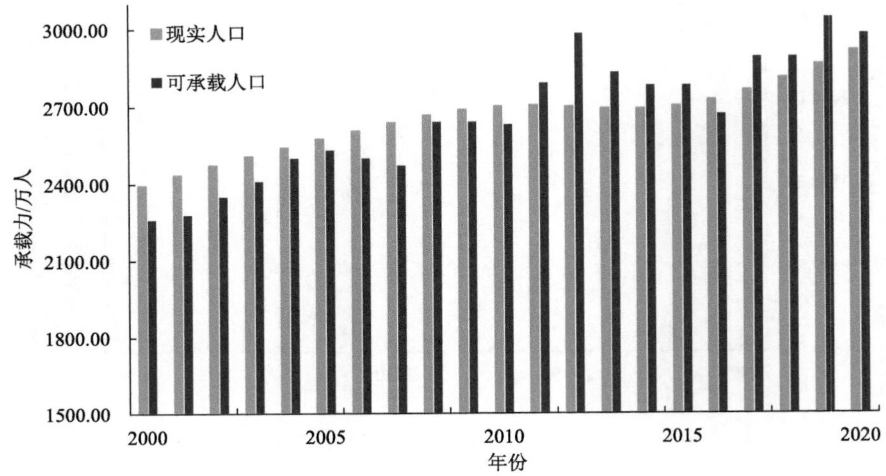

图 4-28　基于当量平衡的尼泊尔土地资源承载力

从全国地均承载力分析，单位土地面积可承载人口数呈现显著上升趋势，由 2000 年每公顷可承载约 1.54 人上升至 2020 年每公顷可承载约 2.02 人（图 4-29）。

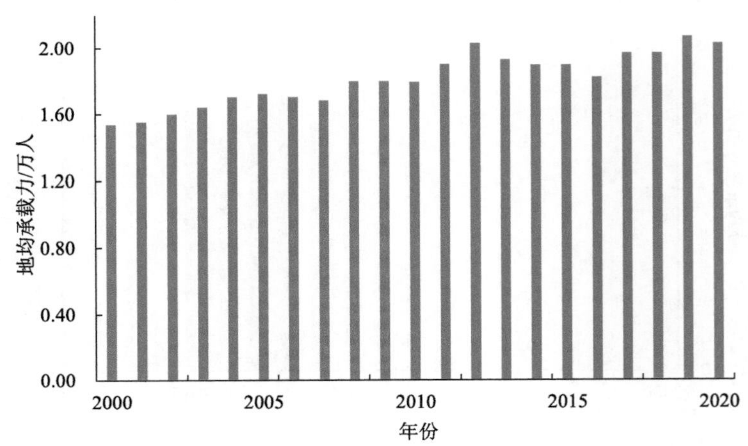

图 4-29　基于当量平衡的尼泊尔单位土地面积可承载人口数

2. 地区尺度

通过对尼泊尔三个地区 2001 年、2011 年和 2020 年三个时间节点的土地资源承载力对比分析发现，特莱平原区土地资源承载力最强，2020 年达 1546.94 万人；中部山区次之，为 1044.94 万人；北部高山区最弱，为 142.06 万人。从时间变化上看，三个地区的承载力都在不断增强，特莱平原区、中部山区和北部高山区，2020 年可承载人口数分别较 2001 年增加了 45.61%、61.23%和 45.45%（图 4-30 和表 4-10）。

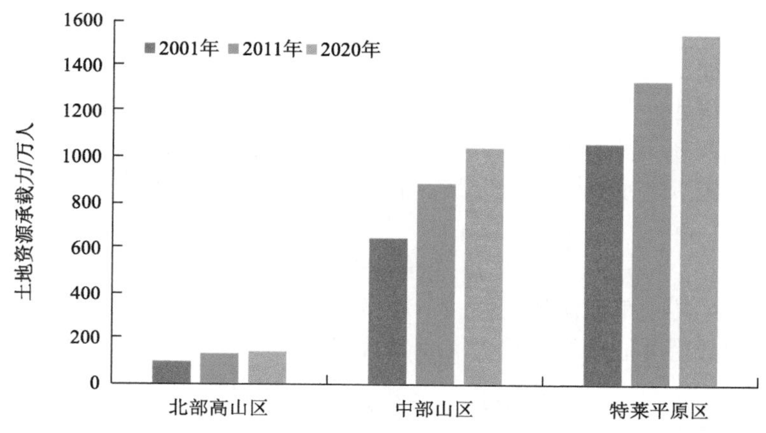

图 4-30　尼泊尔分地区土地资源承载力

表 4-10　尼泊尔分地区土地资源承载力和地均承载力

年份	北部高山区		中部山区		特莱平原区	
	土地资源承载力/万人	地均承载力/（人/hm²）	土地资源承载力/万人	地均承载力/（人/hm²）	土地资源承载力/万人	地均承载力/（人/hm²）
2001	97.56	3.79	648.10	6.49	1063.52	12.40
2011	130.97	5.08	888.81	8.90	1339.39	15.62
2020	142.06	5.51	1044.94	10.47	1546.94	18.04

从 2020 年分地区土地资源承载力可以看出，尼泊尔三个地区土地资源承载力差异显著，北部高山区地均承载力最低，为 5.51 人/hm^2，远低于尼泊尔全国地均承载力 12.92 人/hm^2；中部山区地均承载力居中，为 10.47 人/hm^2，与全国平均水平相当；特莱平原区地均承载力最高，为 18.04 人/hm^2，远高于全国平均水平。从变化情况看，2000 以来，北部高山区地均承载力有所增加，2020 年较 2001 年增加了 1.72 人/hm^2；中部山区地均承载力也增加了 3.98 人/hm^2；特莱平原区地均承载力增量最大，2020 年较 2001 年增加了 5.64 人/hm^2。

3. 分县尺度

尼泊尔 75 个县土地资源承载力地域差异显著。以 2020 年尼泊尔土地承载密度 12.92

人/hm^{2}为参考标准，有 29 个县土地承载密度高于全国水平，46 个县土地承载密度低于全国水平。按照上下浮动约 50%，可将 75 个县相对划分为土地资源承载力较强（>18 人/hm^2）、中等（7～18 人/hm^2）和较弱（<7 人/hm^2）三种类型。

尼泊土地资源承载力较强的县有 15 个，土地资源承载密度在 18 人/hm^{2}以上，远高于全区平均水平。其中，2020 年有 10 个县均位于特莱平原区，可承载约 965.31 万人，该区域地势平坦，水热资源丰富，因此农业生产条件优越，盛产水稻与小麦，承载密度较高，土地资源承载力最强，例如巴拉、帕尔萨、坎昌布尔等县的承载力一直都处于较高水平。位于中部山区的丹库塔、巴克塔普尔和西扬加 3 个县区的土地资源承载密度也较高，其中西扬加玉米产量高，2020 年土地资源承载力为 49.51 万人；而丹库塔和巴克塔普尔两个县受耕地面积较少的影响，整体的土地资源承载密度较高，因此土地资源承载力较强。而北部高山区的呼姆拉和马南虽然整体土地资源承载力不足 2 万人，但是两个县的耕地面积极少，呼姆拉仅有约 16.54hm^{2}的耕地，因此单位耕地面积下的土地资源承载能力较强。

从变化情况看，2001～2020 年 15 个土地资源承载力较强的县，有 11 个县土地承载密度在提升，其中特莱平原区的凯拉利、坎昌布尔和巴迪亚粮食产量一直持续增长且增幅明显，土地承载密度的增幅也最大（表 4-11）。

表 4-11　土地资源承载力较强县

地区	县	2001 年		2011 年		2020 年	
		承载力/万人	承载密度/（人/hm^2）	承载力/万人	承载密度/（人/hm^2）	承载力/万人	承载密度/（人/hm^2）
北部高山区	呼姆拉	1.08	652.36	0.83	500.00	1.38	834.34
中部山区	丹库塔	12.24	19.07	18.21	28.38	20.31	31.66
特莱平原区	巴拉	65.98	17.98	86.26	23.50	93.50	25.48
特莱平原区	帕尔萨	54.93	19.16	72.99	25.47	71.45	24.93
中部山区	巴克塔普尔	10.88	27.86	11.12	28.48	9.69	24.82
特莱平原区	坎昌布尔	44.56	13.28	56.02	16.69	82.69	24.64
中部山区	西扬加	34.34	17.08	45.59	22.68	49.51	24.63
北部高山区	马南	0.26	22.17	0.32	27.58	0.27	23.78
特莱平原区	达努沙	59.22	14.31	70.59	17.05	90.13	21.77
特莱平原区	巴迪亚	40.55	12.13	67.02	20.05	72.78	21.77
特莱平原区	贾帕	81.88	12.75	105.40	16.41	139.65	21.74
特莱平原区	凯拉利	56.79	10.53	71.91	13.33	116.56	21.61
特莱平原区	莫朗	82.69	13.39	91.29	14.78	119.09	19.28
特莱平原区	卢潘德希	65.36	13.31	103.72	21.12	92.73	18.89
特莱平原区	卡皮尔瓦斯图	55.56	11.61	74.87	15.64	86.73	18.12

尼泊土地资源承载力中等的县有 46 个，土地承载密度在 7～18 人/hm^2，与全区平均

水平较一致。北部高山区的县只有 3 个，中部山区的县有 33 个，特莱平原区的县有 10 个，承载力和承载密度相对较高的县主要位于中部山区和特莱平原区，承载力和承载密度较低的县主要位于北部高山区。具体来看，2020 年北部高山区的达尔丘拉、辛杜帕尔乔克和多尔帕承载密度分别为 8.87 人/hm^2、8.03 人/hm^2 和 7.62 人/hm^2，可承载约 48.53 万人，辛杜帕尔乔克的粮食产量较高，而达尔丘拉和多尔帕受耕地面积较小的影响，土地资源承载力均为中等；中部山区中有 33 个县的土地资源承载力中等，承载力介于 13.76 万～45.17 万人，可承载约 904.83 万人，如加德满都、科塘、乌代普尔等县承载力较强；10 个县位于特莱平原区，承载人口介于 37.32 万～70.91 万人，承载力最高，可承载约 581.62 万人，承载密度最高的孙萨里即位于特莱平原区。

从变化情况看，2001～2020 年，有 44 个县的土地资源承载密度均有提升，其中北部高山区的多尔帕、中部山区的拜塔迪和代累克的承载力增幅最大；而 2020 年中部山区的加德满都和特莱平原区的奇特万与 2001 年相比，承载力有所降低（表 4-12）。

表 4-12　土地资源承载力中等县

区	县	2001 年		2011 年		2020 年	
		承载力/人	承载密度/（人/hm^2）	承载力/人	承载密度/（人/hm^2）	承载力/人	承载密度/（人/hm^2）
特莱平原区	孙萨里	45.33	11.45	58.55	14.78	70.91	17.90
中部山区	加德满都	20.11	23.63	22.83	26.83	14.90	17.51
中部山区	科塘	18.77	7.22	32.45	12.47	43.20	16.61
中部山区	乌代普尔	13.83	7.79	26.09	14.70	29.07	16.38
特莱平原区	班凯	34.17	10.93	49.49	15.83	50.96	16.30
特莱平原区	纳瓦尔帕拉西	50.74	12.59	68.04	16.88	63.34	15.72
中部山区	卡斯基	25.52	11.22	35.54	15.62	35.42	15.57
中部山区	拉利德普尔	10.62	10.42	19.18	18.81	15.66	15.36
特莱平原区	马霍塔里	40.29	10.29	42.22	10.78	59.06	15.09
中部山区	帕尔巴特	14.93	11.45	16.65	12.77	18.91	14.50
特莱平原区	萨拉希	47.24	9.67	63.37	12.97	70.78	14.49
特莱平原区	劳塔哈特	41.85	11.69	45.79	12.80	48.72	13.62
特莱平原区	当格	48.21	10.16	60.39	12.73	64.26	13.55
特莱平原区	萨普塔里	52.36	11.61	57.74	12.80	60.90	13.50
中部山区	巴格隆	18.68	7.29	28.24	11.02	33.06	12.90
中部山区	辛杜利	17.09	5.24	24.31	7.45	41.51	12.72
中部山区	帕尔帕	20.84	9.88	22.10	10.48	26.77	12.69
特莱平原区	锡拉哈	46.59	10.52	53.11	11.99	55.37	12.50
中部山区	塔纳胡	29.33	11.45	29.35	11.46	31.83	12.43
中部山区	博季普尔	20.36	6.81	31.65	10.58	35.13	11.75
中部山区	阿尔加坎奇	15.52	7.77	20.25	10.14	22.71	11.38

续表

区	县	2001 年		2011 年		2020 年	
		承载力/人	承载密度/（人/hm²）	承载力/人	承载密度/（人/hm²）	承载力/人	承载密度/（人/hm²）
中部山区	伊拉姆	18.99	4.78	34.91	8.78	45.17	11.36
中部山区	古尔米	16.64	6.41	24.15	9.30	28.36	10.92
中部山区	代累克	12.43	4.26	24.46	8.39	31.49	10.80
特莱平原区	奇特万	49.23	13.96	40.61	11.52	37.32	10.58
中部山区	奥卡尔东加	8.53	5.60	14.63	9.60	15.97	10.48
中部山区	努瓦科特	25.48	6.77	34.81	9.26	38.46	10.22
中部山区	特拉图木	9.70	6.33	14.76	9.64	15.18	9.91
中部山区	达德都拉	8.45	5.71	8.64	5.84	14.59	9.87
中部山区	苏尔克特	22.65	6.22	38.41	10.54	35.41	9.72
中部山区	潘奇达尔	12.88	6.08	15.57	7.36	20.29	9.59
中部山区	鲁孔	14.58	6.53	17.10	7.66	21.15	9.47
中部山区	拉姆忠	16.87	7.25	22.83	9.82	21.43	9.21
中部山区	萨尔亚	19.37	5.68	20.64	6.05	30.95	9.07
北部高山区	达尔丘拉	6.41	5.51	9.08	7.80	10.33	8.87
中部山区	皮乌旦	11.15	4.98	15.16	6.77	19.79	8.84
中部山区	卡夫雷帕兰乔克	30.40	7.00	30.15	6.94	38.38	8.84
北部高山区	辛杜帕尔乔克	26.67	6.02	28.46	6.43	35.56	8.03
中部山区	米亚格迪	6.70	3.89	13.78	8.00	13.76	7.99
中部山区	拉梅查普	14.00	4.29	23.69	7.26	26.04	7.98
中部山区	达丁	21.29	4.78	20.29	4.56	35.33	7.94
中部山区	多蒂	10.48	4.55	16.37	7.11	17.96	7.80
中部山区	马克万普尔	22.51	4.66	31.35	6.49	36.88	7.63
北部高山区	多尔帕	0.98	2.84	2.42	7.01	2.64	7.62
中部山区	廓尔喀	25.45	6.57	23.96	6.19	27.68	7.15
中部山区	拜塔迪	8.79	2.79	17.08	5.43	22.39	7.12

尼泊尔土地资源承载力较弱的县有 14 个，土地承载密度在 2～7 人/hm²，远低于全区平均水平。这些县主要位于北部高山区和中部山区，分布于北部高山区的县有 11 个，分布于中部山区的县有 3 个。具体来看，2020 年北部高山区海拔高，以高原山区为主，农业生产条件差，土地资源承载力一直处于较低水平，该 11 个县可承载人口仅有 91.89 万人；中部山区的贾贾科特、阿查姆和罗尔帕粮食产量较少，因此承载密度较低，整体承载力也较弱。

从变化情况看，2001～2020 年，14 个县的土地资源承载密度均有提升，其中位于中部山区的贾贾科特和阿查姆增幅最大，其余县区的增幅相对较小（表 4-13）。

表 4-13　土地资源承载力较弱县区

地区	县区	2001 年		2011 年		2020 年	
		承载力/人	承载密度/（人/hm^2）	承载力/人	承载密度/（人/hm^2）	承载力/人	承载密度/（人/hm^2）
中部山区	贾贾科特	7.96	2.78	10.56	3.69	19.79	6.91
中部山区	阿查姆	9.53	2.83	17.65	5.24	21.86	6.49
北部高山区	塔普勒琼	8.84	4.10	16.71	7.75	13.60	6.31
北部高山区	索卢昆布	7.38	3.86	11.60	6.07	11.89	6.22
北部高山区	巴章	6.91	3.39	8.84	4.34	12.65	6.20
北部高山区	拉苏瓦	2.31	3.97	2.81	4.82	3.16	5.41
中部山区	罗尔帕	10.25	2.87	14.28	4.00	18.95	5.31
北部高山区	桑库瓦萨巴	12.97	3.68	17.91	5.08	18.05	5.12
北部高山区	木斯塘	0.63	3.66	0.60	3.47	0.82	4.76
北部高山区	穆古	1.90	2.69	2.88	4.07	2.98	4.21
北部高山区	多拉卡	7.25	2.96	10.02	4.09	9.92	4.05
北部高山区	巴朱拉	4.62	2.54	5.98	3.28	6.20	3.41
北部高山区	卡里科特	4.20	2.27	6.41	3.46	5.65	3.05
北部高山区	久木拉	5.14	1.98	6.10	2.35	6.97	2.68

4.4.2　土地资源承载状态

1. 全国水平

2000～2020 年以来，伴随着尼泊尔土地资源生产力的提高，人粮关系趋于改善。其中，2000～2017 年，尼泊尔土地资源承载指数介于 1.13～1.44，土地资源承载力表现为粮食短缺、土地超载。2017 年之后，随着粮食产量的逐步增加，尼泊尔土地资源承载力随之提高，土地资源承载指数介于 1.07～1.12，整体处于临界超载的紧平衡状态（图 4-31）。

基于热量平衡的尼泊尔土地资源承载指数介于 0.91～1.07，土地资源承载状态处于临界超载和平衡有余状态。2000～2010 年土地资源承载指数大部分介于 1.01～1.07，承载状态处于临界超载状态；2010 年之后，除 2016 年临界超载之外，其余年份均处于平衡有余状态，人口承载力持续增强，2017 年人地关系处于富富有余状态（图 4-32）。

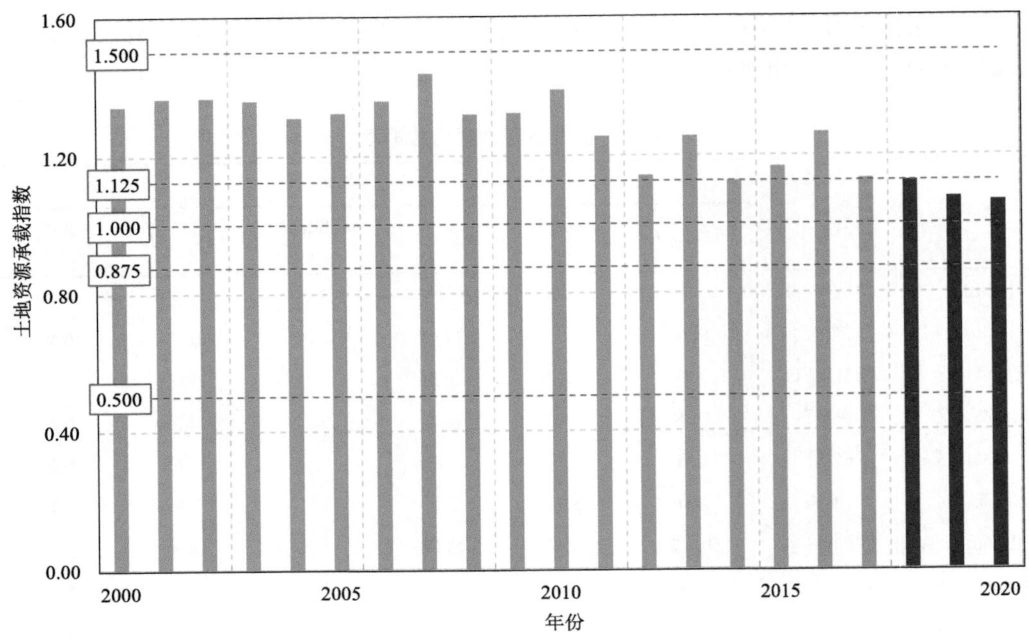

图 4-31　基于人粮平衡的尼泊尔土地资源承载状态

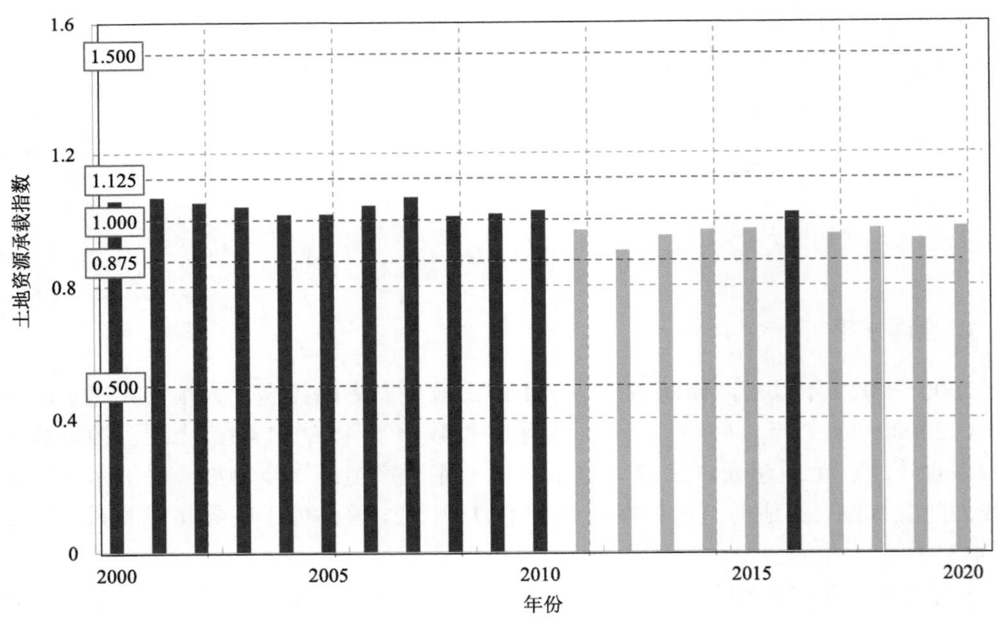

图 4-32　基于热量平衡的尼泊尔土地资源承载状态

2. 分区尺度

基于土地资源承载指数的分区土地资源承载力研究表明，尼泊尔北部高山区和中部山区土地资源超载，特莱平原区平衡有余，地区差异显著。

北部高山区土地资源承载指数大于 1.125，土地资源承载力超载，粮食产出远低于人口需求。2001 年，北部高山区人口承载力约 97.56 万人，低于现实人口的 168.79 万人，土地资源承载指数为 1.73，处于严重超载状态；2011 年，人口承载力约 130.97 万人，与现实人口数接近，承载指数为 1.36，处于过载状态；2020 年人口承载力上升至 142.06 万人，但是现实人口也增加了 14.36 万人，土地资源承载指数依然保持为 1.36，处于过载状态（图 4-33）。

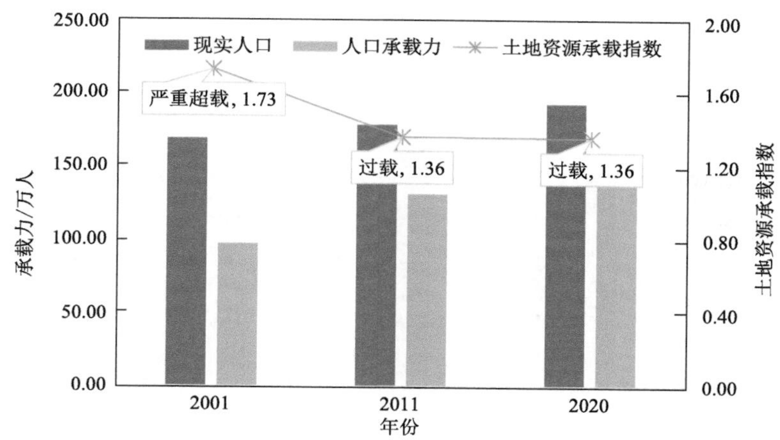

图 4-33　北部高山区土地资源承载力与承载状态变化

中部山区土地资源承载指数大于 1.125，土地资源承载力超载，粮食产出远低于人口需求。2001 年，中部山区人口承载力约 648.10 万人，低于现实人口的 1025.11 万人，土地资源承载指数为 1.58，处于严重超载状态；2011 年，人口承载力约 888.81 万人，承载力有所提升，土地资源承载指数为 1.28，处于过载状态；2020 年人口承载力上升至约 1044.94 万人，但是现实人口也增加了 168.33 万人，土地资源承载指数为 1.25，依然处于超载状态（图 4-34）。

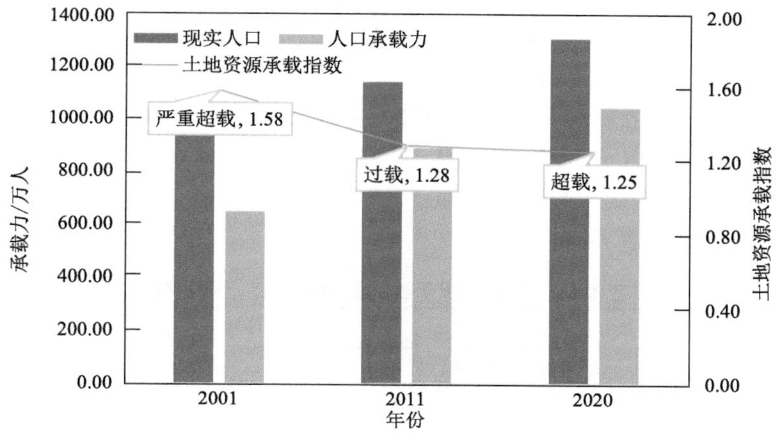

图 4-34　中部山区土地资源承载力与承载状态变化

特莱平原区土地资源承载指数波动于1左右，土地资源承载力平衡有余，粮食产出基本满足人口需求。2001年，特莱平原区人口承载力约1063.52万人，略低于现实人口的1121.25万人，土地承载指数为1.05，处于临界超载状态；2011年，人口承载力约1339.39万人，超过了现实人口，土地承载指数为0.99，处于平衡有余的状态；2020年人口承载力持续提升，人口承载力上升至约1546.94万人，超过现实人口约133.54万人，土地承载指数为0.91，处于平衡有余状态（图4-35）。

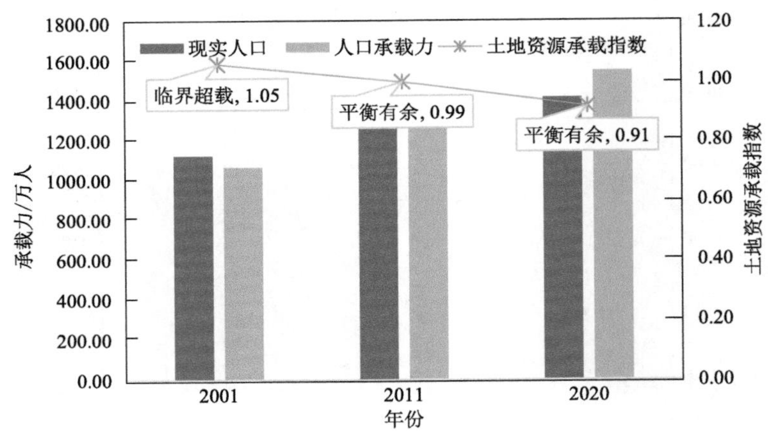

图4-35　特莱平原区土地资源承载力与承载状态变化

3. 分县格局

基于2020年分县的土地资源承载指数评价表明，尼泊尔分县土地资源承载力以超载为主，有32个县土地资源承载力超载，其中有11个县严重超载；有26个县土地资源承载力处于平衡状态，其中有14个县为平衡有余状态；尼泊尔土地资源承载力盈余的县有17个，其中10个属于富富有余地区（图4-36～图4-38）。

（1）土地资源承载状态为富裕或盈余的县有17个，土地资源承载指数多在0.50～0.875，粮食产出可以满足人口需求，且有部分盈余。其中，位于中部山区的科塘，位于特莱平原区的贾帕、巴迪亚、坎昌布尔县等10个县，土地资源承载指数介于0.50～0.75，处于富裕状态；中部山区的辛杜利、拉姆忠、拉梅查普和特莱平原区的莫朗、达努沙等7个县，土地资源承载指数介于0.75～0.875，处于盈余状态。

从变化情况看，2000～2020年，17个盈余县中，有4个县持续维持在盈余状态，有9个县在2011年由平衡或超载转变为盈余状态，剩余的4个县也在2020年转为盈余，人粮关系进一步向好（表4-14）。

表4-14　土地资源承载力盈余县耕地承载指数

区	县	2001年		2011年		2020年	
		承载指数	承载状态	承载指数	承载状态	承载指数	承载状态
中部山区	科塘	1.23	超载	0.64	富裕	0.57	富裕
特莱平原区	贾帕	0.84	盈余	0.77	盈余	0.60	富裕

续表

区	县	2001 年		2011 年		2020 年	
		承载指数	承载状态	承载指数	承载状态	承载指数	承载状态
特莱平原区	巴迪亚	0.94	平衡有余	0.64	富裕	0.64	富裕
特莱平原区	坎昌布尔	0.85	盈余	0.81	盈余	0.64	富裕
中部山区	博季普尔	1.00	平衡有余	0.58	富裕	0.65	富裕
中部山区	西扬加	0.92	平衡有余	0.63	富裕	0.66	富裕
特莱平原区	巴拉	0.85	盈余	0.80	盈余	0.72	富裕
中部山区	伊拉姆	1.49	过载	0.83	盈余	0.73	富裕
特莱平原区	凯拉利	1.09	临界超载	1.08	临界超载	0.74	富裕
特莱平原区	卡皮尔瓦斯图	0.87	盈余	0.76	盈余	0.74	富裕
中部山区	辛杜利	1.64	严重超载	1.22	超载	0.76	盈余
中部山区	拉姆忠	1.05	临界超载	0.73	富裕	0.76	盈余
中部山区	拉梅查普	1.52	严重超载	0.86	盈余	0.77	盈余
特莱平原	莫朗	1.02	临界超载	1.06	临界超载	0.79	盈余
中部山区	特拉图木	1.17	超载	0.69	富裕	0.80	盈余
中部山区	努瓦科特	1.13	超载	0.80	盈余	0.80	盈余
特莱平原	达努沙	1.13	超载	1.07	临界超载	0.83	盈余

（2）土地资源承载状态为平衡的县有 26 个，土地资源承载指数多在 0.875～1.125，粮食产出可以基本满足人口需求。其中，位于中部山区的帕尔巴特、萨尔亚和位于北部高山区的桑库瓦萨巴、索卢昆布等 14 个县，土地资源承载指数介于 0.875～1，粮食产出可以满足人口需求，略有盈余。位于特莱平原区的卢潘德希，位于中部山区的卡夫雷帕兰乔克、达丁等 12 个县土地资源承载指数在 1～1.125，处于临界超载，人粮关系为紧平衡状态，粮食略有亏缺。

从变化情况看，2000～2020 年，26 个平衡县中 6 个县持续维持在平衡状态，9 个县在 2011 年时由超载转变为平衡，剩余的 12 个县也在 2020 年均转为平衡状态，需要注意的是，2011～2020 年有 4 个县由盈余转为平衡，人粮关系略为紧张（表 4-15）。

表 4-15　土地资源承载状态平衡县耕地承载指数

地区	县区	2001 年		2011 年		2020 年	
		承载指数	承载状态	承载指数	承载状态	承载指数	承载状态
中部山区	帕尔巴特	1.06	临界超载	0.88	平衡有余	0.90	平衡有余
北部高山区	桑库瓦萨巴	1.23	超载	0.89	平衡有余	0.90	平衡有余
北部高山区	索卢昆布	1.46	过载	0.91	平衡有余	0.91	平衡有余
中部山区	萨尔亚	1.10	临界超载	1.17	超载	0.91	平衡有余
中部山区	阿尔加坎奇	1.34	过载	0.98	平衡有余	0.91	平衡有余

续表

地区	县区	2001年		2011年		2020年	
		承载指数	承载状态	承载指数	承载状态	承载指数	承载状态
中部山区	丹库塔	1.36	过载	0.90	平衡有余	0.91	平衡有余
特莱平原	帕尔萨	0.91	平衡有余	0.82	盈余	0.91	平衡有余
北部高山区	辛杜帕尔乔克	1.15	超载	1.01	临界超载	0.92	平衡有余
中部山区	米亚格迪	1.71	严重超载	0.82	盈余	0.93	平衡有余
中部山区	巴格隆	1.44	过载	0.95	平衡有余	0.93	平衡有余
特莱平原	当格	0.96	平衡有余	0.91	平衡有余	0.94	平衡有余
中部山区	代累克	1.81	严重超载	1.07	临界超载	0.96	平衡有余
中部山区	鲁孔	1.29	过载	1.22	超载	0.98	平衡有余
北部高山区	塔普勒琼	1.52	严重超载	0.76	盈余	0.98	平衡有余
特莱平原	卢潘德希	1.08	临界超载	0.85	盈余	1.00	临界超载
中部山区	卡夫雷帕兰乔克	1.27	过载	1.27	过载	1.01	临界超载
中部山区	达丁	1.59	严重超载	1.66	严重超载	1.02	临界超载
中部山区	贾贾科特	1.69	严重超载	1.62	严重超载	1.03	临界超载
中部山区	奥卡尔东加	1.84	严重超载	1.01	临界超载	1.06	临界超载
中部山区	古尔米	1.78	严重超载	1.16	超载	1.08	临界超载
中部山区	廓尔喀	1.13	超载	1.13	超载	1.09	临界超载
特莱平原	马霍塔里	1.37	过载	1.49	过载	1.09	临界超载
中部山区	帕尔帕	1.29	过载	1.18	超载	1.11	临界超载
中部山区	达德都拉	1.49	过载	1.64	严重超载	1.11	临界超载
中部山区	塔纳胡	1.07	临界超载	1.10	临界超载	1.12	临界超载
特莱平原	班凯	1.13	超载	0.99	平衡有余	1.12	临界超载

（3）土地资源承载力超载的县有32个，土地资源承载指数多大于1.125，粮食产出不能满足人口需求。其中，位于北部高山区的多尔帕、拉苏瓦和久木拉等12个县，土地资源承载指数介于1.31～4.22，以严重超载状态为主，当前的粮食产出不能满足人口需求，土地资源严重超载。中部山区的苏尔克特、拜塔迪、皮乌旦等13个县，土地资源承载指数均大于1，其中加德满都作为尼泊尔国家的首都，当地人口密集，耕地面积不足，粮食产量低，土地资源承载指数达到了16.92，当前的粮食产量远不能满足当地人口需求，土地资源处于严重超载状态。特莱平原区的萨拉希、锡拉哈、孙萨里等7个县，土地资源承载指数介于1.14～1.45，以超载状态为主，人粮关系为紧平衡状态，粮食供不应求。

从变化情况看，2000～2020年，32个超载县中，29个县持续维持在超载状态，其中有11个县持续维持在严重超载状态，4个县由平衡转变为超载（表4-16）。

表 4-16 土地资源承载状态超载县耕地承载指数

区	县	2001 年		2011 年		2020 年	
		承载指数	承载状态	承载指数	承载状态	承载指数	承载状态
中部山区	苏尔克特	1.27	过载	0.91	平衡有余	1.13	超载
特莱平原区	萨拉希	1.35	过载	1.21	超载	1.14	超载
中部山区	拜塔迪	2.67	严重超载	1.47	过载	1.15	超载
中部山区	皮乌旦	1.91	严重超载	1.50	严重超载	1.15	超载
特莱平原区	锡拉哈	1.23	超载	1.20	超载	1.19	超载
中部山区	罗尔帕	2.05	严重超载	1.57	严重超载	1.19	超载
中部山区	潘奇达尔	1.57	严重超载	1.23	超载	1.19	超载
特莱平原区	孙萨里	1.38	过载	1.30	过载	1.19	超载
特莱平原区	纳瓦尔帕拉西	1.11	临界超载	0.95	平衡有余	1.20	超载
中部山区	马克万普尔	1.74	严重超载	1.34	过载	1.21	超载
特莱平原区	萨普塔里	1.09	临界超载	1.11	临界超载	1.23	超载
中部山区	多蒂	1.98	严重超载	1.29	过载	1.27	过载
中部山区	乌代普尔	2.08	严重超载	1.22	超载	1.27	过载
北部高山区	多尔帕	3.01	严重超载	1.51	严重超载	1.31	过载
北部高山区	拉苏瓦	1.93	严重超载	1.54	严重超载	1.35	过载
中部山区	卡斯基	1.49	过载	1.38	过载	1.38	过载
特莱平原区	劳塔哈特	1.30	过载	1.50	过载	1.39	过载
中部山区	阿查姆	2.43	严重超载	1.46	过载	1.42	过载
北部高山区	久木拉	1.74	严重超载	1.79	严重超载	1.45	过载
特莱平原区	奇特万	0.96	平衡有余	1.43	过载	1.45	过载
北部高山区	达尔丘拉	1.90	严重超载	1.47	过载	1.47	过载
北部高山区	巴章	2.42	严重超载	2.21	严重超载	1.61	严重超载
北部高山区	穆古	2.31	严重超载	1.92	严重超载	1.77	严重超载
北部高山区	木斯塘	2.38	严重超载	2.25	严重超载	1.89	严重超载
北部高山区	多拉卡	2.82	严重超载	1.86	严重超载	2.05	严重超载
北部高山区	巴朱拉	2.35	严重超载	2.26	严重超载	2.53	严重超载
北部高山区	马南	3.76	严重超载	2.06	严重超载	2.77	严重超载
北部高山区	卡里科特	2.51	严重超载	2.14	严重超载	2.91	严重超载
中部山区	拉利德普尔	3.18	严重超载	2.44	严重超载	3.11	严重超载
中部山区	巴克塔普尔	2.07	严重超载	2.74	严重超载	3.19	严重超载
北部高山区	呼姆拉	3.76	严重超载	6.15	严重超载	4.22	严重超载
中部山区	加德满都	5.38	严重超载	7.64	严重超载	16.92	严重超载

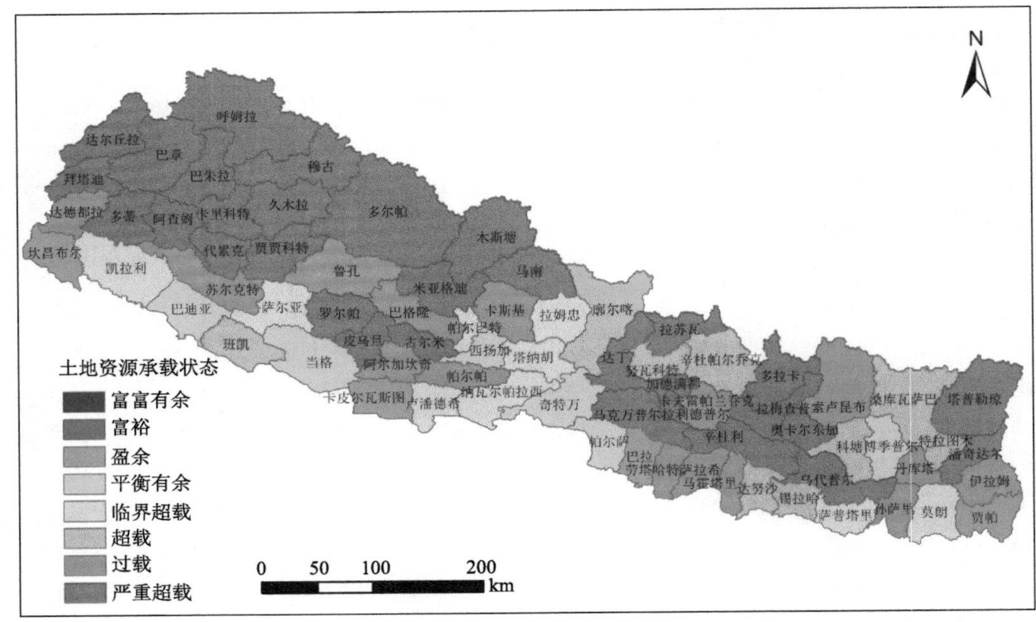

图 4-36　2001 年尼泊尔县域承载状态空间分布

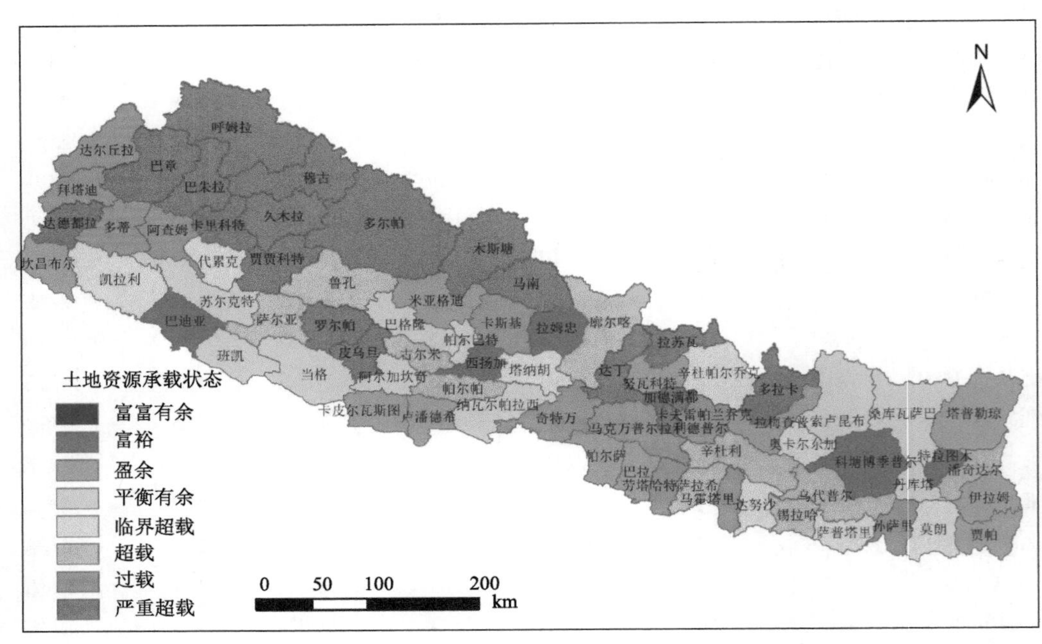

图 4-37　2011 年尼泊尔县域承载状态空间分布

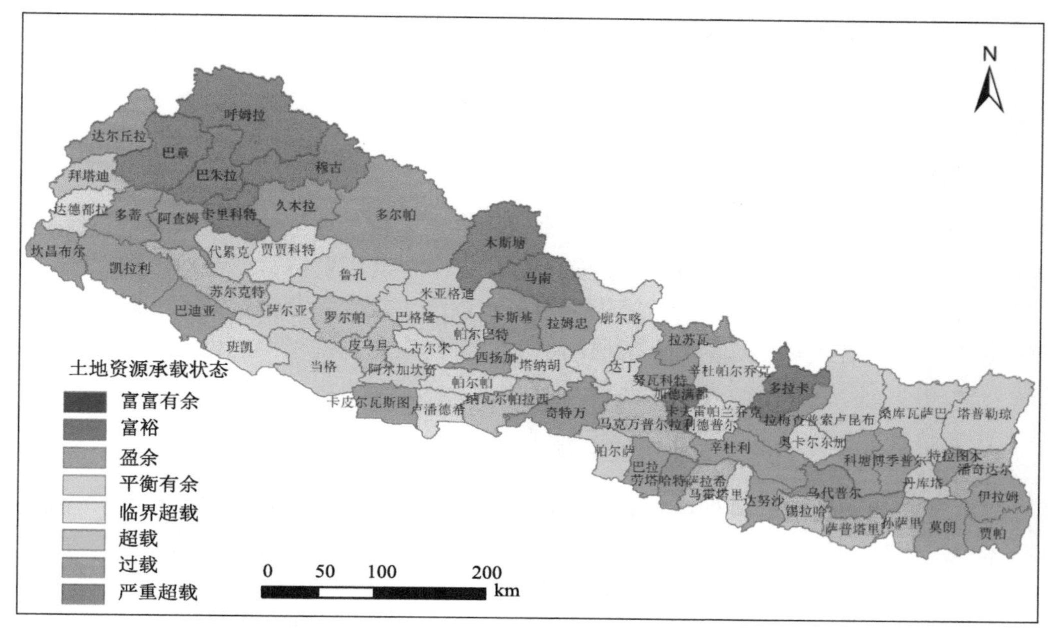

图 4-38　2020 年尼泊尔县域承载状态空间分布

4.5　土地资源承载力提升策略与增强路径

通过对尼泊尔国家的土地资源利用及其变化、土地生产能力、食物消费与膳食营养结构来源以及土地资源承载力进行整体评价和分析，总体上看，尼泊尔土地资源空间分布不均匀，农业生产能力空间差异大，居民膳食营养素来源较单一，尼泊尔整体的土地资源承载状态为临界超载的紧平衡状态，且地区之间差异较大。在此基础上，探讨尼泊尔土地资源承载力存在的一些问题，并根据存在问题提出了相应的建议与策略。

4.5.1　存在的问题

1. 耕地面积不断减少且分布不均，农业生产基础不稳

尼泊尔耕地资源不断减少，到 2020 年耕地面积只占全国土地资源总量的约 28%，耕地资源较为紧张；且分布不均，西部低山丘陵地和西南部平原地区耕地较多，有成片的耕地资源分布，北部山地地区和东部高地地区耕地资源较少，只有零星的耕地分布。受人口增长和耕地面积持续下降的影响，人均耕地面积也在不断下降，农业生产的耕地基础正在快速薄弱化，这将给农业生产特别是食物供应造成深远影响。

2. 土地资源承载力差异明显，土地生产能力不均衡

耕地资源分布不均的影响导致各区和县的土地资源承载力水平差距较大，且总的承载力水平分布状态与地均承载力分布状态也有较大差别。特莱平原区和中部山区整体气候条件较好，土地承载力较高，土地生产力较强，承载压力也相对较小；而北部高山区受地形和气候的影响，土地生产能力较弱，土地承载力较小，承载压力也较大。

3. 食物消费状况不佳，营养素来源较单一

近 20 年来，尼泊尔的饮食结构一直比较稳定，以粮食为主要热量来源，占比超过60%。食物消费以植物性产品为主，粮食消费在整个膳食消费中占据绝对位置，尼泊尔人民的营养摄入相对简单，肉奶类等优质蛋白质供给比较少，营养素来源相对单一。从人体生理需求和健康发展来看，未来尼泊尔面临着提高非谷物供给能力、改善食物供给结构、增加肉蛋奶供给比例等多重问题。

4. 农业生产投入不足，农业科技相对落后

粮食生产的增长主要依靠种植面积的扩大，同时也取决于农业科技的投入和农业生产技术的应用，如优良品种、杀虫剂、农业机械以及灌溉技术的使用，这些都需要大量的资金投入。但目前尼泊尔对农业的投入不足，农业灌溉基础设施（农田水利、气象预报、农业防护林设施） 滞后，严重地影响了尼泊尔农业生产发展。农业科技落后，缺乏系统的农业科技咨询服务，难以应对植物病虫害肆虐，严重影响了农业丰收。

4.5.2 提升策略与增强路径

1. 保证耕地数量质量，发展现代农业生产

根据土地利用变化情况，结合土地承载力时间变化分析可以看出，耕地面积的增加直接影响土地承载力的变化，所以适当地增加耕地面积、提高耕地质量可以有效增强土地资源承载力（李富佳等，2016）。从发展现状看，一方面，尼泊尔耕种地、森林、草场等农业资源的开发利用率均不高，还有大量可开发余地，因此尼泊尔土地生产开发的潜力巨大。另一方面，尼泊尔生态环境尚未破坏，农业污染少，因此在尼泊尔发展现代生态农业，拓展绿色现代农业市场具有潜在优势。

2. 发挥资源优势，加强科技投入

尼泊尔拥有丰富的农林资源，自然气候特殊，使本国可以在土地上种植各种农作物。此外，尼泊尔拥有充沛的水量、适宜的温度，对树木等的生长提供了适宜的条件。尼泊尔拥有大量的平原和盆地，平原土地平整，易于耕作，所以发挥得天独厚的资源优势至关重要，而科技对于生产力的发展能够发挥重要作用，所以要提升技术，为农业的发展注入活力。例如，兴修电力水利工程，加强农田水利建设，这样才可以更好地发挥土地资源的生产能力，为发展提供更多的保障。

3. 优化食物生产结构，改善营养摄入水平

食物消费关乎人体生理健康和土地资源承载力压力，尼泊尔仍处于高谷物的食物发展阶段，膳食营养来源结构单一，脂肪摄入严重不足。生产从根本上决定了食物消费水平和消费结构，改善食物消费状况需要从优化食物生产入手。在提高农产品供给总量的前提下，优化农产品种植结构，尤其是增加蔬菜、油料和肉蛋奶等动物性产品生产，改善短缺食物供给能力，优化营养素来源结构，提高动物性优质蛋白和脂肪供给水平，从而实现食物消费结构优化、营养摄入水平改善和营养摄入结构多元化。

4. 加强基础设施建设，开展农业国际合作

随着尼泊尔国民经济的增长，尼泊尔的基础设施建设得以逐渐完善起来。相对来说城镇的设施更加完善，平原地区的发展也明显优于山区。然而，很多地方的农业基础设施条件依然薄弱，尤其是在偏远山区。因此，尼泊尔政府要加强农田水利建设。农业对外合作是发展农业技术、提供农业生产能力、改善土地资源承载力的重要举措，这种作用在全球化背景下更加凸显。中国与尼泊尔均为农业大国，在“一带一路”倡议下，双方在农业生产方面具有合适的合作基础和广泛的合作需求。一方面，中国在杂交水稻领域占据全球领先地位，尼泊尔是以稻米为主食的人口大国，在改良水稻种子、提高产量方面具有迫切需求，双方可以加强以良种为代表的种子、农业机械、农药化肥领域的合作。另一方面尼泊尔和中国可以在种植管理体系建设、田间管理技术等方面加强学习和交流，提高食物生产管理水平和劳动生产技能。

参考文献

封志明. 1994. 土地承载力研究的过去、现在与未来. 中国土地科学, 8(3): 1-9.

封志明, 杨艳昭, 闫慧敏, 等. 2017. 百年来的资源环境承载力研究: 从理论到实践. 资源科学, 39(3): 379-395.

何昌垂. 2013. 粮食安全: 世纪挑战与应对. 北京: 社会科学文献出版社.

李富佳, 董锁成, 原琳娜, 等. 2016. “一带一路”农业战略格局及对策. 中国科学院院刊, 31(6): 678-688.

唐华俊, 李哲敏. 2012. 基于中国居民平衡膳食模式的人均粮食需求量研究. 中国农业科学, 45(11): 2315-2327.

中国中长期食物发展战略研究组. 1991. 中国中长期食物发展战略研究. 北京: 农业出版社.

第 5 章　水资源承载力评价与区域调控策略

本章利用尼泊尔遥感数据和统计资料，对尼泊尔水资源在供给侧（水资源可利用量）和需求侧（用水量）两个角度进行分析和评价，计算尼泊尔水资源可利用量、用水量等；在此基础上，建立水资源承载力评估模型，对尼泊尔全国、分区和分县不同尺度的水资源承载力及承载状态进行评价；最后，对不同未来技术情景下水资源承载力进行分析，实现对尼泊尔水资源安全风险预警，并根据尼泊尔主要存在的水资源问题提出相应的水资源承载力增强和调控策略。

5.1　水资源基础及其供给能力

本节从水资源供给端对尼泊尔水资源基础和供给能力进行分析和评价，是对尼泊尔水资源本底状况的认识，包括尼泊尔的主要河流水系的介绍，水资源承载力评价的分区，降水量、水资源量、水资源可利用量等数量的评价和分析。本节用到的降水数据来源于 MSWEP v2 降水数据集（Beck et al.，2017）；水资源量的数据是根据 Yan 等（2019）中的方法计算所得；水资源可利用量是根据当地的经济和技术发展水平、生态环境需水量、汛期不可利用水资源量等进行推算得到的。

5.1.1　河流水系与分区

尼泊尔拥有大小河流 6000 余条，总长度 4.5 万 km，自北向南经印度汇入恒河流域。尼泊尔境内河流多湍急，部分发源于中国西藏，向南注入印度恒河的各大支流。

根据河流分布，尼泊尔主要有三大水系，由东向西依次为戈西河、甘达基河（那拉雅尼河）及加格拉河（格尔纳利河）；另外在东南端有一小块地区属于默哈嫩达河水系。

戈西河在尼泊尔境内又称为“沙普塔戈西河”（Sapta Koshi，意指七条戈西河），因为它在尼泊尔东部的喜马拉雅山区有七条主要支流：印得拉瓦地河（Indravati River）、逊科西河（Sun Kosi River）、塔马科西河、里库河、都得科西河、阿龙河及塔穆尔河（Tamur River）。阿龙河发源于西藏境内，离尼泊尔北部边界约 150km。逊科西河的一条支流波特科西河也发源于西藏境内，沿着连结加德满都与拉萨的阿尼哥公路（Araniko Highway）南流。

甘达基河在尼泊尔境内称为“那拉雅尼河”，也称为“沙普塔甘达基河”（Sapta Gandaki，意指七条甘达基河），因为它在尼泊尔中部的喜马拉雅山区也有七条主要支流：

卡里甘达基河、特里苏里河（Trisuli River），以及特里苏里河的五条支流，包括塞蒂河（Seti Gandaki River）、马蒂河、马沙阳蒂河、达劳蒂河及布利河。

加格拉河干流上游在尼泊尔境内称为“格尔纳利河”（又译卡拿里河），加格拉河的另一支流夏达河为尼泊尔与印度的西侧边界。

这些河流水流湍急，落差很大，虽然航运价值不大，但蕴藏着极丰富的水力资源。雨季山洪暴发，南部平原易遭水灾。

尼泊尔国土面积为 14.72 万 km^2，根据尼泊尔的地形，全国分为三个主要地理区域：北部高山区、中部山区和特莱平原区。本章以县为评价基本单元，并对尼泊尔三个区和全国进行水资源承载力评价。

5.1.2　水资源数量

本小节对尼泊尔降水量、径流量、水资源量、水资源可利用量时空分布进行评价，厘清尼泊尔水资源基础和供给能力，是开展尼泊尔水资源承载力评价的关键基础和重要内容。

1. 降水

1）降水充沛，东部地区降水多

尼泊尔是一个位于喜马拉雅山南坡的内陆国家，海拔高差较大，分为北部高山气候、中部温带气候和南部亚热带季风气候。全国年平均降水量是 2060.8mm。如图 5-1 所示，尼泊尔降水空间差异较大，北部降水较少，东南部降水较多。表 5-1 是对尼泊尔各分区和全国多年平均降水量进行的统计，中部山区降水较多，多年平均降水量达 2410.9mm；北部高山区和特莱平原区平均降水量接近，分别为 1804.5mm 和 1820.0mm。从县级尺度

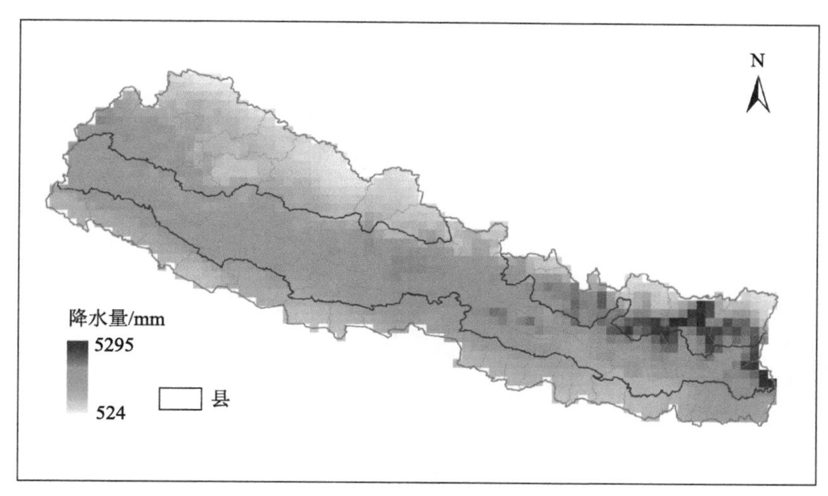

图 5-1　尼泊尔多年平均降水量分布

根据 MSWEP 降水数据处理得到，http://www.gloh2o.org/mswep/

表 5-1　尼泊尔全国及分区多年平均降水量

分区	降水量	
	深度/mm	体积/亿 m^3
北部高山区	1804.5	935.0
中部山区	2410.9	1479.0
特莱平原区	1820.0	619.2
尼泊尔	2060.8	3033.2

上看，降水量最多的县为中部山区东部的伊拉姆、潘奇达尔、特拉图木、奥卡尔东加和北部高山区的桑库瓦萨巴，降水量超过 3000mm；降水量最少的县为北部高山区的木斯塘、多尔帕、呼姆拉、马南和穆古，年均降水量在 1000～1200mm。

2）季节差异明显，雨季降水占比高达 89%

尼泊尔气候属于季风性气候，可以分为雨季（4～9 月）和旱季（10 月至次年 3 月），受西南季风的影响，降水主要集中在雨季，枯季降水较少（图 5-2）。尼泊尔雨季降水量可达全年降水量的 89%。全国平均看，7 月降水最多，月均降水量为 613.6mm，11 月降水最少，月均降水量仅为 10.2mm。从三个分区看（表 5-2 和图 5-3），中部山区最高月降水量超过 700mm。季节差异最大的分区为特莱平原区，雨季降水达 93%，而季节差异较小的北部高山区，雨季降水占比也高达 85%。降水年内分布和时空分布不均，在季风气候的影响之下降水量多的地区时常发生洪水灾害，对社会经济造成危害。尼泊尔大多河道狭窄，位于山体之间，山体滑坡很容易堵塞河道，形成局地洪水泛滥。此外，在喜马拉雅山脉，由于气候变化的影响，该区脆弱性不断加剧，夏季径流增大，从而导致洪灾频发。

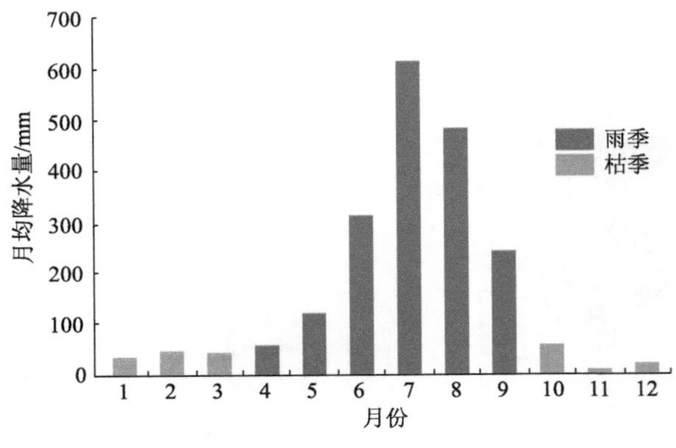

图 5-2　尼泊尔降水年内分布

表 5-2　尼泊尔全国及分区多年平均月均降水量　（单位：mm）

分区	月均降水量											
	1 月	2 月	3 月	4 月	5 月	6 月	7 月	8 月	9 月	10 月	11 月	12 月
北部高山区	50.6	66.5	66.1	74.1	129.6	243.4	500.8	398.7	180.2	53.1	12.6	28.9

续表

分区	月均降水量											
	1 月	2 月	3 月	4 月	5 月	6 月	7 月	8 月	9 月	10 月	11 月	12 月
中部山区	35.8	46.4	42.6	66.8	142.7	389.5	723.6	570.1	292.5	68.1	10.7	22.1
特莱平原区	21.1	25.4	19.4	29.0	77.9	283.8	586.9	453.8	253.2	50.9	5.6	13.0
尼泊尔	37.6	48.6	45.5	60.6	123.1	313.6	613.6	482.9	243.9	58.9	10.2	22.4

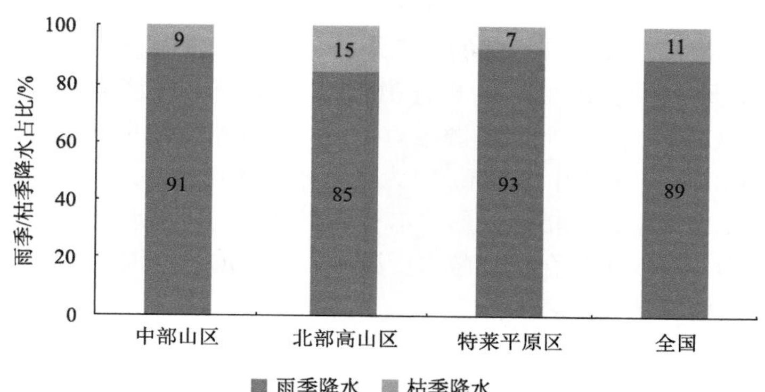

图 5-3　尼泊尔全国及各分区雨季降水和枯季降水所占比例

2. 水资源量

地表水资源量是指河流、湖泊等地表水体中由当地降水形成的、可以逐年更新的动态水量，用天然河川径流量表示。浅层地下水是指赋存于地面以下饱水带岩土空隙中参与水循环的、和大气降水及当地地表水有直接补排关系且可以逐年更新的动态重力水。水资源总量由两部分组成：第一部分为河川径流量，即地表水资源量；第二部分为降水入渗补给地下水而未通过河川基流排泄的水量，即地下水与地表水资源计算之间的不重复计算水量。一般来说，不重复计算水量占水资源总量的比例较少，加之地下水资源量测算较为复杂且精度难以保证，因此本书在统计尼泊尔水资源量时，忽略地下水与地表水资源的不重复计算水量。

1）水资源丰富

尼泊尔有着极为丰富的水资源，境内有 6000 多条河流，跨国界河流的流域总面积约 19.4 万 km^2，其中 76%在尼泊尔境内，这些河流最终都汇入恒河干流。尽管恒河的流域面积仅有 14%在尼泊尔境内，但是尼泊尔河流注入恒河的径流量却占恒河全部径流量的 41%，在枯水期则占 71%。

由于尼泊尔降水充沛，全国平均产水系数为 0.46，水资源量也较多，为 1401.2 亿 m^3。图 5-4 表示 10km×10km（即 100km^2 面积）空间精度的水资源量分布，尼泊尔水资源空间分布不均，东部和中部地区水资源较为丰富，西部和北部地区水资源较少。三个分区中，中部山区产水系数相对较高，为 0.50，北部高山区和特莱平原区产水系数分别为 0.44 和 0.41。中部山区、北部高山区和特莱平原区水资源量分别为 736.7 亿 m^3、411.2 亿 m^3

和 253.3 亿 m^3。分县来看，中部的帕尔巴特、卡斯基、塔纳胡、帕尔帕和萨尔亚产水系数较高，产水系数均超过 0.60；特莱平原区的锡拉哈、班凯、马霍塔里、萨拉希、卡皮尔瓦斯图和当格产水系数较低，产水系数在 0.27～0.35。

从人均水资源量看，尼泊尔人均水资源量为 4562m^3；人均水资源量区域差异较大，北部高山区人均水资源量高达 24010m^3；特莱平原区人均水资源量仅为 1560m^3。从县级尺度看，人均水资源量最高的几个县都位于北部高山区，如马南、木斯塘、多尔帕人均水资源量分别高达 21.4 万 m^3、10.0 万 m^3 和 9.5 万 m^3；人均水资源量超过 1 万 m^3 的县有 29 个。首都加德满都和与其相邻的巴克塔普尔人均水资源量最低，分别为 13m^3 和 385m^3；人均水资源量不足 1000m^3 的县有 10 个，主要分布在特莱平原区和中部山区。根据 Falkenmark（1989）定义的水资源压力指数，人均水资源量低于 1700m^3 时为轻微水资源压力，人均水资源量小于 1000m^3 时为中等水资源压力，人均水资源量小于 500m^3 时为严重水资源压力。根据该指标，尼泊尔有 2 个县存在严重水资源压力，有 8 个县存在中等水资源压力，有 5 个县存在轻微水资源压力。尼泊尔全国及各分区产水系数、水资源量和人均水资源量信息见表 5-3。

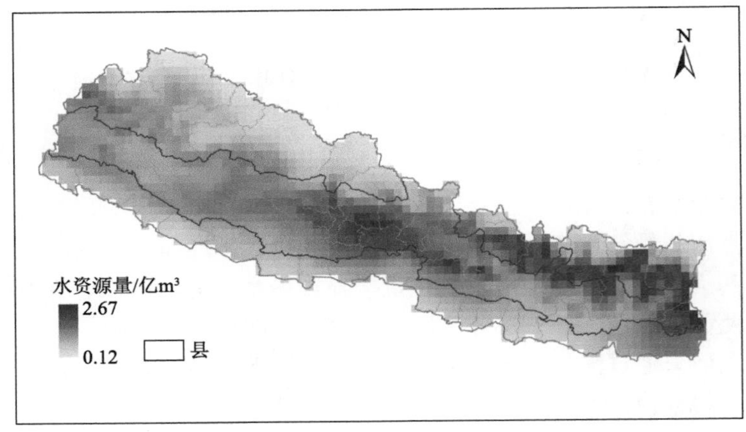

图 5-4　尼泊尔水资源量分布

表 5-3　尼泊尔全国及分区产水系数、水资源量和人均水资源量

分区	产水系数	水资源量/亿 m^3	人均水资源量/m^3
北部高山区	0.44	411.2	24010
中部山区	0.50	736.7	5773
特莱平原区	0.41	253.3	1560
尼泊尔	0.46	1401.2	4562

2）水能资源丰富，水电开发潜力巨大

尼泊尔境内地势陡峭，海拔落差加上充足的雪山融水和丰沛的降水量使尼泊尔拥有巨大的水力发电潜力。据估计，尼泊尔水能资源理论蕴藏量为 8329 万 kW，相当于加拿大、

美国和墨西哥三国已拥有的水能发电量的总和，其中技术经济可开发量为 4213 万 kW。

环球印象撰写并发布的《尼泊尔投资环境及风险分析报告》数据显示，截至 2018 年 1 月，尼泊尔已建电站 73 座（装机容量在 0.1 万 kW 以上），装机总量 99.55 万 kW，仅占技术经济可开发利用量的 2%左右。其次，大部分水电项目位于尼泊尔中部地区，多集中在水电蕴藏量丰富的甘达基河与萨普塔柯西河流域，装机规模均较小，其中卡利甘达基电站规模最大，但装机容量也仅为 14.4 万 kW，其余电站都不足 10 万 kW。此外，2000 年前的已建电站基本都由尼泊尔电力局建设完成；2001 年以后尼泊尔发布了新的水电开发政策，政府鼓励私营企业广泛参与水电开发，项目建设单位百花齐放，多种多样。对这些河流的合理开发及利用将对防洪防涝、农业灌溉以及工农业发电极为有利。

3. 水资源可利用量

地表水资源可利用量是指在可预见的时期内，在统筹考虑河道内生态环境和其他用水的基础上，通过经济合理、技术可行的措施，可供河道外生活、生产、生态用水的一次性最大水量（不包括回归水的重复利用）。

1）水资源可利用率较低

尼泊尔水资源丰富，水量较大，但由于降水主要发生在雨季，汛期洪水难以利用，加之经济发展水平、工程调蓄能力的限制，因此水资源可利用率不高。尼泊尔平均水资源可利用率为 45.4%（表 5-4）。三个分区水资源可利用率差别很小，中部山区、北部高山区和特莱平原区水资源可利用率分别为 45.5%、45.1%和 45.6%。尼泊尔中部地区水资源可利用率相对较高，水资源可利用率超过 45%。分县看，中部山区的伊拉姆、潘奇达尔和丹库塔水资源可利用率较低，北部高山区的木斯塘和多尔帕相对较高。

表 5-4　尼泊尔全国及分区水资源可利用量

分区	水资源可利用率/%	水资源可利用量/亿 m^3
北部高山区	45.1	185.4
中部山区	45.5	335.2
特莱平原区	45.6	115.4
尼泊尔	45.4	636.0

2）水资源可利用量分布不均

尼泊尔水资源可利用量为 636.0 亿 m^3，中部山区、北部高山区和特莱平原区水资源可利用量分别为 335.2 亿 m^3、185.4 亿 m^3 和 115.4 亿 m^3。图 5-5 表示 10 km×10 km（即 100km^2 面积）空间精度的水资源可利用量空间分布，中部山区中部和东部、北部高山区东部水资源可利用量较高，北部高山区西部和特莱平原区水资源可利用量较低。从县级尺度看，巴克塔普尔和加德满都水资源可利用量最少，分别为 0.6 亿 m^3 和 1.8 亿 m^3，因为这两个县面积较小；其次为锡拉哈和马霍塔里，水资源可利用量分别为 1.8 亿 m^3 和 2.0 亿 m^3，与这两个县水资源量较少有关。水资源可利用量最多的县为桑库瓦萨巴和多尔帕，水资源可利用量为 20.4 亿 m^3 和 19.4 亿 m^3，这与它们的面积较大有关。

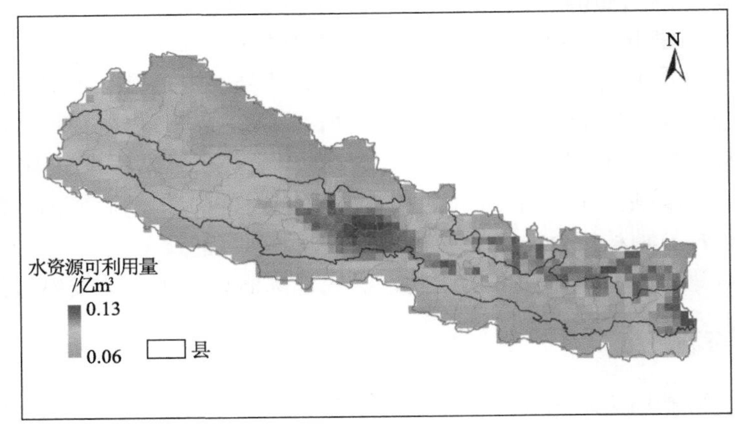

图 5-5　尼泊尔水资源可利用量分布

5.2　水资源开发利用及其消耗

本节从水资源消耗端对尼泊尔的水资源开发利用进行计算、分析和评价，主要包括尼泊尔总用水量和行业用水量的变化态势分析、用水水平的演化及评价以及水资源开发利用程度的计算和分析。尼泊尔总用水和行业用水数据来源于世界资源研究所，各个省的用水是根据相关因子在各省所占的比例分配到各个省中。农业用水使用农业灌溉面积作为相关因子，数据使用 FAO 的全球灌溉面积分布图（GMIA v5）（Siebert et al.，2013）；工业用水使用夜间灯光指数作为相关因子，数据来源于 DMSP-OLS 数据（NOAA，2014）；生活用水则根据人口分布进行估算，人口数据来源于哥伦比亚大学的 GPW v4 人口分布数据（CIESIN et al.，2016）。

5.2.1　用水量

用水量指分配给用户的包括输水损失在内的毛用水量，按国民经济和社会各用水户统计，分为农业用水、工业用水和生活用水三大类。本小节对总用水量和行业用水量进行分析。

1. 总用水量先快速上升后平稳下降

2000～2015 年，尼泊尔总用水量呈先快速上升后平稳下降的趋势（表 5-5）。2000 年、2005 年、2010 年和 2015 年的尼泊尔总用水量分别为 94.61 亿 m^3、107.52 亿 m^3、104.47 亿 m^3、96.93 亿 m^3。尼泊尔作为一个农业国家，以农业为主，农业用水所占比重较高，2015 年农业用水占总用水量的 95.42%；其次是生活用水，占总用水量的 3.76%；工业用水量占比最少，占 0.82%。2015 年尼泊尔总用水量 96.93 亿 m^3，其中农业用水 92.49 亿 m^3。

分区看，中部山区用水量呈上升趋势，用水量由 2000 年的 3.15 亿 m^3 逐步增长到 3.55 亿 m^3。北部高山区和特莱平原区用水量呈先快速上升后逐步下降的趋势，北部高山区由 2000 年的 36.54 亿 m^3 增长到 2005 年的 40.14 亿 m^3，然后逐步下降到 2015 年的 37.64 亿 m^3；特莱平原区由 2000 年的 54.92 亿 m^3 增长到 2005 年的 63.99 亿 m^3，然后逐步下降到 2015 年的 55.74 亿 m^3。

从用水增长率看，2000～2015 年全国总用水量增长了 2.45%，其中中部山区增长率最高，用水量增长了 12.70%，北部高山区和特莱平原区分别增长了 3.01%和 1.49%。

表 5-5　尼泊尔全国及分区用水量及变化　（单位：亿 m^3）

分区	用水量			
	2000 年	2005 年	2010 年	2015 年
北部高山区	36.54	40.14	39.53	37.64
中部山区	3.15	3.39	3.53	3.55
特莱平原区	54.92	63.99	61.41	55.74
尼泊尔	94.61	107.52	104.47	96.93

2. 农业用水先快速上升后平稳下降

尼泊尔农业用水量占比非常高，2015 年农业用水量为 92.50 亿 m^3，占比 95.42%（表 5-6）。2000～2015 年，农业用水及其所占比例均呈先快速增加后平稳下降的态势，2000～2005 年，农业用水占比由 96.05%上升到 96.61%，之后缓慢降低到 2015 年的 95.42%。

分区看，中部山区农业用水量缓慢上升，总用水量由 2000 年的 2.88 亿 m^3 逐步增长到 2015 年的 3.31 亿 m^3。北部高山区和特莱平原区农业用水呈先快速上升后缓慢下降的趋势，北部高山区由 2000 年的 35.41 亿 m^3 增长到 2005 年的 39.26 亿 m^3，然后逐步下降到 2015 年的 36.65 亿 m^3；特莱平原区由 2000 年的 52.56 亿 m^3 增长到 2005 年的 61.45 亿 m^3，然后逐步下降到 2015 年的 52.54 亿 m^3。

农业用水占比角度，尼泊尔 2015 年占比 95.42%，中部山区、北部高山区和特莱平原区 2015 年农业用水占比分别为 93.01%、97.35%和 94.26%。

表 5-6　尼泊尔全国及分区农业用水量及其占比

分区	农业用水量/亿 m^3				农业用水占比/%			
	2000 年	2005 年	2010 年	2015 年	2000 年	2005 年	2010 年	2015 年
中部山区	2.88	3.16	3.29	3.31	91.66	93.29	93.43	93.01
北部高山区	35.41	39.26	38.64	36.65	96.93	97.82	97.74	97.35
特莱平原区	52.56	61.45	58.48	52.54	95.71	96.03	95.23	94.26
尼泊尔	90.85	103.87	100.41	92.50	96.05	96.61	96.12	95.42

3. 工业用水呈缓慢上升态势

尼泊尔全国工业用水均呈缓慢上升的态势（表 5-7），全国工业用水量由 2000 年的 0.57 亿 m^3 缓慢上升到 2015 年的 0.80 亿 m^3，上升了 40.35%。北部高山区工业用水量先下降后缓慢上升，特莱平原区工业用水缓慢上升。2000～2015 年，中部山区、北部高山区和特莱平原区工业用水增长率分别为 16.67%、–6.25%和 65.71%。

用水结构中，工业用水占比最小，2015 年尼泊尔工业用水占比仅 0.82%。中部山区、北部高山区和特莱平原区 2015 年工业用水占比分别为 1.87%、0.40%和 1.04%。

表 5-7 尼泊尔全国及分区工业用水量及其占比

分区	工业用水量/亿 m^3				工业用水占比/%			
	2000 年	2005 年	2010 年	2015 年	2000 年	2005 年	2010 年	2015 年
北部高山区	0.16	0.13	0.13	0.15	0.44	0.32	0.34	0.40
中部山区	0.06	0.06	0.06	0.07	2.03	1.76	1.77	1.87
特莱平原区	0.35	0.42	0.52	0.58	0.63	0.65	0.84	1.04
尼泊尔	0.57	0.61	0.71	0.80	0.60	0.56	0.69	0.82

4. 生活用水先下降后上升

尼泊尔全国生活用水量呈先下降后缓慢上升态势（表 5-8），全国生活用水量由 2000 年的 3.17 亿 m^3 上升到 2015 年的 3.65 亿 m^3。中部山区和北部高山区生活用水量先下降后缓慢上升，特莱平原区生活用水量缓慢上升。2000～2015 年，中部山区、北部高山区和特莱平原区生活用水增长率分别为–10%、–11.46%和 30.35%。

生活用水占比角度，2015 年尼泊尔生活用水占比为 3.76%，中部山区、北部高山区和特莱平原区生活用水占比分别仅为 5.12%、2.25%和 4.70%。

表 5-8 尼泊尔全国及分区生活用水量及其比重

分区	生活用水量/亿 m^3				生活用水占比/%			
	2000 年	2005 年	2010 年	2015 年	2000 年	2005 年	2010 年	2015 年
北部高山区	0.96	0.75	0.76	0.85	2.64	1.86	1.92	2.25
中部山区	0.20	0.17	0.17	0.18	6.31	4.95	4.80	5.12
特莱平原区	2.01	2.12	2.41	2.62	3.66	3.32	3.92	4.70
尼泊尔	3.17	3.04	3.34	3.65	3.35	2.83	3.19	3.76

5.2.2 用水水平

人均综合用水量是衡量一个地区综合用水水平的重要指标，受当地气候、人口密度、经济结构、作物组成、用水习惯、节水水平等众多因素影响。

以人均综合用水量作为评估用水效率的指标，尼泊尔用水效率在 2005 年前略有下降，之后显著提升，人均综合用水量先上升后下降，人均综合用水量由 2000 年的 407m^3 上升到 2005 年的 456 m^3，然后下降到 2015 年的 316m^3（表 5-9）。2015 年中部山区、北部高山区和特莱平原区人均综合用水量分别为 207m^3、295m^3 和 343m^3。

表 5-9　尼泊尔全国及分区人均综合用水量及其变化　（单位：m^3）

分区	人均综合用水量			
	2000 年	2005 年	2010 年	2015 年
北部高山区	327	372	353	295
中部山区	111	161	194	207
特莱平原区	594	600	481	343
尼泊尔	407	456	405	316

5.2.3　水资源开发利用程度

水资源开发利用率指供水量占水资源量的百分比，该指标主要用于反映和评价区域内水资源总量的控制利用情况。

从水资源开发利用角度，如表 5-10 所示，尼泊尔水资源开发利用率较低，2015 年水资源开发利用率仅为 6.92%。中部山区水资源开发利用率最低，仅为 0.48%，北部高山区和特莱平原区水资源开发利用率分别为 9.15%和 22.01%。

表 5-10　尼泊尔全国及分区 2015 年水资源开发利用状况

分区	水资源量/亿 m^3	用水量/亿 m^3	水资源开发利用率/%
北部高山区	411.2	37.64	9.15
中部山区	736.7	3.55	0.48
特莱平原区	253.3	55.74	22.01
尼泊尔	1401.2	96.93	6.92

5.3　水资源承载力与承载状态

本节根据水资源承载力核算方法，计算尼泊尔各省水资源承载人口，并根据现状人口计算水资源承载指数，最后根据水资源承载指数判断尼泊尔各省的承载状态。本节主要用的数据包括水资源可利用量和用水量，数据来源和计算方法参见前两节，人均生活用水量、人均 GDP 和千美元 GDP 用水将世界不同地区平均标准作为基准，人均生活用水量基准根据 FAO AQUASTAT 各国生活用水计算得到；人均 GDP 根据世界银行 GDP 数据计算得到。

5.3.1 水资源承载力

水资源承载力的计算实际上是一个优化问题，即在一定的水资源可利用量、用水技术水平、福利水平等约束条件下，求满足条件的最大人口数量。

2020 年尼泊尔实际人口为 2913.7 万人，现状条件下尼泊尔可承载人口约为 1.71 亿人，是现状人口的 5.9 倍，水资源承载密度为 1163 人/km^2（表 5-11）。

分区来看，北部高山区和中部山区水资源承载力和承载密度较高，特莱平原区水资源承载力和承载密度则非常低。北部高山区和中部山区承载人口均超过 8000 万人，承载密度分别为 1637 人/km^2 和 1316 人/km^2；特莱平原区承载人口仅有 559.8 万人，承载密度仅为 165 人/km^2（表 5-11）。特莱平原区承载力低的原因与当地可利用水资源量相对较低、人均综合用水量较高有关。

表 5-11　尼泊尔全国及各分区水资源承载力

分区	承载人口/万人	承载密度/（人/km^2）	2020 年人口/万人
北部高山区	8481.6	1637	145.6
中部山区	8075.3	1316	1306.7
特莱平原区	559.8	165	1461.4
尼泊尔	17116.7	1163	2913.7

从图 5-6 来看，水资源承载力较高的县主要分布在北部高山区和中部山区，水资源承载力较弱的县分布在中部山区东部和特莱平原区。北部高山区的索卢昆布、中部山区的加德满都，以及其邻近的县如中部山区的巴克塔普尔和拉利德普尔水资源承载力都较强，

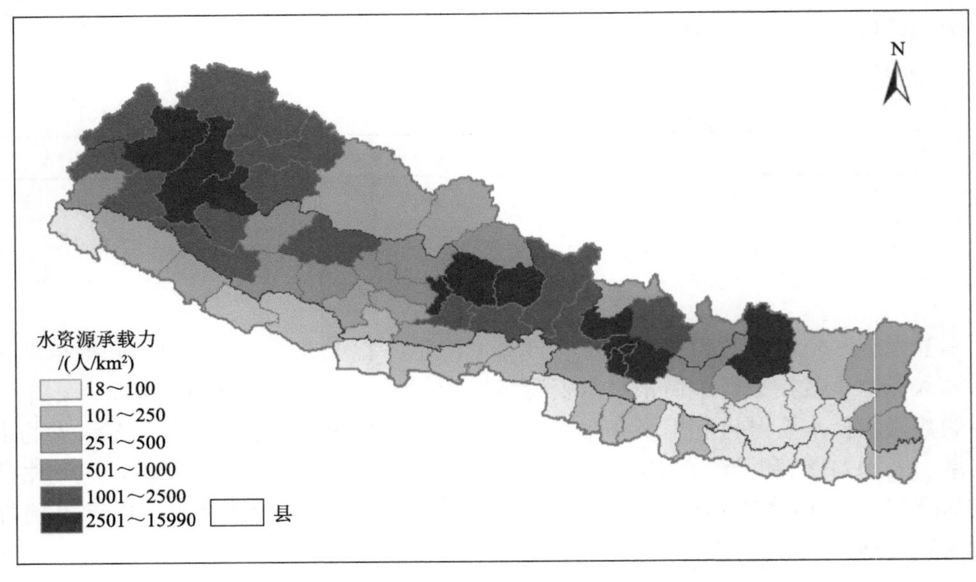

图 5-6　尼泊尔水资源承载力

主要原因是这些地方用水效率高；中部山区东部的乌代普尔、丹库塔、博季普尔、科塘和特莱平原区的萨普塔里、孙萨里水资源承载力较弱，与这些县的用水效率过低有关。

尼泊尔 75 个县水资源承载力地域差异明显。以 2020 年尼泊尔所有县的水资源承载密度中位数 406 人/km^2 为参考标准，上下浮动 50%，将 75 个县划分成水资源承载力相对较强（>609 人/km^2）、中等（203～609 人/km^2）和较弱（<203 人/km^2）三种类型。

尼泊尔水资源承载力较强的县有 34 个，主要位于北部高山区和中部山区，北部高山区的县有 11 个，中部山区的县有 23 个（表 5-12）。其中，北部高山区的卡里科特、中部山区的帕尔巴特和巴克塔普尔水资源承载密度处于极高水平，水资源承载密度分别为 15990 人/km^2、7786 人/km^2 和 7091 人/km^2，各县对应的承载人口分别为 2783.9 万人、384.6 万人和 84.4 万人。这些县水资源量相对丰富，而人均综合用水则很低，水资源承载力和承载密度都很高。

表 5-12　水资源承载力较强县统计信息

区	县	承载人口/万人	承载密度/（人/km^2）	2020 年人口/万人
北部高山区	卡里科特	2783.9	15990	9.4
中部山区	帕尔巴特	384.6	7786	10.0
中部山区	巴克塔普尔	84.4	7091	30.9
中部山区	卡夫雷帕兰乔克	637.0	4563	28.8
中部山区	拉利德普尔	173.5	4506	48.7
中部山区	努瓦科特	475.1	4239	20.8
中部山区	卡斯基	842.3	4176	38.9
中部山区	阿查姆	596.9	3553	22.0
中部山区	加德满都	140.1	3548	532.1
北部高山区	巴章	1055.6	3085	17.4
北部高山区	巴朱拉	652.6	2983	12.7
中部山区	拉姆忠	458.8	2711	12.4
北部高山区	索卢昆布	875.6	2644	8.8
中部山区	多蒂	424.8	2098	16.7
中部山区	廓尔喀	721.2	1998	19.9
中部山区	塔纳胡	308.7	1997	25.6
中部山区	代累克	294.4	1960	23.2
北部高山区	久木拉	463.1	1830	10.1
中部山区	拜塔迪	222.4	1464	20.7
北部高山区	穆古	488.2	1381	5.3
中部山区	达丁	265.4	1378	25.9
中部山区	苏尔克特	307.3	1254	25.4
北部高山区	辛杜帕尔乔克	318.7	1254	22.9

续表

区	县	承载人口/万人	承载密度/（人/km²）	2020年人口/万人
北部高山区	达尔丘拉	268.8	1158	11.2
中部山区	鲁孔	326.2	1134	17.7
中部山区	西扬加	121.0	1040	22.4
北部高山区	呼姆拉	574.5	1016	4.8
北部高山区	多拉卡	195.2	891	13.3
北部高山区	马南	190.9	850	0.4
中部山区	巴格隆	145.8	817	20.8
中部山区	贾贾科特	177.1	794	16.5
中部山区	拉梅查普	119.5	773	15.1
中部山区	米亚格迪	161.3	702	8.8
中部山区	萨尔亚	90.2	617	21.1

尼泊尔水资源承载力中等的县有20个，以中部山区居多，北部高山区的县有4个，中部山区的县有9个，特莱平原区的县有7个，水资源承载密度范围在204～543人/km²（表5-13）。承载人口和承载密度相对较高的县主要位于中部山区和北部高山区，承载人口和承载密度较低的县主要位于特莱平原区。承载人口最多的县为北部高山区的多尔帕，承载人口为278.6万人；承载人口最少的县为特莱平原区的劳塔哈特，承载人口为23.3万人。

表5-13　水资源承载力中等县统计信息

区	县	承载人口/万人	承载密度/（人/km²）	2020年人口/万人
中部山区	达德都拉	83.5	543	12.3
中部山区	罗尔帕	100.9	537	18.5
中部山区	古尔米	54.2	472	20.6
特莱平原区	凯拉利	131.4	406	113.7
中部山区	马克万普尔	87.7	362	34.7
北部高山区	多尔帕	278.6	353	3.5
北部高山区	塔普勒琼	126.6	347	9.4
北部高山区	木斯塘	123.7	346	0.9
中部山区	帕尔帕	47.5	346	19.7
北部高山区	拉苏瓦	49.6	321	3.3
中部山区	伊拉姆	54.5	320	23.0
特莱平原区	巴迪亚	58.8	290	36.5
中部山区	皮乌旦	37.0	283	18.8
中部山区	奥卡尔东加	30.1	280	10.9

续表

区	县	承载人口/万人	承载密度/（人/km²）	2020 年人口/万人
中部山区	潘奇达尔	33.0	266	14.2
特莱平原区	巴拉	26.3	221	64.2
特莱平原区	奇特万	48.2	218	54.1
特莱平原区	劳塔哈特	23.3	207	65.5
特莱平原区	卢潘德希	27.9	205	82.9
特莱平原区	贾帕	32.8	204	73.1

尼泊尔水资源承载力较弱的县有 21 个，主要位于中部山区和特莱平原区，北部高山区的县有 1 个，中部山区的县有 7 个，特莱平原区的县有 13 个（表 5-14）。其中，中部山区的乌代普尔、特莱平原区的孙萨里、中部山区的丹库塔和特莱平原区的萨普塔里水资源承载密度处于极低水平，水资源承载密度分别为 18 人/km^2、30 人/km^2、36 人/km^2 和 37 人/km^2，各县对应的承载人口也很低，分别为 3.8 万人、3.8 万人、3.2 万人和 5.0 万人。这些县水资源可利用量很低，而人均综合用水则却比较高，水资源承载力和承载密度较低。

表 5-14　水资源承载力较弱县统计信息

地区	县区	承载人口/万人	承载密度/（人/km²）	2020 年人口/万人
中部山区	阿尔加坎奇	23.9	200	14.6
特莱平原区	纳瓦尔帕拉西	37.7	174	56.3
特莱平原区	萨拉希	20.7	165	70.9
特莱平原区	班凯	32.8	140	47.3
特莱平原区	达努沙	13.6	115	65.0
特莱平原区	当格	32.8	111	50.3
北部高山区	桑库瓦萨巴	36.1	104	12.3
特莱平原区	坎昌布尔	16.2	100	105.1
特莱平原区	马霍塔里	9.3	92	54.5
中部山区	特拉图木	5.1	76	7.1
中部山区	辛杜利	18.4	74	21.6
特莱平原区	帕尔萨	9.6	71	98.1
特莱平原区	莫朗	13.1	70	84.6
特莱平原区	卡皮尔瓦斯图	11.2	65	64.4
中部山区	科塘	7.5	47	14.4
特莱平原区	锡拉哈	5.6	47	95.6
中部山区	博季普尔	6.8	45	12.8
特莱平原区	萨普塔里	5.0	37	54.9
中部山区	丹库塔	3.2	36	12.5
特莱平原区	孙萨里	3.8	30	124.6
中部山区	乌代普尔	3.8	18	26.9

5.3.2 水资源承载状态

根据水资源承载状态分级标准以及水资源承载状态指数，将水资源承载状态划分为严重超载、超载、临界超载、平衡有余、盈余和富富有余6个状态，其中严重超载和超载为超载状态，临界超载和平衡有余为临界状态，盈余和富富有余为盈余状态。

全国尺度看，尼泊尔水资源承载力呈富富有余状态，水资源承载指数为0.17。北部高山区和中部山区水资源承载力均处于富富有余状态，水资源承载指数分别为0.02和0.16，而特莱平原区则处于严重超载状态，水资源承载指数为2.61（表5-15）。

表5-15 尼泊尔全国及各分区水资源承载状态

分区	承载指数	承载状态
北部高山区	0.02	富富有余
中部山区	0.16	富富有余
特莱平原区	2.61	严重超载
尼泊尔	0.17	富富有余

基于水资源承载指数和状态的分县评价结果表明，尼泊尔分县水资源承载力以盈余状态为主（图5-7）。有50个县水资源承载力为盈余状态，其中48个为富富有余状态；有20个县水资源承载力超载，其中17个县为严重超载；有6个县为临界状态，其中5个县为临界超载。

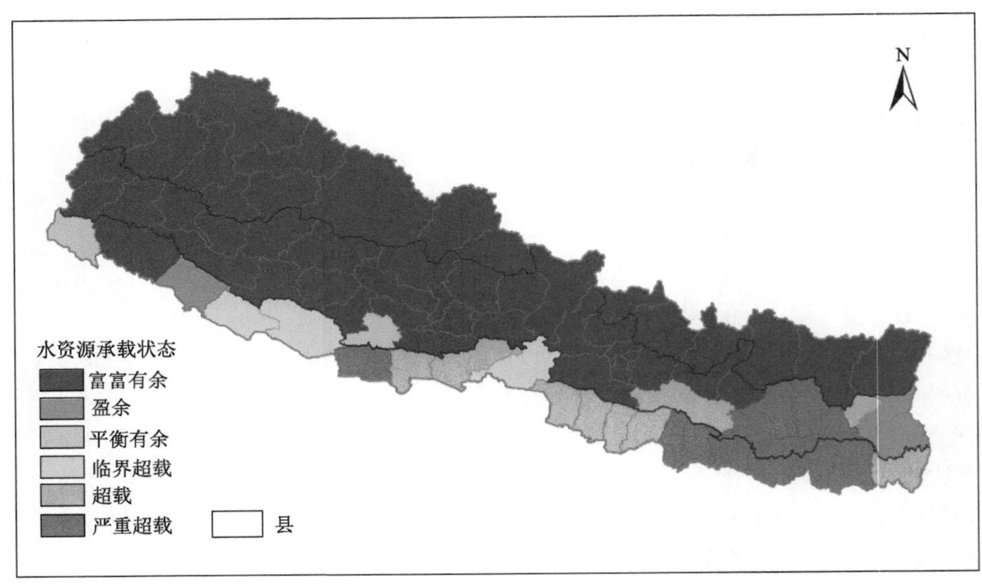

图5-7 尼泊尔水资源承载状态

尼泊尔水资源承载状态为盈余的县有 49 个，主要位于北部高山区和中部山区，北部高山区的县有 16 个，中部山区的县有 32 个，特莱平原区的县有 1 个。特莱平原区的巴迪亚和中部山区的阿尔加坎奇处于盈余状态，其他县均为富富有余状态；北部高山区的卡里特科、马南承载指数接近 0；水资源承载指数小于 0.1 的县有 30 个，水资源非常丰富，承载状态均为富富有余状态（表 5-16）。

表 5-16　水资源盈余状态县

地区	县区	承载指数	承载状态
北部高山区	卡里科特	≈0	富富有余
北部高山区	马南	≈0	富富有余
北部高山区	多尔帕	0.01	富富有余
北部高山区	呼姆拉	0.01	富富有余
北部高山区	木斯塘	0.01	富富有余
北部高山区	穆古	0.01	富富有余
北部高山区	索卢昆布	0.01	富富有余
北部高山区	巴章	0.02	富富有余
北部高山区	巴朱拉	0.02	富富有余
北部高山区	久木拉	0.02	富富有余
中部山区	廓尔喀	0.03	富富有余
中部山区	拉姆忠	0.03	富富有余
中部山区	帕尔巴特	0.03	富富有余
中部山区	阿查姆	0.04	富富有余
北部高山区	达尔丘拉	0.04	富富有余
中部山区	多蒂	0.04	富富有余
中部山区	努瓦科特	0.04	富富有余
中部山区	卡夫雷帕兰乔克	0.05	富富有余
中部山区	卡斯基	0.05	富富有余
中部山区	鲁孔	0.05	富富有余
中部山区	米亚格迪	0.05	富富有余
北部高山区	多拉卡	0.07	富富有余
北部高山区	拉苏瓦	0.07	富富有余
北部高山区	塔普勒琼	0.07	富富有余
北部高山区	辛杜帕尔乔克	0.07	富富有余
中部山区	代累克	0.08	富富有余
中部山区	苏尔克特	0.08	富富有余
中部山区	塔纳胡	0.08	富富有余
中部山区	拜塔迪	0.09	富富有余
中部山区	贾贾科特	0.09	富富有余

续表

地区	县区	承载指数	承载状态
中部山区	达丁	0.1	富富有余
中部山区	拉梅查普	0.13	富富有余
中部山区	巴格隆	0.14	富富有余
中部山区	达德都拉	0.15	富富有余
中部山区	罗尔帕	0.18	富富有余
中部山区	西扬加	0.19	富富有余
中部山区	萨尔亚	0.23	富富有余
中部山区	拉利德普尔	0.28	富富有余
北部高山区	桑库瓦萨巴	0.34	富富有余
中部山区	奥卡尔东加	0.36	富富有余
中部山区	巴克塔普尔	0.37	富富有余
中部山区	古尔米	0.38	富富有余
中部山区	马克万普尔	0.4	富富有余
中部山区	帕尔帕	0.42	富富有余
中部山区	伊拉姆	0.42	富富有余
中部山区	潘奇达尔	0.43	富富有余
中部山区	皮乌旦	0.51	富富有余
中部山区	阿尔加坎奇	0.61	盈余
特莱平原区	巴迪亚	0.62	盈余

尼泊尔水资源承载状态为平衡状态的县有 6 个，北部高山区的县有 1 个，中部山区的县有 1 个，特莱平原区的县有 4 个。其中，特莱平原区的凯拉利为平衡有余状态，其他 5 个县为临界超载状态（表 5-17）。

表 5-17　水资源临界状态县

地区	县区	承载指数	承载状态
特莱平原区	凯拉利	0.87	平衡有余
特莱平原区	奇特万	1.12	临界超载
北部高山区	辛杜利	1.17	临界超载
中部山区	特拉图木	1.39	临界超载
特莱平原区	班凯	1.44	临界超载
特莱平原区	纳瓦尔帕拉西	1.49	临界超载

尼泊尔水资源承载状态为超载状态的县有 20 个，主要位于特莱平原区和中部山区，北部高山区的县有 2 个，中部山区的县有 6 个，特莱平原区的县有 12 个（表 5-18）。特莱平原区的当格和中部山区的博季普尔、科塘处于超载状态，其他县均为严重超载状态。

北部高山区的孙萨里、中部山区的锡拉哈、北部高山区的萨普塔里以及特莱平原区的帕尔萨水资源超载最为严重，水资源承载指数均超过 10。水资源超载的县主要是由于当地水资源可利用量不足，而人均综合用水较高。

表 5-18　水资源超载状态县

地区	县区	承载指数	承载状态
特莱平原区	当格	1.53	超载
中部山区	博季普尔	1.88	超载
中部山区	科塘	1.92	超载
特莱平原区	贾帕	2.23	严重超载
特莱平原区	巴拉	2.44	严重超载
特莱平原区	劳塔哈特	2.81	严重超载
特莱平原区	卢潘德希	2.97	严重超载
特莱平原区	萨拉希	3.42	严重超载
中部山区	加德满都	3.8	严重超载
中部山区	丹库塔	3.92	严重超载
特莱平原区	达努沙	4.79	严重超载
特莱平原区	卡皮尔瓦斯图	5.73	严重超载
特莱平原区	马霍塔里	5.88	严重超载
特莱平原区	莫朗	6.47	严重超载
特莱平原区	坎昌布尔	6.5	严重超载
中部山区	乌代普尔	7.07	严重超载
特莱平原区	帕尔萨	10.22	严重超载
北部高山区	萨普塔里	10.97	严重超载
中部山区	锡拉哈	17.18	严重超载
北部高山区	孙萨里	33.18	严重超载

5.4　未来情景与调控途径

本节根据未来不同的技术情景计算不同情景水资源承载力，判断不同情景下尼泊尔水资源超载风险，从而实现对尼泊尔水资源安全风险预警；随后分析尼泊尔主要存在的水资源问题，并提出相应的水资源承载力增强和调控途径。本节计算未来技术情景下水资源承载力用到的数据来源与前面小节相同。

5.4.1　未来情景分析

尼泊尔水资源非常丰富，当前水资源的开发利用率很低。当前，因为技术和资金不足，没有实现对水资源的充分开发利用。由于人口迁移，仅有部分地区存在水资源短缺现象，整体上不存在水资源承载超载现象。随着经济发展、技术进步，以及寻求国际上的合作，未来尼泊尔的水资源会逐步得到合理开发，为当地社会经济的发展提供支撑。以下分别从水资源与粮食约束条件下分析尼泊尔的水资源承载力情况。

按未来不同情景发展预测，尼泊尔在2030年和2050年不会发生水资源超载，水资源能够支撑尼泊尔经济发展和满足人口增长对用水的需求。

假设水资源可利用量基本维持在现状水平，生活福利水平使用人均GDP表示，用水效率水平使用千美元GDP用水量表示。下文对以下两种未来的技术情景进行模拟评价。

情景1：人均GDP翻倍；千美元GDP用水量减少1/3。

情景2：人均GDP翻两倍；千美元GDP用水量减少2/3。

根据三种不同的人均生活用水标准（60L/d/人、100L/d/人、150L/d/人）分别计算未来技术情景1条件下和未来技术情景2条件下的水资源承载力。

2015年尼泊尔人口为2856万人，总用水量为104.5亿m^3，人均GDP为592美元，用水效率653m^3/千美元。随着技术进步，尼泊尔对水资源的开发利用进一步提高，可利用水资源量会增加。2030年人口达到3500万人，人均GDP为1000美元，随着经济技术水平提高，用水效率将提高到466m^3/千美元，总用水量达163亿m^3，水资源的开发利用率为7.2%，不会产生水资源承载力的超载。2050年人口达4500万人，人均GDP为1600美元，用水效率将提高到400m^3/千美元，总用水量达288亿m^3，水资源的开发利用率为12.6%，所以也不会出现水资源超载现象。

2010年尼泊尔的粮食产量为880万t，人均粮食产量为325kg/人，单方水粮食产量为0.88kg/m^3，预计到2030年人口达到3500万人，人均粮食产量为350kg/人，农业用水量为139亿m^3，预计较2010年农业用水增长38.4%，占2030年总用水量的62%，不会产生超载。预计到2050年人口达到4500万人，人均粮食产量为385 kg/人，农业用水量为197亿m^3，预计占2050年总用水量的68.4%，同样也不会出现超载。

5.4.2 主要问题及调控途径

1. 主要问题

1）局部地区水资源短缺

尼泊尔是一个山地国家，水资源非常丰富，但当前在大部分山区无法直接利用，如集中降落的雨水和冰湖溃决形成的山洪，且山洪水较平原区的洪水严重。当前人口逐渐由山区向平原区搬迁，如很多人搬到了加德满都，人口迁移造成局部平原区水资源出现短缺。除了搬迁，人口增加也加剧了水土资源短缺，如东部的柯西流域。

2）开发利用水资源的技术与资金缺乏

尼泊尔的年水资源丰富，其中潜在的可调蓄水量为 700 亿 m^3。由于缺乏建造、运行和维护大坝的技术经验，尼泊尔尚未开始大规模建造大坝工程。尼泊尔具有巨大的水能开发潜力，但水资源开发的技术力量与资金相对薄弱。自 1911 年第 1 座装机 500kW 的普尔宾（Phurping）电站投运以来，水电开发速度比较缓慢。目前，已开发的水电还不到其资源的 1.5%，主要靠生物燃料（占 89%）即木材来满足其能源需求，然而这样不仅污染环境，而且还会加剧水土流失。

2. 调控途径

1）加强国际合作，引进国外技术与资金

尼泊尔具有丰富的水资源，但由于大坝建设的技术和资金缺乏，当前水资源的开发利用率非常低。因此，可从国际上获得建设资金与技术，实现进一步对水资源的开发与利用。2017 年尼泊尔与中国的三峡集团签订一项 16 亿美元的大型水电站工程。

2）继续寻求与印度合作开发水资源

由于地理位置的特殊关系，水资源对于尼泊尔、印度两国而言都是不可或缺的重要资源。尼泊尔与印度曾开展过一系列水资源开发利用合作，如 20 世纪 50 年代的《柯西河条约》和《甘达基河条约》，20 世纪 90 年代的《马哈卡利条约》，虽然双方在水资源的合作上历程坎坷，争端不断，但从流域综合管理的角度，仍可继续寻求与印度共同开发当地水资源。通过修建大型水利工程，既可以增加上游地区的灌溉与发电效益，又能解决下游地区水资源短缺矛盾，实现尼泊尔和印度在水资源开发方面的利益共赢。

3）加强对水资源的开发利用，提高用水安全

尼泊尔水资源开发利用程度较低、当前水电开发以调蓄能力较弱的径流式电站为主，对水资源的调蓄能力比较弱。尼泊尔已制定了 40 年水利开发规划，确定了约 28 座拟建坝址，包括马哈卡利界河上的 2 座水库，有效总库容估计为 770 亿 m^3，工程建成后将具有灌溉、防洪、发电以及航运等功能，总费用约 400 亿美元，工程所产生的效益可能约 1000 亿美元以上，其中水力发电占 78%，灌溉占 20%，其他用途占 2%。这些水利工程的建设将会显著增强尼泊尔的用水安全，为经济社会发展提供有效保障。

参 考 文 献

Beck H E, Van Dijk A I J M, Levizzani V, et al. 2017. MSWEP: 3-hourly 0.25° global gridded precipitation（1979–2015）by merging gauge, satellite, and reanalysis data. Hydrology and Earth System Sciences, 21(1): 589-615.

CIESIN. 2016. Gridded Population of the World, Version 4（GPW v4）: Administrative Unit Center Points with Population Estimates. https://sedac.ciesin.columbia.edu/data/collection/gpw-v4. [2020-09-20]

Falkenmark M. 1989. The massive water scarcity now threatening Africa: Why isn't it being addressed? Ambio, 18(2): 112-118.

NOAA. 2014. Version 4 DMSP-OLS Nighttime Lights Time Series. https://eogdata.mines.edu/products/dmsp/.

[2020-09-20]

Siebert S, Henrich V, Frenken K, et al. 2013. Update of the Digital Global Map of Irrigation Areas to Version 5. http://www.fao.org/3/I9261EN/i9261en.pdf. [2020-09-20]

Yan J, Jia S, Lv A, et al. 2019. Water resources assessment of China's transboundary river basins using a machine learning approach. Water Resources Research, 55(1): 632-655.

第 6 章　生态承载力评价与区域谐适策略

本章利用生态系统净初级生产量（net primary productivity，NPP）数据，借鉴净初级生产力的人类占用（human appropriation of net primary productivity，HANPP）评估方法，分析了尼泊尔生态供给的空间分布格局和时序变化趋势，测算了尼泊尔生态消耗数量结构并分析了其变化特点和影响因素；在此基础上，基于生态系统服务供给与消耗的平衡关系，厘定了区域生态承载力和生态承载状态；最后，预测了绿色丝绸之路愿景下尼泊尔生态承载状态的未来演变态势，并提出了未来生态系统面临的主要问题以及提升生态承载力的谐适策略。

6.1　生态系统供给的时空变化特征

生态供给作为生态系统服务核心组成部分，是其他生态系统服务，包括调节服务、支持服务和文化服务的基础（Sabir et al.，2022；赵雪雁等，2021）。陆地生态系统净初级生产量是量化生态系统供给能力大小的指标，它是指在初级生产过程中，陆地植被光合作用固定的能量中扣除呼吸作用消耗，剩余可用于自身生长和生殖的有机物质总量（王世豪等，2022）。次一级生命体能够使用的能量上限、物质量上限，取决于区域 NPP 的总量以及单位面积 NPP 的水平（马琳等，2017）。本节对陆地生态系统 NPP 的空间分布格局和时序变化趋势进行了分析和规律凝练，这是认识区域生态承载力物质基础的前提，也是开展生态承载力评价的基础。

6.1.1　空间分布

1. 全国整体情况

2000 年以来，尼泊尔陆地生态系统生态供给总量为（1.05±0.04）$\times10^{14}$gC，位列绿色丝绸之路沿线各国陆地生态系统生态供给总量第 19 名。单位面积陆地生态系统生态供给水平为（712.60±29.01）gC/m²，约为绿色丝绸之路沿线国家单位面积陆地生态系统供给水平的 1.86 倍。

尼泊尔全国单位面积陆地生态系统供给水平空间分布存在明显差异（图 6-1），总体呈现自北向南逐步增加的态势。单位面积生态供给量的低值主要分布在尼泊尔北部、喜马拉雅山南麓的极高海拔地区，高值主要分布在尼泊尔中部的丘陵山地地带。这主要是由其特殊的地理环境所造成的。尼泊尔自北向南地势逐渐降低，主要生态系统类型呈现极高山裸岩、高山草地、森林、草地、农田的带状分布。

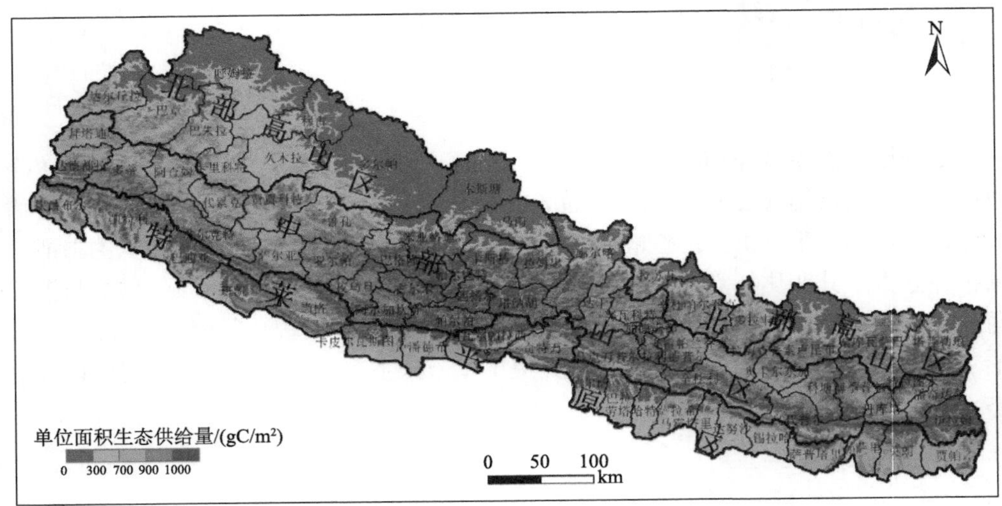

图 6-1 2000～2015 年生态系统平均单位面积生态供给空间分布

数据来源：MODIS 和美国国家环境预报中心数据经植被呼吸系数处理得到的 NPP 数据

2. 森林生态系统

2000 年以来，尼泊尔森林生态系统生态供给总量多年平均值为（6.35±0.2）$\times 10^{13}$gC，单位面积森林生态系统供给水平为（926.64±29.17）gC/m²，约为绿色丝绸之路沿线国家单位面积森林生态系统供给水平的 1.81 倍。2015 年尼泊尔森林生态系统生态供给总量为 6.78$\times 10^{13}$gC，单位面积森林生态系统供给水平为 989.16gC/m²。

全国森林生态系统供给水平总体上呈现出由北向南带状递增的规律。其中，生态供给高值区（>1100gC/m²）主要分布在特莱平原区的巴迪亚、帕尔萨和当格等地，低值区（<800gC/m²）则主要分布在尼泊尔的北部极高山区（图 6-2）。

3. 草地生态系统

2000 年以来，尼泊尔草地生态系统生态供给总量多年平均值为（5.83±0.42）$\times 10^{12}$gC，单位面积草地生态系统供给水平为（208.43±15.20）gC/m²，约为绿色丝绸之路沿线国家单位面积草地生态系统供给水平的 1.13 倍。2015 年尼泊尔草地生态系统生态供给总量为 7.23$\times 10^{12}$gC，单位面积草地生态系统供给水平为 258.67gC/m²。

尼泊尔草地生态系统面积较少，主要分布在尼泊尔的西北部呼姆拉、多尔帕和穆古等地。草地生态系统供给水平大部分低于 700gC/m²（图 6-3）。

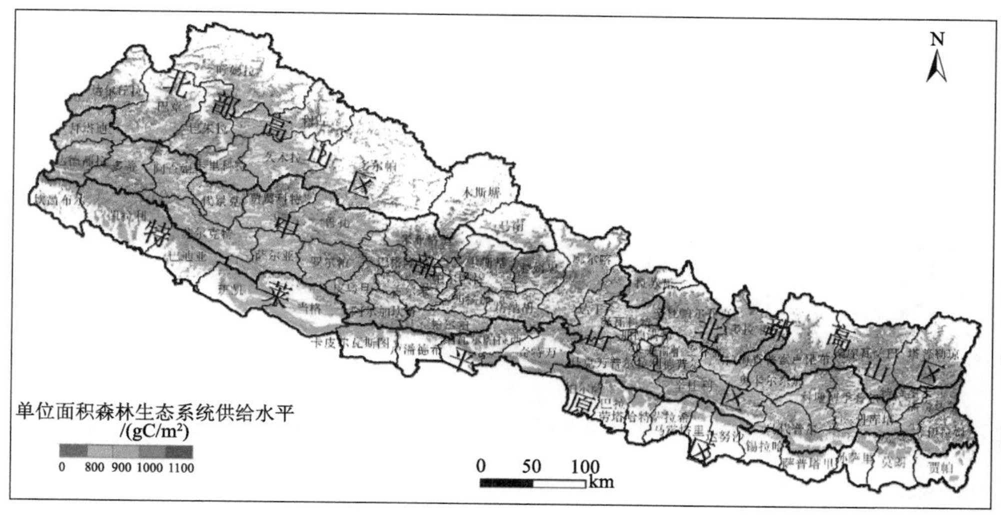

图 6-2　2015 年尼泊尔森林生态系统生态供给空间分布

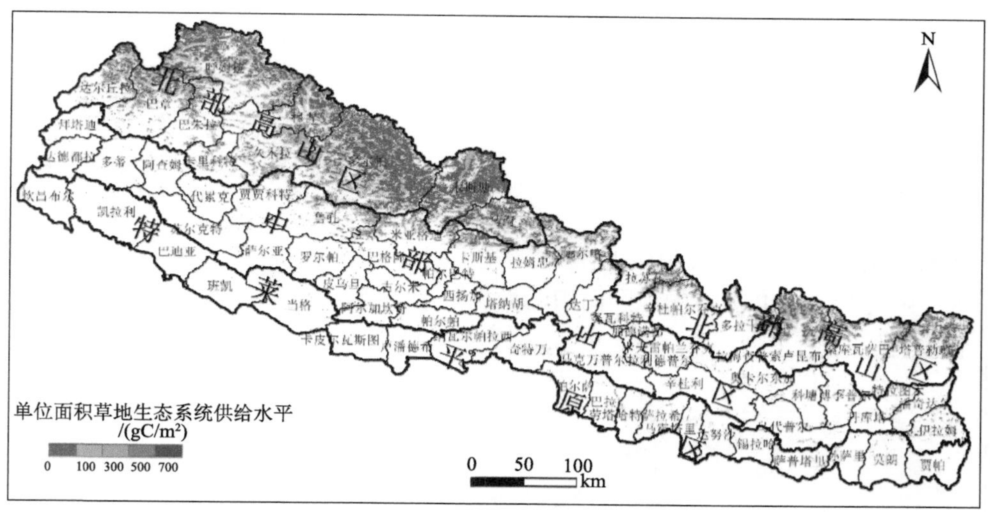

图 6-3　2015 年尼泊尔草地生态系统生态供给空间分布

4. 农田生态系统

2000 年以来，尼泊尔农田生态系统生态供给总量多年平均值为（3.55±0.2）$\times10^{13}$gC，单位面积农田生态系统供给水平为（815.71±45.82）gC/m²，约为绿色丝绸之路沿线国家单位面积农田生态系统供给水平的 1.89 倍。2015 年尼泊尔农田生态系统生态供给总量为 4.18$\times10^{13}$gC，单位面积农田生态系统供给水平为 958.38gC/m²。

全国农田生态系统供给水平总体呈现由中部向南部递减的规律。其中，生态供给高值区（>1000gC/m²）主要分布在中部山区（巴格隆、帕尔巴特、帕尔帕、努瓦科特等），低值区（<600gC/m²）主要分布在尼泊尔的南部—达努沙南部、马霍塔里南部、帕尔萨

南部、卡皮尔瓦斯图南部等地（图 6-4）。

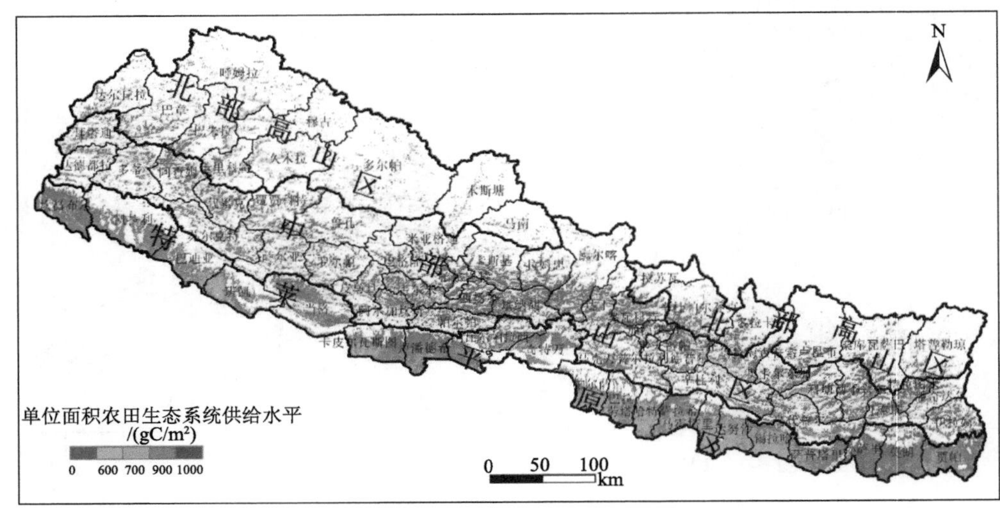

图 6-4　2015 年尼泊尔农田生态系统生态供给空间分布

6.1.2　时序变化

1. 全国整体情况

2000 年以来，尼泊尔陆地生态系统大部分地区 NPP 呈现上升趋势，仅有小部分区域呈现下降趋势，NPP 上升的地区面积明显大于下降地区（图 6-5）。

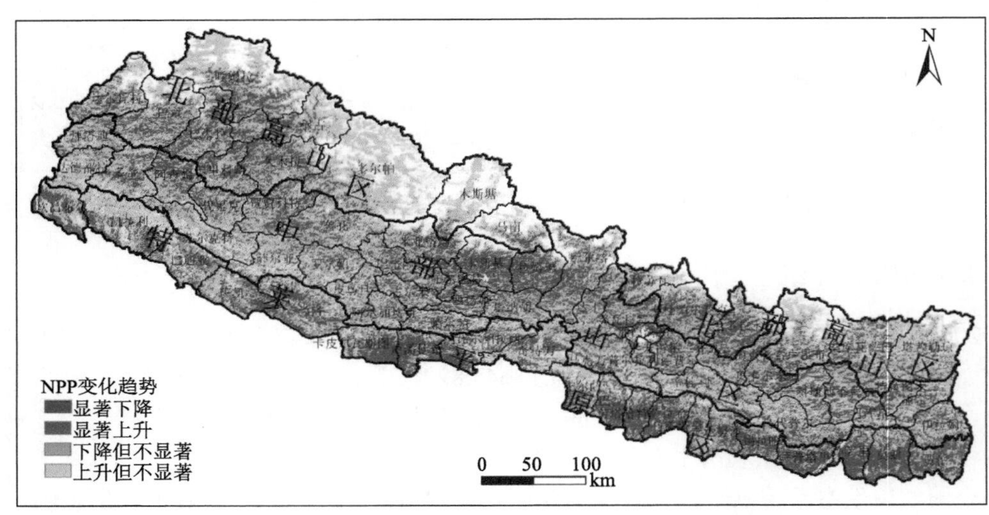

图 6-5　2000～2015 年尼泊尔生态系统 NPP 变化趋势

NPP 下降区域面积为 3 万 km^2（占国土面积的 20.37%），上升区域面积为 10.47 万 km^2（占国土面积的 70.98%）。NPP 显著下降区域面积为 0.36 万 km^2（占国土面积的 2.45%），主要呈带状分布在尼泊尔中南部的巴迪亚、当格和班凯等县。NPP 显著上升区域面积为 4.08 万 km^2（占国土面积的 27.69%），主要呈带状分布在尼泊尔的锡拉哈、萨普塔里和卢潘德希等县。

2. 森林生态系统

2000 年以来，尼泊尔森林生态系统大部分地区 NPP 呈现上升趋势，小部分地区呈现下降趋势，NPP 上升的地区面积明显大于下降地区（图 6-6）。

NPP 下降区域面积为 2 万 km^2（占国土面积的 13.55%），上升区域面积为 4.83 万 km^2（占国土面积的 32.76%）。NPP 显著下降区域面积为 0.26 万 km^2（占国土面积的 1.74%），主要呈条带状分布在班凯、巴迪亚和当格等县。NPP 显著上升区域面积为 1.42 万 km^2（占国土面积的 9.61%），主要呈零星点状分布在尼泊尔中部山区。

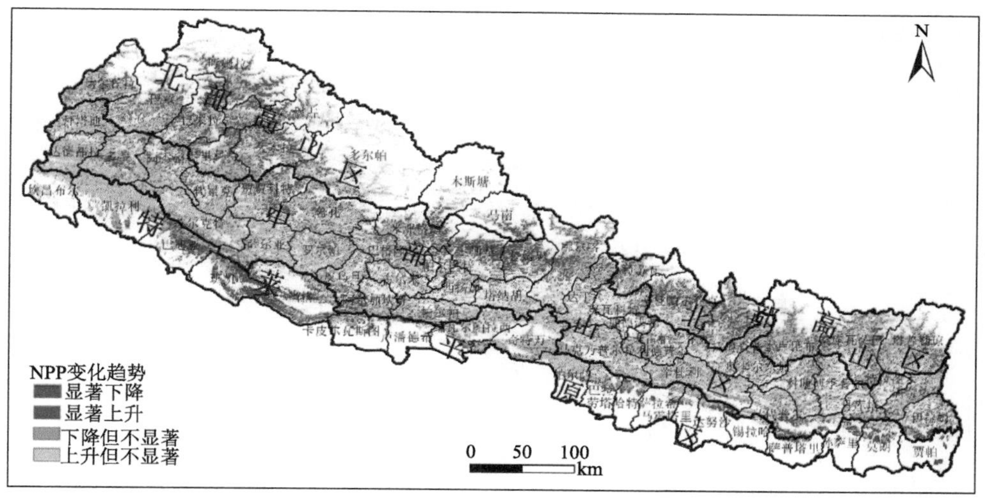

图 6-6 2000～2015 年尼泊尔森林生态系统 NPP 变化趋势

3. 草地生态系统

2000 年以来，尼泊尔草地生态系统 NPP 整体呈上升趋势（图 6-7）。

NPP 下降区域面积仅为 0.39 万 km^2（占国土面积的 2.65%），上升区域面积为 1.81 万 km^2（占国土面积的 12.28%）。NPP 显著下降区域面积为 194.25km^2（占国土面积的 0.13%），主要零星分布在尼泊尔东南部的萨普塔里和孙萨里等地。NPP 显著上升区域面积为 0.58 万 km^2（占国土面积的 3.96%），主要在尼泊尔西北部的多尔帕、穆古、呼姆拉和久木拉等县零星分布。

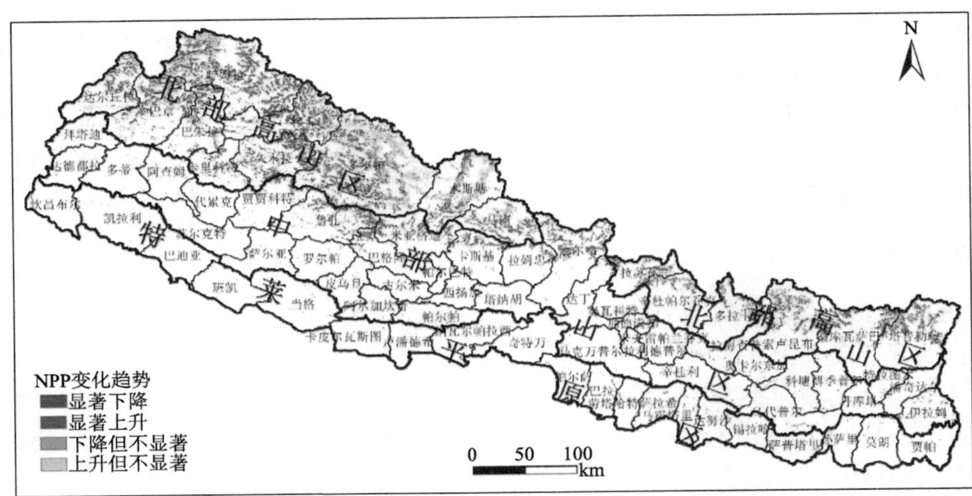

图 6-7　2000～2015 年尼泊尔草地生态系统 NPP 变化趋势

4. 农田生态系统

2000 年以来，尼泊尔农田生态系统 NPP 大部分地区呈现上升趋势（图 6-8）。

NPP 下降区域面积为 0.59 万 km^2（占国土面积的 4.00%），上升区域面积为 3.74 万 km^2（占国土面积的 25.40%）。NPP 显著下降区域面积为 823.5km^2（占国土面积的 0.56%），零星分布在尼泊尔的班凯和当格等中南部县。NPP 显著上升区域面积为 2.06 万 km^2（占国土面积的 13.94%），主要分布在尼泊尔南部的帕尔萨、卢潘德希、锡拉哈、萨普塔里和莫朗等县。

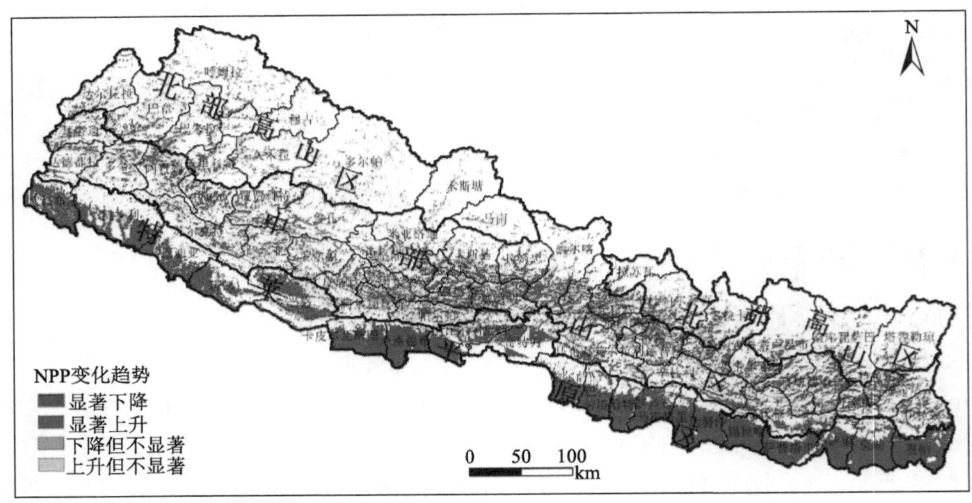

图 6-8　2000～2015 年尼泊尔农田生态系统 NPP 变化趋势

6.2　生态消耗模式及影响因素分析

本节基于 FAOSTAT（https://www.fao.org/faostat/en/#data）中食物平衡表数据和世界银行（https://databank.worldbank.org/home.aspx）人口数据，采用实物量核算方法，依据食物生产性土地类型进行生态系统归类，重点阐明尼泊尔农田、森林、草地、水域及综合生态系统消耗水平（ecological consumption quantity）与消耗结构的变化趋势，揭示尼泊尔生态消耗模式（ecological consumption pattern）的演变规律及其主要影响因素，以期为中国援助尼泊尔民生改善项目制订提供支撑。

6.2.1　农田生态系统消费

1961～2019 年尼泊尔农田生态年消费（farmland ecological consumption）总量和年人均消费量平均分别为 704.6 万 t/a 和 335.7kg/（人 •a），均呈波动增加态势，分别从 1961 年的 195.9 万 t/a 和 201.2kg/（人 •a）增加到 2019 年的 1712.8 万 t/a 和 598.4kg/（人 •a），分别净增长了 7.7 倍和 2.0 倍[图 6-9（a）]。

历年尼泊尔农田年人均消费量呈现三个变化时期，其中 1961～1980 年为缓慢增长期，年平均增长量约 1.41kg/（人 • a）；1981～1998 年为加速增长期，农田年人均消费量波动加速增长，17 年间农田年人均消费量从 236.3kg/（人 • a）增加到 346.1kg/（人 • a），年平均净增长 6.5kg/（人 • a）；1999～2019 年为快速增长期，农田年人均消费量平均增速为 11.1kg/（人 • a）[图 6-9（b）]。

尼泊尔农田消费开始以谷物消费占主导，谷物年人均消费量平均为 180.8kg/（人 • a），约占年人均农田消费量的 53.9%，但其占比呈波动降低态势，从 1961 年的 76.2%降低到 2019 年的 40.4%，随后为蔬菜、块根和糖类作物，且它们的比重呈波动增加。1961～2019 年，蔬菜、块根和糖类作物消耗占比平均分别为 16.6%、12.4%和 9.4%[图 6-9（c）]。

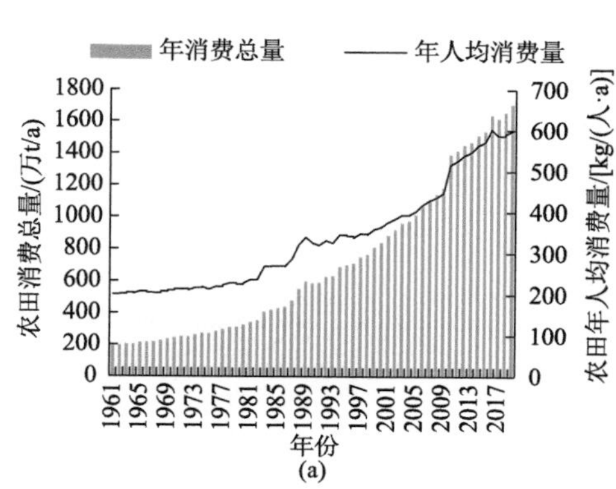

(a)

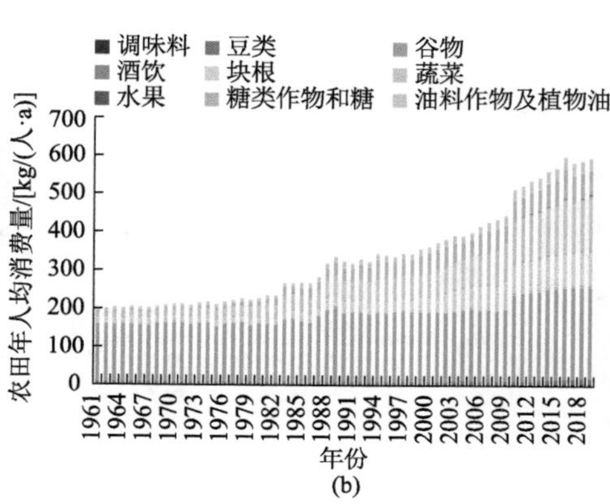

(b)

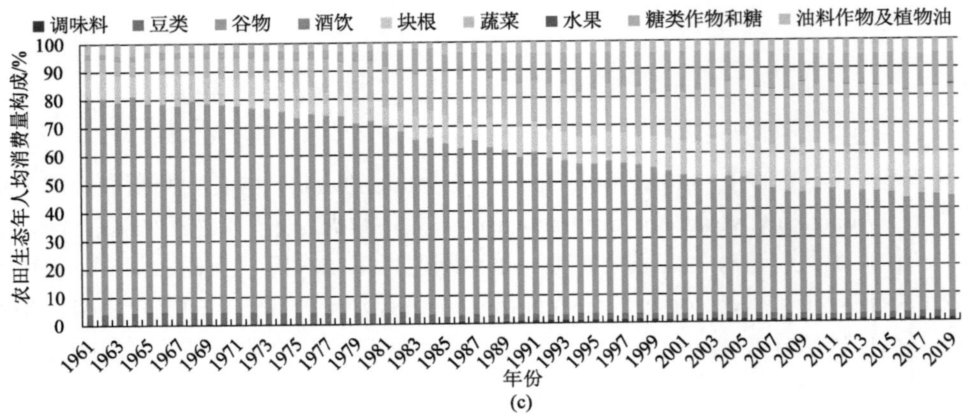

图 6-9　尼泊尔农田生态消费演变

数据来源：FAO，1961～2019 年

6.2.2　森林生态系统消费

1961～2019 年，尽管尼泊尔年森林消费（forest ecological consumption）总量和年人均消费量均呈波动增长态势，平均分别为 71.7 万 t/a 和 31.5kg/（人·a），其中年森林消费总量从 1961 年的 8.1 万 t 增加到 2019 年的 162.1 万 t/a，净增长了 20 倍，年人均消费量从 2016 年的 8.3kg/（人·a）增加到 2019 年的 56.6kg/（人·a），净增长了 5.8 倍[图 6-10（a）]。

历年尼泊尔年人均森林消费量变化呈现三个不同时期，其中 1961～1982 年为相对稳定期，森林年人均消费量极缓慢增加，增速平均为 0.04kg/（人·a）；1983～2011 年为快速增长期，森林年人均消费量增速平均为 1.30kg/（人·a）；2012～2019 年为稳定波动期，此阶段尼泊尔森林年人均消费量呈波动变化，可能与近年来气候波动频繁而导致尼泊尔国内林果产量波动较大有关[图 6-10（a）和图 6-10（b）]。

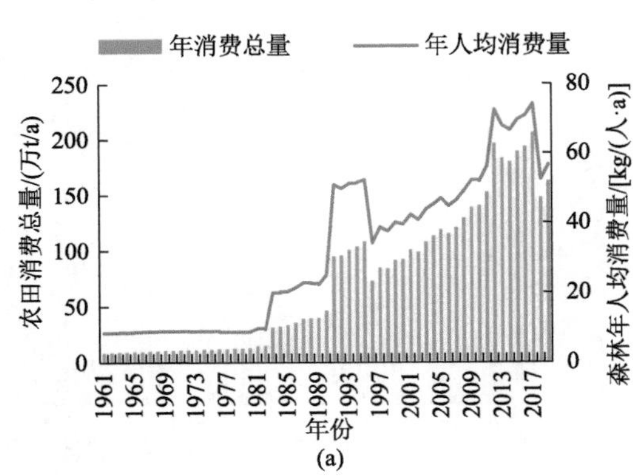

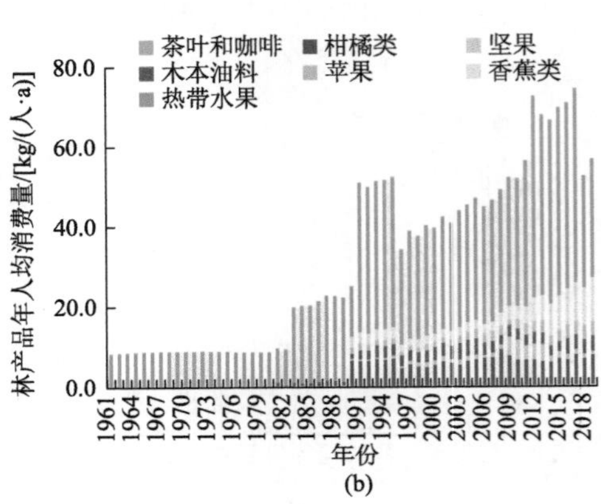

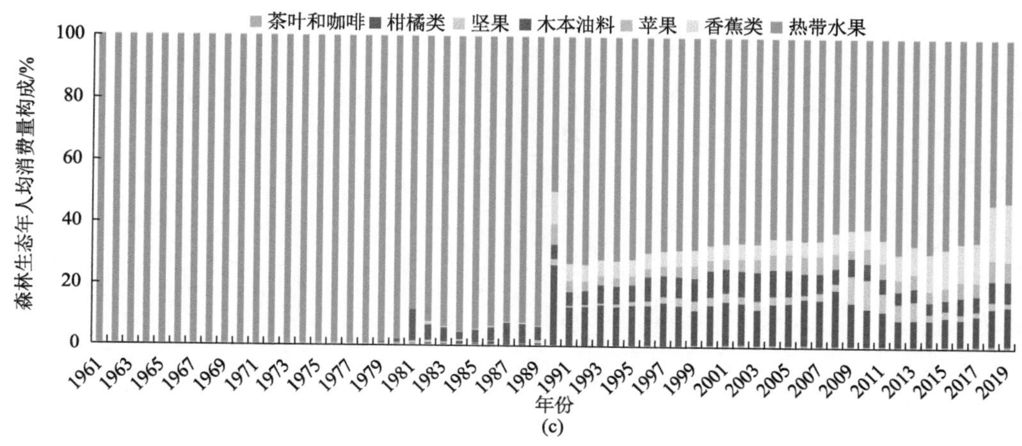

图 6-10　尼泊尔森林生态消费演变

数据来源：FAO，1961～2019 年

尼泊尔森林消费以热带水果消费占主导，热带水果年人均消费量平均为 22.5kg/（人·a），约占森林年人均消费量的 71.4%，但其比重呈波动降低态势，从 1961 年的 100%降低到 2019 年的 52.2%；柑橘类次之，平均占比为 10.1%；随后是香蕉类水果和木本油料，平均分别约占森林消费总量的 6.6%和 5.2%；茶叶和咖啡消费量平均仅为 0.2kg/（人·a），但其占比呈增长态势[图 6-10（c）]。

6.2.3　草地生态系统消费

1961～2019 年尼泊尔年草地消费（grassland ecological consumption）总量呈波动增长态势，且增长速率不断加大，而年人均草地消费量先波动变化，再缓慢下降，随后波动增加。草地年消费总量和草地年人均消费量分别为 103.1 万 t/a 和 55.1kg/（人·a），其中草地年消费总量从 1961 年的 54.0 万 t/a 增加到 2019 年的 166.8 万 t/a，年净增长量为 1.94 万 t/a；年人均草地消费量从 1961 年的 55.68kg/（人·a）增加到 2019 年的 58.3kg/（人·a），年平均变化率为 0.04kg/（人·a）[图 6-11（a）]。

历年尼泊尔草地年人均消费量变化呈三个不同时期，其中 1961～1981 年为相对稳定期，草地年人均消费量趋于稳定，变化速率为–0.004kg/（人·a）；1982～1996 年为缓慢降低期，草地年人均消费量下降速率平均为–0.46kg/（人·a），其原因可能是人口增速快于草地供给增速；1997～2019 年为快速增长期，尼泊尔草地年人均消费量波动快速增加，但由于数据统计方法等，2010 年较 2009 年显著降低，此后不断增加，其中 1996～2009 年和 2010～2019 年平均变化率分别为 0.74kg/（人·a）和 1.69kg/（人·a）[图 6-11（b）]。

尼泊尔草地年人均消费以奶类消费占主导，平均约占总量的 74.7%，但其比重呈波动降低态势，从 1961 年的 83.5%降低到 2019 年的 63.0%，其次为水牛肉、羊肉和蛋类消费，平均约占草地消费总量的 12.1%、3.4%和 1.9%，但它们在草地年人均消费量中的比重呈缓慢增长态势[图 6.11（c）]。

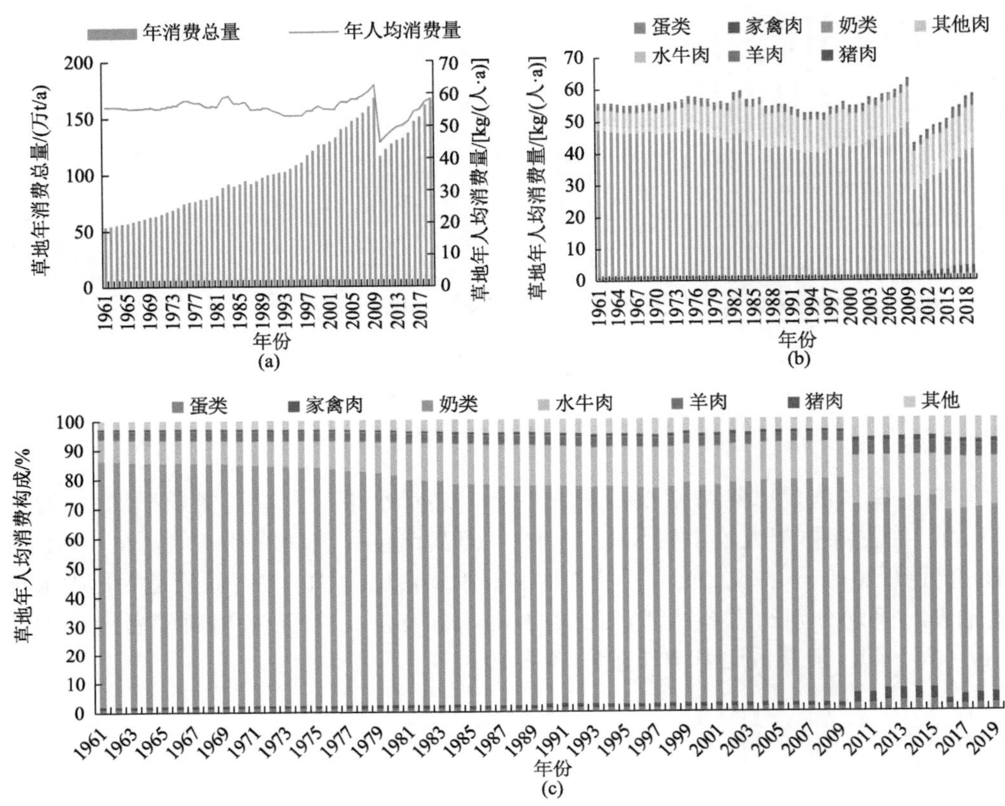

图 6-11　尼泊尔草地生态消费演变

数据来源：FAO，1961～2019 年

6.2.4　水域生态系统消费

1961～2019 年尼泊尔年水域消费（water ecological consumption）总量和年人均消费量整体均呈波动增长态势，且增速呈不断加大态势，平均分别为 2.49 万 t/a 和 1.04kg/（人·a），其中水域年消费总量从 1961 年的 0.20 万 t/a 增加到 2019 的 8.68 万 t/a，年净增长量为 0.15 万 t/a；水域年人均消费量从 2016 年的 0.15kg/（人·a）降低到 2018 年的 3.04kg/（人·a），年均增加量为 0.05kg/（人·a）[图 6-12（a）]。

历年尼泊尔年人均水域消费量变化呈三个不同时期，其中 1961～1984 年为缓慢增长期，增速平均为 0.007kg/（人·a）；1985～2010 年为快速增长期，水域年人均消费增速加快，增速平均为 0.06kg/（人·a）；2010～2019 年为加速增长期，尼泊尔水域年人均消费量增速加大，增速平均为 0.11kg/（人·a）[图 6-12（b）]。

尼泊尔水域年人均消费以淡水鱼消费占主导，淡水鱼年人均消费量平均为 0.98kg/（人·a），约占水域年人均消费总量的 95.0%，且其比重在很长一段时间内保持稳定

（但 1985～2010 年呈波动降低，2010 年后又呈波动增加），其次为海鱼消费，平均约占水域消费量的 4.7%，其他海鱼及软体动物消费量比重很低，约占水域消费量的 0.3%[图 6-12（c）]。

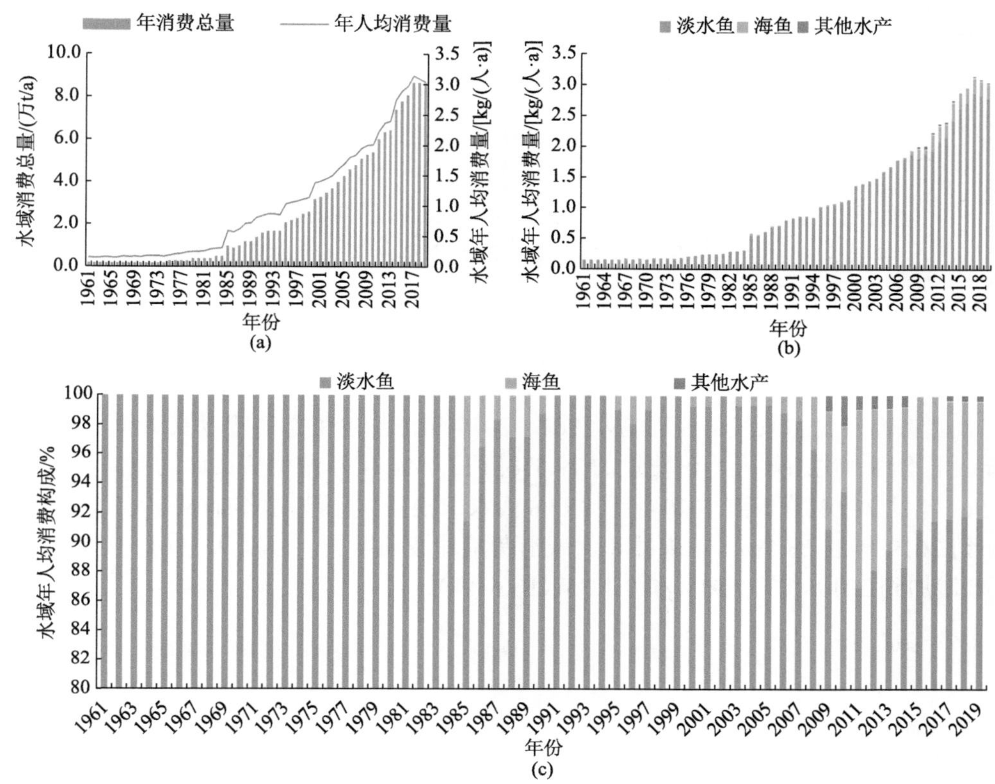

图 6-12　尼泊尔水域生态消费演变

数据来源：FAO，1961～2019 年

6.2.5　生态消费模式分析

1961～2019 年尼泊尔年生态消费（ecological consumption）总量和年人均生态消费量均呈波动增加态势，年生态消费总量从 1961 年的 258.2 万 t/a 增加到 2019 年的 2050.4 万 t/a，增速平均为 30.9 万 t/a；年人均生态消费量从 1961 年的 265.4kg/（人 • a）增加到 2019 年的 716.4kg/（人 • a），增速为 7.8kg/（人 • a）。

1961～1982 年为相对稳定期，尼泊尔生态年人均消费量波动缓慢增长，人均生态消费量平均为 279.8kg/（人 • a），增速为 1.87kg/（人 • a）；1983～2009 年波动增长期，尼泊尔年人均生态消费量从 1983 年的 347.5kg/（人 • a）增加到 2009 年的 563.8kg/（人 • a），平均增速为 8.32kg/（人 • a），净增长了 62.24%。2010～2019 年为快速增长期，尼泊尔生态年人均消费增速加快，增速平均为 11.57kg/（人 • a）（图 6-13）。

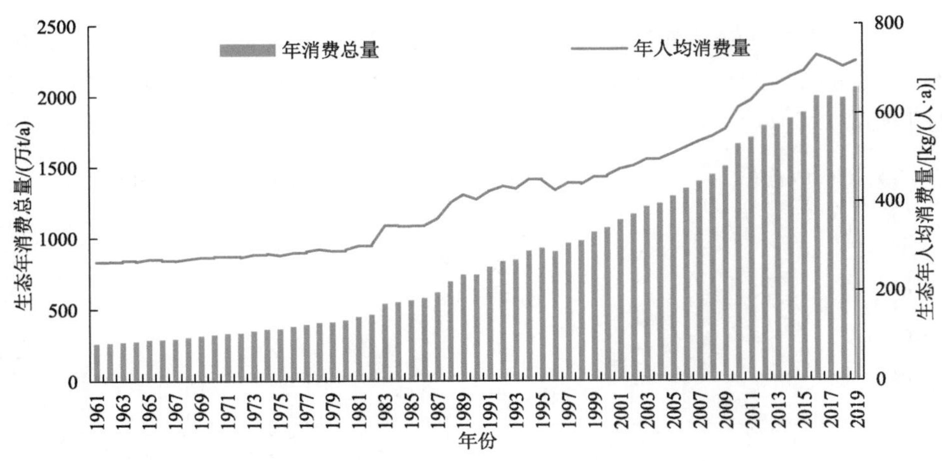

图 6-13　1961～2019 年尼泊尔生态消费演变

数据来源：FAO，1961～2019 年

就生态消费生态系统构成而言，1961～2019 年尼泊尔生态消费以农田和草地消费占主导，平均约占生态年人均消费量的 79.3%和 13.0%，但草地消费占比均波动降低显著，从 1961 年的 21.0%降低到 2019 年的 8.1%，而农田消费占比波动增加，从 1961 年的 75.8%增加到 2019 年的 83.5%。年森林和水域消费量均波动增加，分别从 1961 年的 3.14%和 0.06%增加到 2019 年的 7.91%和 0.42%（图 6-14）。

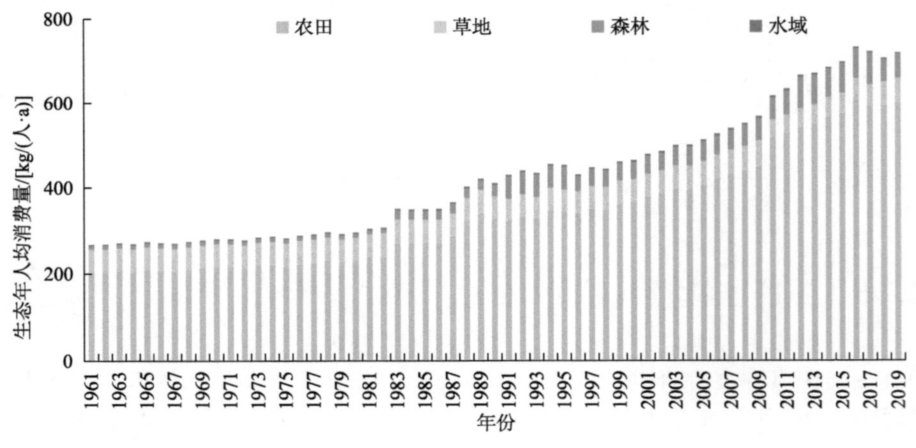

图 6-14　尼泊尔生态年人均消费生态系统构成

数据来源：FAO，1961～2019 年

鉴于生态产品类型众多，在此将一些占比较少的类型进行归类，之后依据主要生态产品消费类型占比确定生态消费模式（ecological consumption pattern）。主要依据生态消费占比≥8%的类型确定不同时期的生态消费模式，并对各时期生态消费模式进行分类。结果表明，1961～2019 年尼泊尔生态消费四个时期分别为：①1961～1978 年，该时期生

态消费模式为“谷+奶”模式；②1979～1995 年，该时期生态消费模式为“谷+蔬+奶”模式；③1996～2009 年，该时期生态消费模式为“谷+蔬+根+糖+奶”模式；④2010～2019 年，该时期生态消费模式为“谷+蔬+根+糖+果”模式。各时期生态消费模式主要特征详见表 6-1。

表 6-1　尼泊尔生态消费模式演变

消费模式	年份	主要消费	消耗变化	说明
谷+奶	1961～1978	谷物和奶类	以谷物和奶类消费占主导，且谷物和奶类消费占比缓慢降低	谷物：大米、小麦、小米、玉米； 块根：土豆、其他块根； 水果：西瓜等农田水果和橙子、香蕉等林业水果； 蔬菜：西红柿、洋葱等； 糖类作物：糖制品及糖类作物量，糖制品以 0.35 出糖率换算； 油料作物：植物油和油料作物消费，植物油以 0.35 出油率换算； 水产：水域消费全部； 豆类：黄豆、豌豆等豆类； 调味品：丁香甜椒、胡椒等调味品； 肉类：所有肉类消费
谷+蔬+奶	1979～1995	谷物、蔬菜、奶类	谷物和奶类消费占比降低加速，蔬菜消费占比增加至>奶类消费占比	
谷+蔬+根+糖+奶	1996～2009	谷物、蔬菜、块根、糖类和奶类	谷物和奶类消费占比降速放缓，蔬菜、块根、糖类消费占比增速加大，块根和糖类消费占比至>奶类消费	
谷+蔬+根+糖+果	2010～2019	谷物、蔬菜、块根、糖类和水果	谷物和奶类消费占比缓慢降低至稳定至奶类消费占比<8%，块根、蔬菜、水果、糖类消费占比不断增长至相对稳定	

研究发现，在 1961～2019 年的 59 年间，尼泊尔生态消费结构显著变化表现为，年人均奶类和谷物消费占比波动降低，其余主要生态产品年人均消费占比均波动增加（图 6-14）。其中以水产、蔬菜和糖类作物年人均消费量占比增长最多，2019 年它们的消费占比分别为 1961 年的 7.5 倍、6.4 倍和 6.2 倍，随后是蔬果、块根、油料和蛋类，2019 年此四类产品消费占比分别为 1961 年消费占比的 2.4 倍、1.7 倍、1.7 倍和 1.1 倍。其余如肉类、奶类、豆类和谷物消费占比有不同程度下降，其中以奶类消费占比降低最多，2019 年奶类消费占比仅为 1961 年消费占比的 0.29 倍[图 6-15（a）]。不同时期消费模式主要特征如下。

1961～1978 年，以“谷+奶”模式为主，该模式生态消费以谷物和奶类消费占主导，平均分别约占总量的 55.8%和 16.6%，其余产品在年人均消费量中占比均小于 8%，且其占比均呈缓慢增加态势。

1979～1995 年，以“谷+蔬+奶”模式为主，该时期消费模式明显变化为谷物和奶类消费占比急剧减少，蔬菜、水果和糖类作物消费占比快速增加，蔬菜消费占比超过奶类消费占比。

1996～2009 年，以“谷+蔬+根+糖+奶”模式为主，该时期消费模式特点是谷物和奶类消费占比持续降低，但降速放缓，蔬菜、块根和糖类消费占比不断增加，致使块根和糖类作物消费占比超过奶类消费占比，谷物、蔬菜、块根、糖类作物和奶类消费占比平均分别为 38.2%、14.6%、10.6%、10.0%和 8.7%。

2010～2019 年，以“谷+蔬+根+糖+果”模式为主，该时期消费模式特点是奶类和谷物消费占比继续降低至趋稳，水果、块根和蔬菜消费占比继续增加，致使水果成为第五大生态消费产品，奶类退出主要消费产品类型，糖类消费占比较 1996～2009 年略有降低，但占比仍大于水果消费占比；年人均生态消费量波动增加，从 2010 年的 612.3kg/（人・a）增加到 2019 年的 716.4kg/（人・a）[图 6-15（b）]。

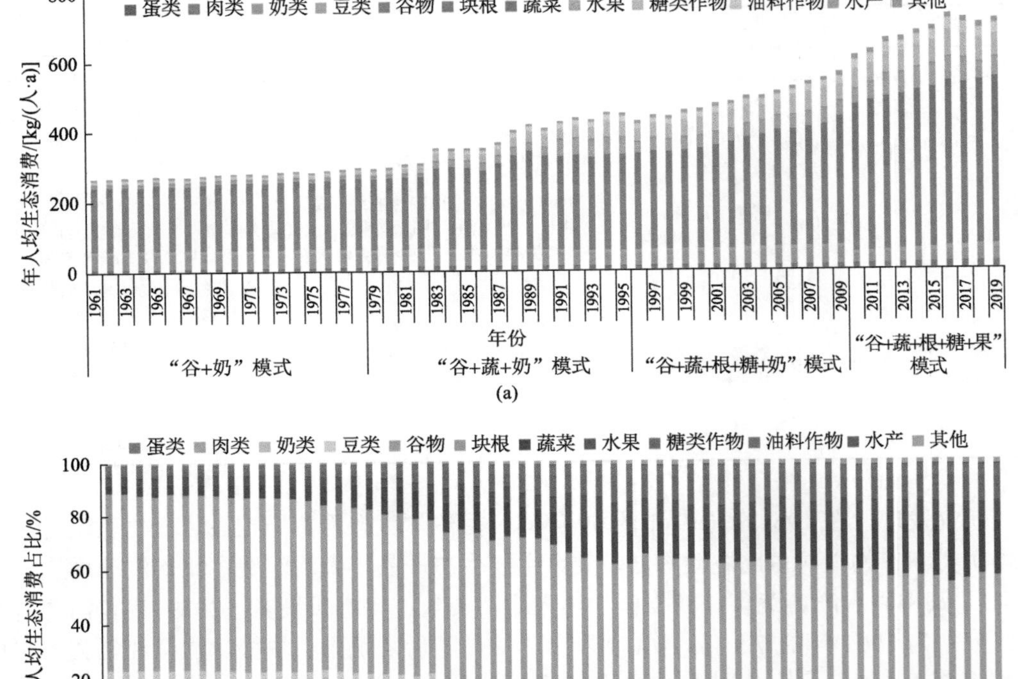

图 6-15　尼泊尔生态消费模式消耗构成演变

数据来源：FAO，1961～2019 年

生态消费模式的变化导致年人均生态消费在生态系统消费构成的变化，随着尼泊尔生态消费模式从“谷+奶”模式到“谷+蔬+根+糖+果”模式的转变，年人均生态系统消费中主导生态系统由农田和草地生态系统农田消费>草地消费转化成以农田消费占主导，草地和森林生态系统消费并重，且森林消费大于草地消费。

1961～1978 年“谷+奶”模式中草地、农田、森林和水域生态系统消费在年人均生态消费量中的占比平均分别为 76.5%、20.3%、3.1%和 0.1%。

1979～1995 年“谷+蔬+奶”模式中草地、农田、森林和水域生态系统消费占比平均分别为 77.7%、15.2%、6.9%和 0.2%。

1996～2009 年“谷+蔬+根+糖+奶”模式中草地、农田、森林和水域生态消费在年人均生态消费中的占比平均为 79.3%、11.7%、8.8%和 0.3%，此时期农田和草地消费依然是主导消费类型。

2010～2019 年“谷+蔬+根+糖+果”模式中，草地、农田、森林和水域生态消费在年人均生态消费中的占比平均为 82.8%、7.4%、9.4%和 0.4%，此时期生态消费变成以农田占主导，森林和草地消费并重，且森林消费已超过草地消费，成为仅次于农田的第二大生态消费。尼泊尔水域消费占比始终较小，但呈波动增大态势（图 6-16）。

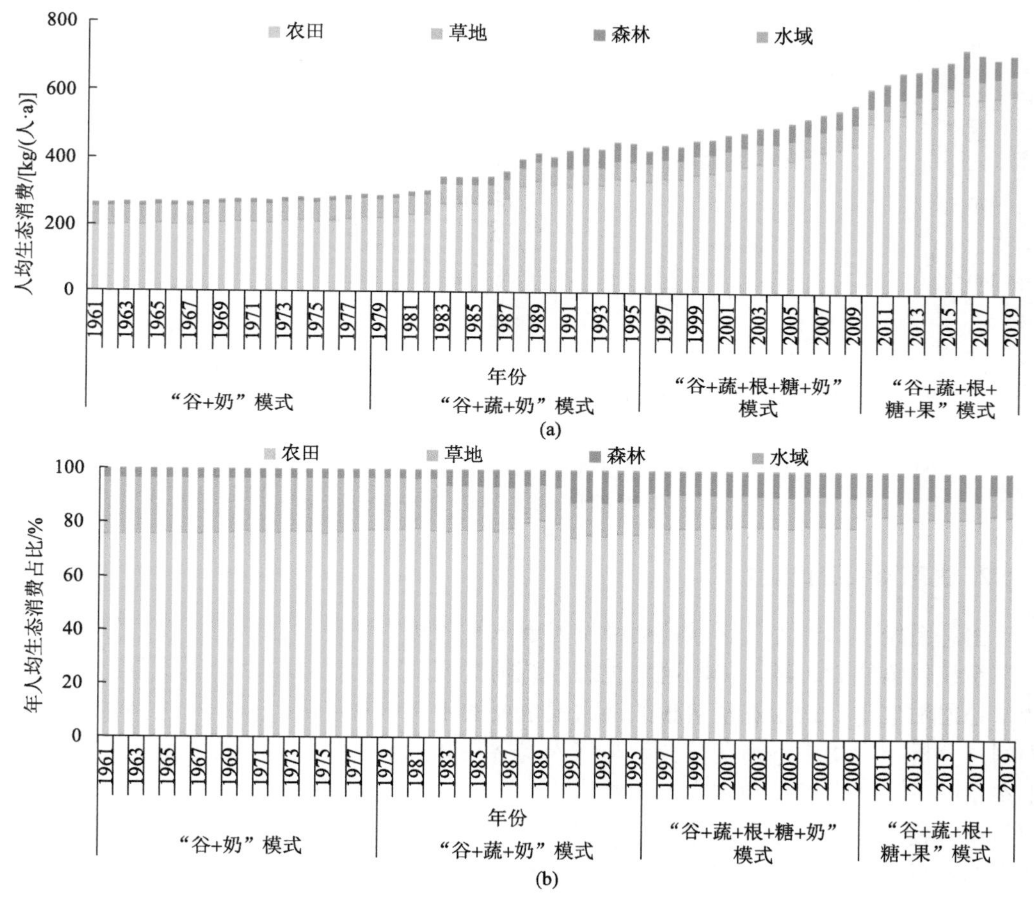

图 6-16 尼泊尔生态消费模式与生态系统消费构成演变

数据来源：FAO，1961～2019 年

6.2.6 生态消费模式影响因素分析

消耗模式影响因素分析重点探明年人均消费量与年谷物和蔬菜供给（生产、进口和出口）能力、人口密度、人均 GDP 等因素间的数量关系，揭示影响尼泊尔生态消费模式演变的主要驱动力。

1. 生态系统生产能力

生态系统生产能力（人均生态产量）主要取决于生态系统资源禀赋、单位面积生产力和人口数量。鉴于年人均谷物和蔬菜消费是尼泊尔年人均生态消费量的主导，在此主要分析年人均生态消费量分别与年人均谷物生产量和年人均蔬菜生产量之间的相互关系，揭示生态系统生产能力对尼泊尔生态消费模式的影响。结果表明，尼泊尔年人均生态消费量分别与年谷物生产量和年人均蔬菜生产量均极显著正相关（图 6-17），说明生态系统生产能力对尼泊尔年人均生态消费结构影响显著，进而影响尼泊尔生态消费模式演变。

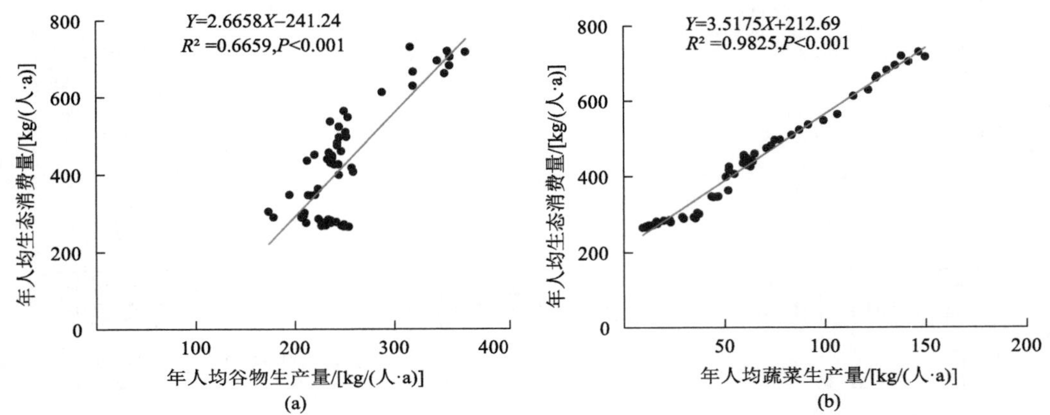

图 6-17　年人均生态消费量分别与年人均谷物生产量和年人均蔬菜生产量的关系

数据来源：FAO，1961～2019 年

2. 生态系统进口能力

生态系统进口能力是区域社会经济发展水平的集中体现，在一定程度上影响着区域生态系统供给能力，进而影响区域生态系统消费模式。同理，鉴于年人均谷物和蔬菜消费量是尼泊尔年人均生态消费量的两大最重要的生态消费产品，在此以这两种生态产品为例，分析年人均生态消费量分别与年人均谷物和蔬菜进口量之间的定量关系，以阐明生态系统进口能力对尼泊尔生态消费模式的影响。结果表明，尼泊尔年人均生态消费量均与年谷物进口量和年蔬菜进口量极显著正相关（图 6-18），说明生态系统进口能力显著影响着尼泊尔生态消费结构，进而影响其生态消费模型演变。

3. 生态系统出口能力

生态系统出口能力是区域生态系统生产能力的集中体现，在一定程度上受制于区域生态系统生产能力与生产结构，制约着区域生态系统供给能力，影响着区域生态系统消费结构与消费模式。同理，鉴于年人均谷物和蔬菜消费量是尼泊尔年人均生态消费量的主导，在此以这两类生态产品为例，分别分析年人均生态消费量与年人均谷物和蔬菜出口量及其供给量（年人均生产量+年人均进口量–年人均出口量）之间的数量关系。

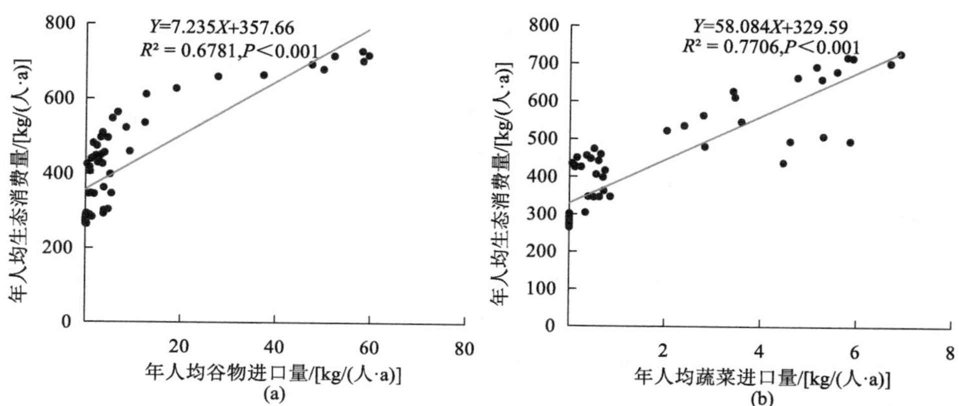

图 6-18　年人均生态消费量分别与年人均谷物进口量和年人均蔬菜进口量的关系

数据来源：FAO，1961～2019 年

结果表明，尼泊尔年人均生态消费量均与年谷物出口量极显著负相关，与蔬菜出口量极显著正相关，与年谷物和蔬菜供给量均极显著正相关（图 6-19），说明生态系统出口对尼泊尔生态消费结构与消费模式演变的影响显著。尼泊尔蔬菜、水果等年人均生态出口量较低，远低于谷物出口量，对生态产品供给的影响较小，致使年人均生态消费生产量与年人均蔬菜、水果等出口量在数量关系上极显著正相关，其原因是随着生产能力

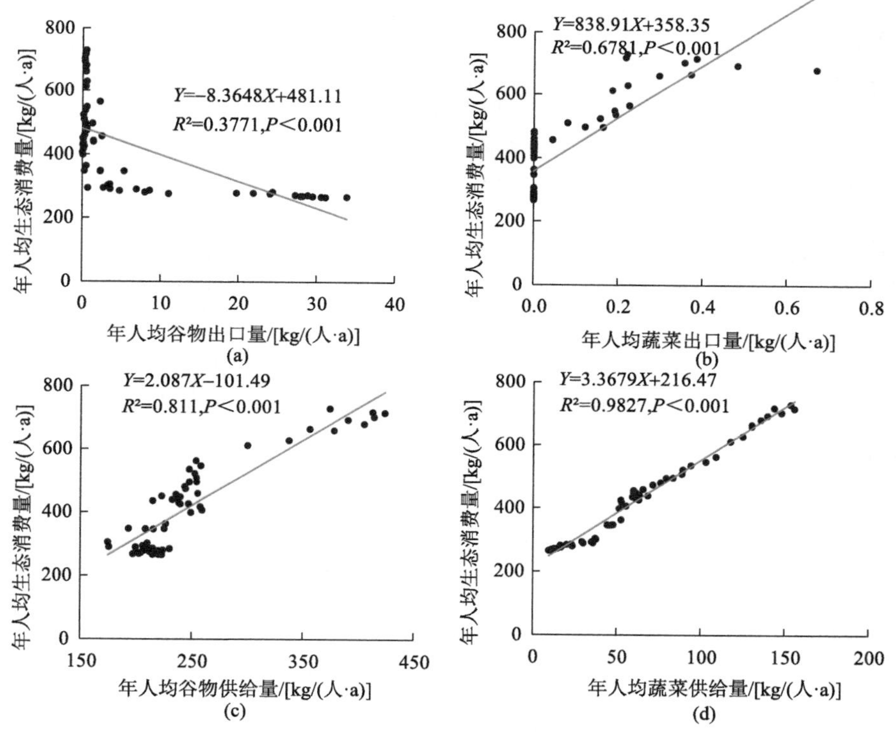

图 6-19　年人均生态消费量分别与年人均谷物和蔬菜出口量及其供给量的关系

数据来源：FAO，1961～2019 年

的提升，供给能力和出口能力不断增强，使得一些产品年人均出口量与年人均生态消费量极显著正相关，但这只是出口增速小于生产+进口增速下的数量上的关系，如果出口增速大于生产+进口增速，就会显著影响区域生态系统供给能力，进而影响区域生态消费模式的演变，尼泊尔年人均谷物和蔬菜供给量与年人均生态消费量极显著正相关是最好的佐证。

4. 社会经济水平

1961～2019 年，剔除 2010～2019 年数据归类等差异的影响，尼泊尔年人均生态消费量变化趋势与人均 GDP 变化趋势基本一致，即年人均生态消费量随人均 GDP 增加而增大，且与人口密度的变化趋势有所差异，即随着人口密度的增长，年人均生态消费量先缓慢增长，后快速增长，之后随人口增速降低后又加速增长[图 6-20（a）和（b）]。

随着人口总量的快速增长，1961～1982 年尼泊尔年人均生态消费量极缓慢增长，其原因可能是该时期尼泊尔生产力水平较低，生态系统生产量的增加量抵消人口增长后结余量较少，此后人口的继续增长促使人们开垦荒地和提高耕作水平，增强生态系统供给能力，年人均生态消费量也随之波动增加。

2009 年后人口增长放缓，致使年人均生态消费量增速明显加快。回归分析表明，年人均生态消费量与人口密度呈极显著指数相关关系（R^2=0.95，P <0.001）[图 6.20（c）]，与人均 GDP 也呈极显著对数关系（R^2=0.94，P <0.001）[图 6.20（d）]，说明社会经济发

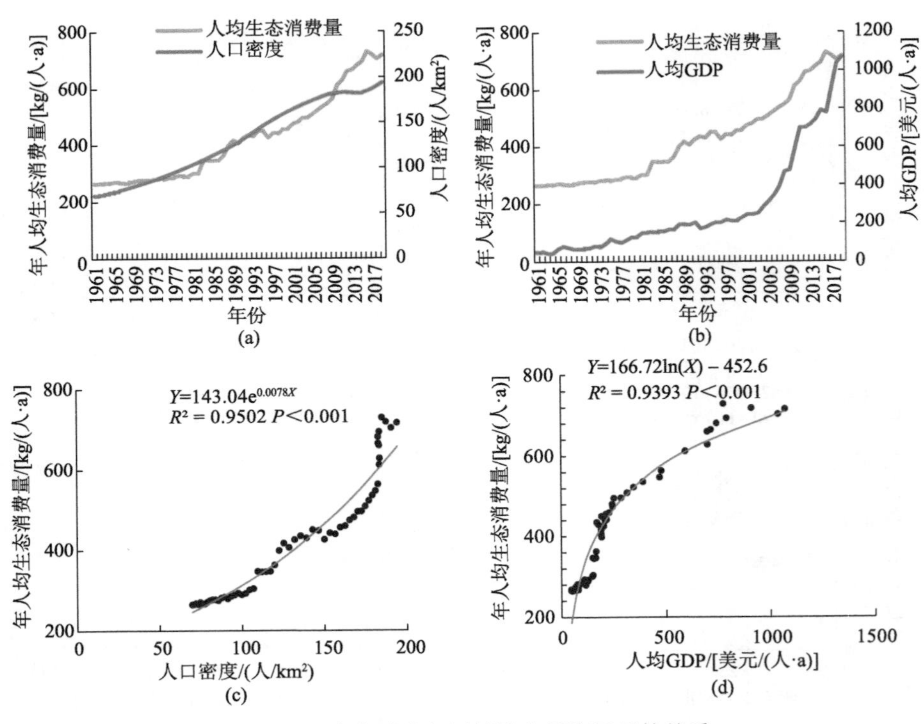

图 6-20 生态消费与区域社会经济因子的关系

数据来源：FAO，1961～2019 年

展会直接增加区域生态系统消费需求，促使区域增加生态系统供给能力，致使尼泊尔生态系统消费从以农田和草地消费为主过渡到以农田消费为主，森林和草地消费并重，即社会经济发展影响着区域资源开发利用强度及生态系统经营水平，进而提升区域生态系统供给能力，最终推动区域生态消费模式的演变。

综上分析，尼泊尔生态消费模式总共分为四个时期，不同时期呈现不同的消费特点。1961～1978 年，以“谷+奶”消费模式为主，年人均生态消费量极缓慢增长，而年人均奶类和谷物消费量相对稳定，其他生态产品消费变化亦缓慢；1979～1995 年，以“谷+蔬+奶”消费模式为主，该时期因经济水平提升，居民生活水平改善，对蔬菜和糖类消费增长明显，但谷物和奶类消费仍是主要消费，蔬菜消费已成为人均生态消费中仅次于奶类消费的第三大消费。1996～2009 年，以“谷+蔬+根+糖+奶” 消费模式为主，该时期随着经济的快速发展和进口商品数量和种类的增加，消费种类日益多元化，年人均生态消费中蔬菜、块根和糖类消费继续增长，而奶类和谷物消费继续波动降低，致使块根和糖类消费成为尼泊尔第三、第四大生态消费，而奶类消费成为第五大生态消费。此后，随着社会经济的发展，2010～2019 年尼泊尔生态消费以“谷+蔬+根+糖+果”消费为主，此时期各类消费占比稳定，水果已取代奶类成为尼泊尔第五大生态消费产品。

同时，就生态系统消费而言，1961～2019 年尼泊尔生态消费中生态系统构成变化显著，集中表现草地消费占比不断降低，农田、森林和水域消费占比不断增加，其中草地消费占比从 1961～1978 年的 20.3%降低到 2009～2019 年的 7.4%，而农田、森林和水域消费占比则分别从 1961～1978 年的 76.5%、3.1%和 0.06%增加到 2009～2019 年的 82.8%、9.4%和 0.4%。这一消费演变特征主要是由当地自然资源禀赋和社会经济发展驱动的，尼泊尔的生态系统类型以森林和农田为主，分别约占土地总面积的 41.6%和 28.7%，内陆水域面积很少，约占总面积的 2.687%，其余近 30%的土地面积主要为大陆冰川等未利用地。随着人口增长、经济发展和生态系统经营管理水平的提高，尼泊尔生态消费转向资源丰富的农田和森林消费，降低资源相对不足的草地消费。

6.2.7　重要说明

生态系统服务是人类发展的物质基础，是生态系统与生态过程中形成及维持的人类赖以生存的自然效用（谢高地等，2008）。生态服务消费是指人类社会对生态系统所提供的服务的消费、消耗、利用和占用，是生态系统服务的价值体现，可以用物质量或价值量指标来表述（甄霖等，2008）。在特定的区域内，人类总是消费区域内生态系统提供的生态服务，加之人类对生态系统服务的消费多种多样且消费强度日益增强，使得人类对自然生态系统的利用强度早已超过自然生态系统的承载能力（World Wildlife Fund，2004）。因此人类活动已成为导致全球生态系统退化的主要因素之一（Millennium Ecosystem Assessment，2005）。高强度的生态消费使得持续维持生态服务供给能力与社会经济增长的矛盾日益突出（Vitousek et al.，1997），致使生态服务消费研究将成为生态服务研究领域的热点（甄霖等，2012）。中共中央办公厅和国务院办公厅也于 2021 年 4 月 26 日印发了《关于建立健全生态产品价值实现机制的意见》，并发出通知，要求各地区各部门结合实际认真贯彻落实（张丽佳和周妍，2021）。这充分说明生态服务消费已成为生态学研究新领域。

本节生态消费计量主要是基于物质守恒定理，以实物量计量农田、森林、草地和水域生态消费。首先根据稻谷、玉米、水果、大型牲畜肉、蛋、奶、淡水鱼、海水鱼等生态产品生产性土地类型进行生态系统归类，即将谷物、薯类、油料作物与油、糖类作物与糖、蔬菜等农产品消费划定为农田生态系统消费；将苹果、梨、桃、芒果等木本水果、木本油料、干果等消费划定为森林生态系统消费；将家禽家畜、蛋类、奶类等消费划定为草地生态系统消费；将水产品消费划定为水域生态系统消费。具体分类方法详见梁一行等哈萨克斯坦生态消费研究（Liang et al.，2020）。在实物量核算中把糖类、植物油和酒类消费按 0.35 的产糖率、出油率和出酒率转化成相应的糖类作物、油料作物和粮食消费（肖俊生，2009；杜文鹏，2018）。

甄霖等认为生态系统服务消费模式是指一定时期消费的主要特征，包括消费内容、消费水平、消费结构、消费方式、消费趋势以及消费的其他方面的主要特征（甄霖等，2010）。本节生态消费模式指尼泊尔生态消费构成，即尼泊尔主要生态消费产品构成。具体就是先将生态产品归并成蛋类、肉类、奶类、豆类、谷物、块根、蔬菜、水果、糖类作物、油料作物、水产和其他 12 大类，随后根据尼泊尔年人均生态消费中各大类消费占比以及消费占比≥8%的生态产品类型确定不同年份生态消费模式，并以其生态消费构成进行命名，具体方法详见文献（Zhang et al.，2023）。

6.3　生态承载力与承载状态

本节从供需平衡角度科学评估了 2000～2020 年尼泊尔全国、地区以及县域三级尺度下的生态承载力，定量分析了生态承载力的时空演变格局，为合理研判生态系统的人口承载空间提供了充分依据。

6.3.1　生态承载力

1. 全国水平

2000～2020 年尼泊尔生态承载力呈现波动下降趋势，从 2000 年的 7416.88 万人下降到 2020 年的 6343.64 万人（图 6-21）。全国实际人口数量从 2000 年的 2394.11 万人增加到 2020 年的 2860.87 万人。2000～2020 年尼泊尔实际人口数量呈现缓慢上升趋势，但一直明显低于生态承载力，始终仅占生态承载力的一半以下，说明尼泊尔全国的生态系统整体上尚有很大的人口承载空间。

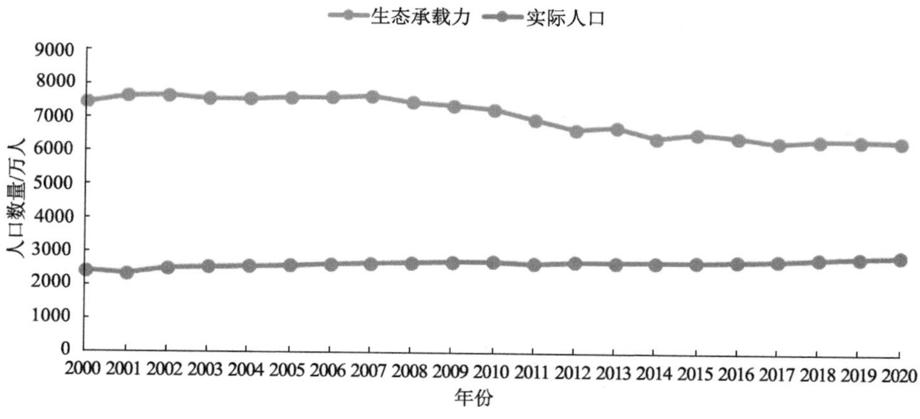

图 6-21　尼泊尔全国生态承载力与实际人口年际变化

2. 地区尺度

从三大地区来看，尼泊尔不同地区之间生态承载力差异悬殊。具体而言，北部高山区生态承载力最低，占全国生态承载力的 18.16%；特莱平原区生态承载力处于中等水平，占全国生态承载力的 29.89%；中部高山区生态承载力最高，占全国生态承载力的 51.95%。2001 年、2011 年和 2020 年的生态承载力结果显示，三大地区的生态承载力均呈现下降趋势，其中北部高山区的生态承载力始终在 2000 万人以下，从 2001 年的 1383 万人降至 2020 年的 1152 万人；特莱平原区的生态承载力在 2001 年和 2011 年均在 2000 万～3000 万人，而在 2020 年则降至 2000 万人以下，为 1896 万人；中部山区的生态承载力最高，始终位于 3000 万人以上，但也从 2001 年的 3958 万人降至 2020 年的 3295 万人（图 6-22 和图 6-23）。

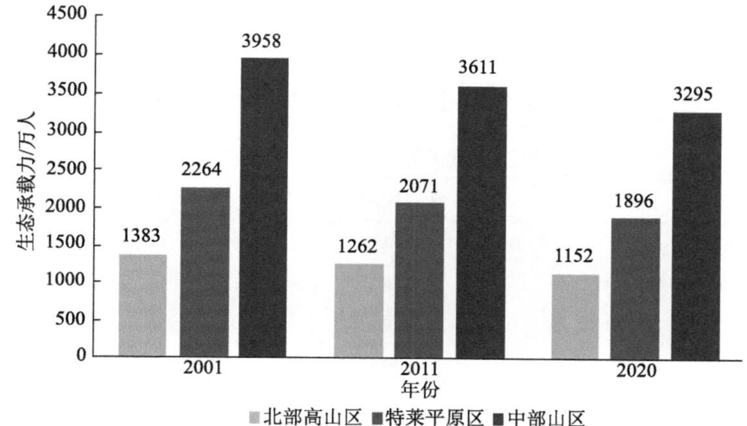

图 6-22　尼泊尔各地区生态承载力（2001 年、2011 年、2020 年）

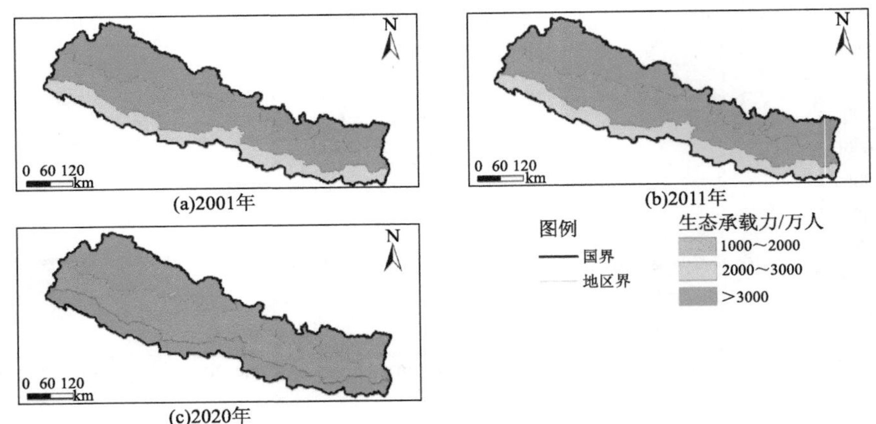

图 6-23　尼泊尔生态承载力空间分布（2001 年、2011 年、2020 年）

3. 分县格局

尼泊尔 75 个县生态承载力地域差异显著。以 2020 年尼泊尔整体生态承载密度 4.31 人/hm^2 为参考标准，上下浮动 25%，可将 75 个县相对划分为生态承载密度较强（>5.39 人/hm^2）、中等（3.23～5.39 人/hm^2）和较弱（<3.23 人/hm^2）三种类型。2020 年，有 56 个县生态承载力高于全国平均水平，19 个县生态承载力低于全国平均水平。

尼泊尔生态承载力较强的县有 36 个，2020 年生态承载密度在 5.45～6.82 人/hm^2，远高于全国平均水平。2020 年生态承载力较强的县全部分布在中部山区和特莱平原区，其中承载密度小于 6 人/hm^2 的县在两大区域均有分布，而大于 6 人/hm^2 的县则基本全部分布在中部山区，反映出中部山区拥有着丰富的生态资源。中部山区的伊拉姆生态承载力最高，同时也是全国生态承载力最高的县，是全国平均水平的 1.5 倍左右；而帕尔萨则是特莱平原区生态承载力最高的县，在 2020 年时约为 6.15 人/hm^2。然而从生态承载力的变化情况看，在此 20 年间各县的生态承载密度均有所下降，且平均降幅普遍在 1 人/hm^2 以上，一定程度上反映出生态承载力的降低（表 6-2）。

表 6-2　生态承载力较强县生态承载密度统计　（单位：人/hm^2）

区	县	2001 年生态承载密度	2011 年生态承载密度	2020 年生态承载密度
中部山区	拉姆忠	6.54	5.97	5.45
中部山区	苏尔克特	6.58	6.01	5.48
特莱平原区	孙萨里	6.49	5.96	5.48
中部山区	科塘	6.59	6.01	5.49
中部山区	达德都拉	6.63	6.04	5.52
特莱平原区	贾帕	6.65	6.08	5.56
中部山区	多蒂	6.70	6.12	5.58
特莱平原区	卡皮尔瓦斯图	6.73	6.14	5.61

续表

区	县	2001 年生态承载密度	2011 年生态承载密度	2020 年生态承载密度
中部山区	丹库塔	6.80	6.20	5.66
特莱平原区	凯拉利	6.81	6.21	5.67
特莱平原区	班凯	6.80	6.21	5.67
中部山区	乌代普尔	6.87	6.27	5.72
中部山区	特拉图木	6.96	6.34	5.79
特莱平原区	巴拉	6.87	6.31	5.81
中部山区	博季普尔	6.99	6.38	5.82
中部山区	辛杜利	7.00	6.39	5.83
中部山区	卡夫雷帕兰乔克	7.03	6.42	5.86
中部山区	罗尔帕	7.08	6.46	5.89
特莱平原区	巴迪亚	6.99	6.43	5.91
特莱平原区	莫朗	7.12	6.50	5.93
中部山区	潘奇达尔	7.12	6.50	5.93
中部山区	拉利德普尔	7.17	6.54	5.97
特莱平原区	纳瓦尔帕拉西	7.11	6.51	5.97
特莱平原区	奇特万	7.13	6.53	5.98
特莱平原区	当格	7.19	6.58	6.02
中部山区	马克万普尔	7.26	6.63	6.05
中部山区	巴格隆	7.26	6.63	6.05
中部山区	皮乌旦	7.34	6.69	6.11
特莱平原区	帕尔萨	7.26	6.68	6.15
中部山区	阿尔加坎奇	7.54	6.87	6.27
中部山区	塔纳胡	7.56	6.90	6.30
中部山区	古尔米	7.64	6.97	6.36
中部山区	帕尔帕	7.75	7.07	6.45
中部山区	帕尔巴特	7.92	7.23	6.60
中部山区	西扬加	7.95	7.25	6.62
中部山区	伊拉姆	8.19	7.48	6.82

尼泊尔生态承载力中等的县有 28 个，2020 年生态承载密度在 3.24～5.36 人/hm^2，即在全国平均水平上下浮动 25%的范围内。2020 年，在生态承载力中等的县中，仅有 6 个县位于北部高山区，它们也是北部高山区内生态承载力最高的县，但生态承载力最大值（辛杜帕尔乔克）仅为 4.47 人/hm^2；有 8 个位于特莱平原区，生态承载力处在 4.60～5.36 人/hm^2；其余 14 个仍然位于中部山区，再次反映出中部山区生态资源的丰富，而北部高山区的生态承载力较低。而从变化情况看，这 28 个生态承载力中等县的生态承载力

水平同样呈现出下降趋势，平均降幅在 0.8 人/hm^2（表 6-3）。

表 6-3 生态承载力中等县生态承载密度统计 （单位：人/hm^2）

区	县	2001 年生态承载密度	2011 年生态承载密度	2020 年生态承载密度
北部高山区	塔普勒琼	3.89	3.55	3.24
中部山区	廓尔喀	4.11	3.75	3.42
北部高山区	巴朱拉	4.26	3.89	3.55
北部高山区	多拉卡	4.57	4.17	3.81
中部山区	米亚格迪	4.63	4.23	3.86
北部高山区	卡里科特	4.87	4.44	4.05
中部山区	鲁孔	5.05	4.61	4.20
北部高山区	桑库瓦萨巴	5.08	4.63	4.23
北部高山区	辛杜帕尔乔克	5.37	4.90	4.47
特莱平原区	锡拉哈	5.46	5.01	4.60
特莱平原区	达努沙	5.54	5.05	4.61
中部山区	拉梅查普	5.62	5.13	4.68
中部山区	贾贾科特	5.69	5.19	4.73
中部山区	拜塔迪	5.69	5.19	4.73
特莱平原区	萨普塔里	5.74	5.26	4.81
特莱平原区	马霍塔里	5.76	5.27	4.82
中部山区	卡斯基	5.86	5.35	4.88
中部山区	代累克	5.92	5.40	4.92
中部山区	加德满都	5.93	5.41	4.93
特莱平原区	萨拉希	6.07	5.56	5.10
特莱平原区	劳塔哈特	6.11	5.59	5.12
中部山区	阿查姆	6.20	5.66	5.16
中部山区	萨尔亚	6.24	5.69	5.19
中部山区	达丁	6.34	5.78	5.28
中部山区	努瓦科特	6.37	5.81	5.30
特莱平原区	坎昌布尔	6.33	5.79	5.30
中部山区	奥卡尔东加	6.39	5.83	5.32
特莱平原区	卢潘德希	6.43	5.87	5.36

尼泊尔生态承载力较弱的县有 11 个，2020 年生态承载密度仅在 0.28～3.12 人/hm^2，远低于全国平均水平。2020 年在生态承载力较弱的县中，有 10 个位于北部高山区，占据了绝大多数，其中，木斯塘、多尔帕、马南、呼姆拉四县的生态承载力尚不足 1 人/hm^2，再次表明北部高山区相较于中部山区和特莱平原区所拥有的生态资源较为匮乏。从变化

情况看，与生态承载力较强和中等的县相似，较弱的这些县生态承载力同样呈现出下降趋势，但降幅普遍在 0.5 人/hm^2 以下，其中巴章和达尔丘拉两县在 20 年间从生态承载力中等水平降为较弱水平，其他县则始终维持在较弱水平（表 6-4）。以上结果再次表明尼泊尔的生态承载力总体上呈现出下降趋势，需要引起政府的重视。

表 6-4　生态资源承载力较弱县生态承载密度统计　（单位：人/hm^2）

地区	县区	2001 年生态承载密度	2011 年生态承载密度	2020 年生态承载密度
北部高山区	木斯塘	0.33	0.30	0.28
北部高山区	多尔帕	0.67	0.61	0.56
北部高山区	马南	0.76	0.69	0.63
北部高山区	呼姆拉	1.16	1.06	0.97
北部高山区	穆古	1.66	1.51	1.38
中部山区	巴克塔普尔	2.74	2.50	2.28
北部高山区	拉苏瓦	3.09	2.82	2.57
北部高山区	久木拉	3.10	2.83	2.58
北部高山区	索卢昆布	3.15	2.87	2.62
北部高山区	巴章	3.62	3.30	3.01
北部高山区	达尔丘拉	3.75	3.42	3.12

6.3.2　生态承载状态

本节通过实际人口数量与生态承载力的对比，分别评估尼泊尔全国、地区以及县域三级尺度下的生态承载指数及其时空演变格局，并以此为指标，厘定各尺度下的生态承载状态，为绿色丝绸之路建设愿景下，兼顾绿色丝绸之路沿线建设和生态保护协适策略提供参考。

1. 全国水平

2000～2020 年尼泊尔全国的生态承载力始终处于富富有余状态，但生态承载指数呈现出明显的逐年上升趋势，生态承载指数从 2000 年的 0.32 波动上升到 2020 年的 0.46（图 6-24）。此结果表明尼泊尔的生态承载压力尚处于较低水平，但正在不断增加，未来可能会面临着生态超载的风险。

2. 地区尺度

尼泊尔各地区的生态承载状态有所差异。具体而言，北部高山区的生态承载指数最低，2001 年、2011 年和 2020 年均位于 0.2 以下，为富富有余状态，反映出其生态承载状态相对宽裕，尽管北部高山区的生态承载力为各地区中最低，但较少的人口使得其拥

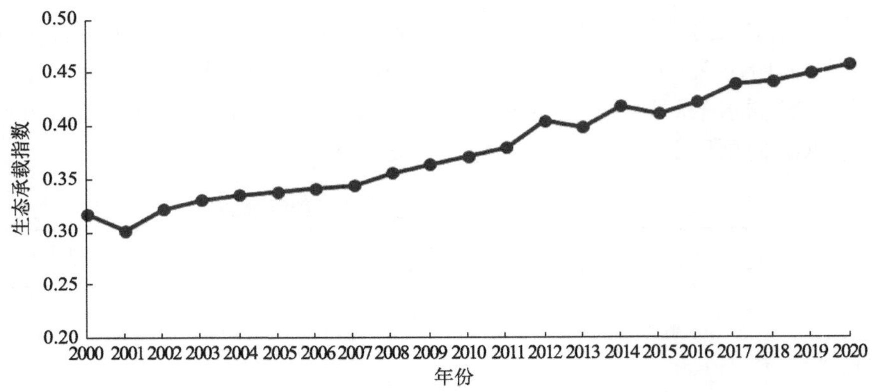

图 6-24　尼泊尔 2000～2020 年全国生态承载指数

有较好的生态承载状态。特莱平原区的生态承载指数为各地区中最高，其中 2001 年生态承载指数为 0.50，尚处于富富有余状态，而 2011 和 2020 年则分别为 0.64 和 0.75，达到了盈余水平，虽然仍没有超载，但生态承载状态正在逐渐恶化。中部山区的生态承载指数在 2001 年、2011 年和 2020 年分别为 0.26、0.32 和 0.40，也都处于富富有余状态，优于特莱平原区而逊于北部高山区（图 6-25 和图 6-26）。三大地区的生态承载指数均呈现出增加趋势，表明生态承载状态虽仍然较为乐观但面临一定的超载风险。

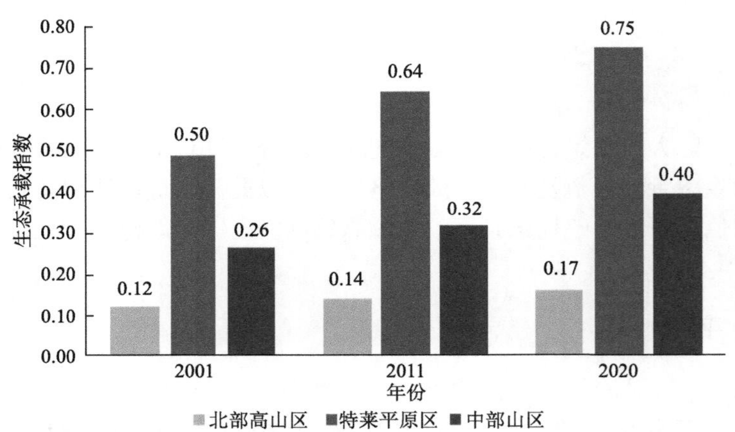

图 6-25　尼泊尔各地区生态承载指数（2001 年、2011 年、2020 年）

3. 分县格局

基于生态承载指数的分县生态承载力评价表明，尼泊尔分县的生态承载状态以富富有余为主。以 2020 年的情况为例，有多达 58 个县处于富富有余状态，3 个县为盈余状态，3 个县为平衡有余状态，2 个县为临界超载状态，6 个县为超载状态，而 3 个县处于严重超载状态。具体分析如下。

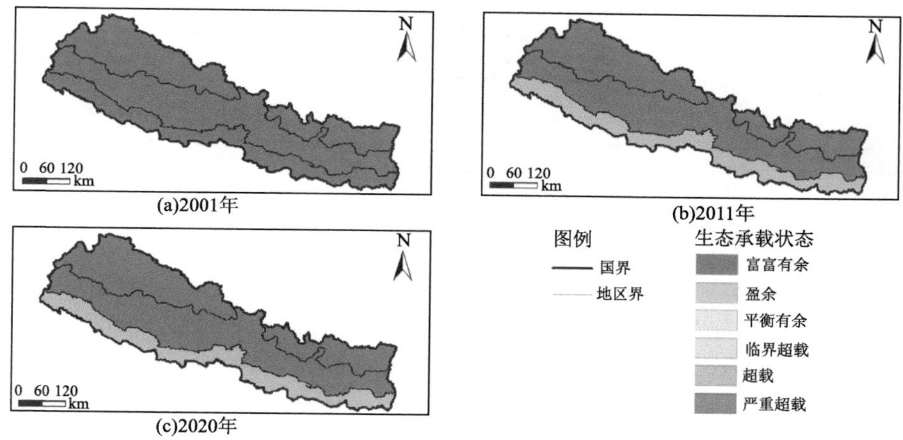

图 6-26　尼泊尔生态承载状态空间分布（2001 年、2011 年、2020 年）

（1）尼泊尔生态承载状态为富富有余的县有 58 个，生态承载指数处于 0.05～0.59。其中，北部高山区的所有县全部处于富富有余状态，且生态承载指数大多低于 0.20，生态承载指数最高的辛杜帕尔乔克也仅为 0.28，这表明北部高山区的生态承载状态十分健康，尽管其生态承载力不如中部山区和特莱平原区，但较少的人口数量使其能够维持十分充裕的生态承载状态。中部山区和特莱平原区也有相当大一部分县处于富富有余状态，其中中部山区生态承载状态最佳的县是米亚格迪，其生态承载指数约为 0.14；而特莱平原区最佳的县是当格，但其生态承载指数为 0.33，远高于米亚格迪以及北部高山区。另外，生态承载状态为盈余的县有 3 个，均位于特莱平原区，其指数处在 0.62～0.78，但值得一提的是，这三个县均是从 20 年前的富富有余状态转变为如今的盈余状态，一定程度上反映出特莱平原区生态承载状态的恶化（表 6-5）。

表 6-5　生态承载状态富富有余与盈余县生态承载指数

区	县	2001 年		2011 年		2020 年	
		生态承载指数	生态承载状态	生态承载指数	生态承载状态	生态承载指数	生态承载状态
北部高山区	马南	0.05	富富有余	0.04	富富有余	0.05	富富有余
北部高山区	多尔帕	0.05	富富有余	0.07	富富有余	0.07	富富有余
北部高山区	呼姆拉	0.06	富富有余	0.08	富富有余	0.10	富富有余
北部高山区	拉苏瓦	0.09	富富有余	0.09	富富有余	0.10	富富有余
北部高山区	穆古	0.07	富富有余	0.10	富富有余	0.10	富富有余
北部高山区	桑库瓦萨巴	0.08	富富有余	0.09	富富有余	0.11	富富有余
北部高山区	塔普勒琼	0.09	富富有余	0.09	富富有余	0.11	富富有余
北部高山区	索卢昆布	0.10	富富有余	0.11	富富有余	0.12	富富有余
中部山区	米亚格迪	0.10	富富有余	0.11	富富有余	0.14	富富有余
北部高山区	木斯塘	0.12	富富有余	0.12	富富有余	0.15	富富有余

续表

区	县	2001 年		2011 年		2020 年	
		生态承载指数	生态承载状态	生态承载指数	生态承载状态	生态承载指数	生态承载状态
北部高山区	久木拉	0.11	富富有余	0.15	富富有余	0.15	富富有余
中部山区	鲁孔	0.12	富富有余	0.15	富富有余	0.17	富富有余
中部山区	拉姆忠	0.15	富富有余	0.16	富富有余	0.17	富富有余
中部山区	达德都拉	0.12	富富有余	0.15	富富有余	0.19	富富有余
中部山区	贾贾科特	0.10	富富有余	0.14	富富有余	0.19	富富有余
北部高山区	巴章	0.13	富富有余	0.17	富富有余	0.19	富富有余
中部山区	多蒂	0.15	富富有余	0.17	富富有余	0.20	富富有余
北部高山区	巴朱拉	0.11	富富有余	0.15	富富有余	0.20	富富有余
中部山区	罗尔帕	0.15	富富有余	0.18	富富有余	0.20	富富有余
北部高山区	达尔丘拉	0.13	富富有余	0.16	富富有余	0.20	富富有余
中部山区	辛杜利	0.16	富富有余	0.18	富富有余	0.21	富富有余
北部高山区	卡里科特	0.12	富富有余	0.17	富富有余	0.23	富富有余
中部山区	廓尔喀	0.19	富富有余	0.19	富富有余	0.24	富富有余
北部高山区	多拉卡	0.20	富富有余	0.20	富富有余	0.24	富富有余
中部山区	博季普尔	0.19	富富有余	0.18	富富有余	0.26	富富有余
中部山区	阿尔加坎奇	0.23	富富有余	0.24	富富有余	0.27	富富有余
中部山区	拉梅查普	0.24	富富有余	0.25	富富有余	0.27	富富有余
中部山区	科塘	0.22	富富有余	0.21	富富有余	0.27	富富有余
中部山区	伊拉姆	0.20	富富有余	0.22	富富有余	0.28	富富有余
中部山区	皮乌旦	0.22	富富有余	0.26	富富有余	0.28	富富有余
中部山区	巴格隆	0.20	富富有余	0.22	富富有余	0.28	富富有余
北部高山区	辛杜帕尔乔克	0.22	富富有余	0.23	富富有余	0.28	富富有余
中部山区	奥卡尔东加	0.22	富富有余	0.23	富富有余	0.29	富富有余
中部山区	苏尔克特	0.17	富富有余	0.23	富富有余	0.29	富富有余
中部山区	马克万普尔	0.22	富富有余	0.26	富富有余	0.30	富富有余
中部山区	特拉图木	0.23	富富有余	0.23	富富有余	0.30	富富有余
中部山区	乌代普尔	0.20	富富有余	0.24	富富有余	0.31	富富有余
中部山区	潘奇达尔	0.22	富富有余	0.23	富富有余	0.32	富富有余
中部山区	帕尔帕	0.25	富富有余	0.26	富富有余	0.33	富富有余
特莱平原区	当格	0.21	富富有余	0.28	富富有余	0.33	富富有余
中部山区	达丁	0.27	富富有余	0.30	富富有余	0.35	富富有余
中部山区	拜塔迪	0.27	富富有余	0.31	富富有余	0.35	富富有余
中部山区	阿查姆	0.22	富富有余	0.27	富富有余	0.35	富富有余

续表

区	县	2001 年		2011 年		2020 年	
		生态承载指数	生态承载状态	生态承载指数	生态承载状态	生态承载指数	生态承载状态
中部山区	丹库塔	0.27	富富有余	0.29	富富有余	0.36	富富有余
中部山区	塔纳胡	0.26	富富有余	0.30	富富有余	0.36	富富有余
中部山区	萨尔亚	0.23	富富有余	0.29	富富有余	0.36	富富有余
特莱平原区	巴迪亚	0.27	富富有余	0.32	富富有余	0.38	富富有余
特莱平原区	奇特万	0.29	富富有余	0.40	富富有余	0.40	富富有余
中部山区	代累克	0.25	富富有余	0.32	富富有余	0.40	富富有余
中部山区	古尔米	0.33	富富有余	0.34	富富有余	0.41	富富有余
中部山区	西扬加	0.34	富富有余	0.34	富富有余	0.42	富富有余
特莱平原区	班凯	0.24	富富有余	0.33	富富有余	0.43	富富有余
特莱平原区	凯拉利	0.28	富富有余	0.38	富富有余	0.46	富富有余
中部山区	卡夫雷帕兰乔克	0.39	富富有余	0.42	富富有余	0.47	富富有余
中部山区	卡斯基	0.32	富富有余	0.45	富富有余	0.49	富富有余
中部山区	努瓦科特	0.40	富富有余	0.42	富富有余	0.51	富富有余
中部山区	帕尔巴特	0.40	富富有余	0.41	富富有余	0.52	富富有余
特莱平原区	纳瓦尔帕拉西	0.36	富富有余	0.45	富富有余	0.59	富富有余
特莱平原区	坎昌布尔	0.37	富富有余	0.48	富富有余	0.62	盈余
特莱平原区	卡皮尔瓦斯图	0.41	富富有余	0.53	富富有余	0.66	盈余
特莱平原区	帕尔萨	0.50	富富有余	0.66	盈余	0.78	盈余

（2）2020 年尼泊尔生态承载状态处于平衡有余和临界超载的县数量分别为 3 个和 2 个，其生态承载指数处于 0.86～1.16。具体而言，这 5 个县仍然全部位于特莱平原区，并且从变化情况来看，这 5 个县在 2001 年时均为盈余状态，而后在 20 年的时间里逐步演变为平衡有余或临界超载状态，再次表明特莱平原区在此期间经历了生态承载状态的大幅度恶化，且生态承载状态未来仍然面临进一步恶化的风险，如果不及时采取适当措施加以应对则很难维持现如今的相对平衡局面（表 6-6）。

表 6-6　生态承载状态平衡有余与临界超载县生态承载指数

区	县	2001 年		2011 年		2020 年	
		生态承载指数	生态承载状态	生态承载指数	生态承载状态	生态承载指数	生态承载状态
特莱平原区	莫朗	0.63	盈余	0.80	平衡有余	0.86	平衡有余
特莱平原区	贾帕	0.64	盈余	0.83	平衡有余	0.93	平衡有余
特莱平原区	巴拉	0.68	盈余	0.91	平衡有余	0.97	平衡有余
特莱平原区	萨普塔里	0.72	盈余	0.89	平衡有余	1.14	临界超载
特莱平原区	劳塔哈特	0.79	盈余	1.08	临界超载	1.16	临界超载

（3）尼泊尔生态承载状态为超载与严重超载的县数量分别为 6 个和 3 个，现有生态资源已经难以支撑人口需求。其中，超载的县全部位于特莱平原区，生态承载指数处在 1.20～1.37；而严重超载的 3 个县分布于中部山区，生态承载指数大于 2，其中巴克塔普尔和加德满都两地的指数甚至高达 10 以上，生态超载情况十分严重，这主要是因为首都地区人口稠密且城镇化水平相对较高，因此生态资源不足以满足人口生产生活需要。而从变化情况看，巴克塔普尔和加德满都两地的生态承载状态始终为严重超载，而其他县则均经历了生态承载状态水平的下降（表 6-7）。上述结果表明尼泊尔整体的生态承载状态仍然较为理想，但中部山区和特莱平原区的部分重点区域面临较为严重的生态超载问题，且绝大多数县的生态承载指数已经呈现出下降趋势，未来可能面临着生态超载的潜在风险。

表 6-7　生态承载超载与严重超载县区承载指数

区	县	2001 年		2011 年		2020 年	
		生态承载指数	生态承载状态	生态承载指数	生态承载状态	生态承载指数	生态承载状态
特莱平原区	锡拉哈	0.88	平衡有余	1.06	临界超载	1.20	超载
特莱平原区	孙萨里	0.76	盈余	1.01	临界超载	1.22	超载
特莱平原区	萨拉希	0.83	平衡有余	1.09	临界超载	1.25	超载
特莱平原区	卢潘德希	0.80	平衡有余	1.10	临界超载	1.27	超载
特莱平原区	马霍塔里	0.95	平衡有余	1.18	临界超载	1.33	超载
特莱平原区	达努沙	1.02	临界超载	1.26	超载	1.37	超载
中部山区	拉利德普尔	1.22	超载	1.86	严重超载	2.12	严重超载
中部山区	巴克塔普尔	6.89	严重超载	10.24	严重超载	11.35	严重超载
中部山区	加德满都	4.61	严重超载	8.15	严重超载	12.92	严重超载

6.4　生态承载力的未来情景与谐适策略

生态系统自身演变规律、人类对于生态系统的利用方式和利用强度以及全球气候变化等因素对于区域生态系统的供给能力、消耗构成及其水平都会产生重大影响。依托国际公认的气候变化情景、生态系统演变模型开展系统模拟，同时结合国家自身的经济社会发展需求、国际上不同国家和地区间的合作愿景，可以评估一个国家和地区未来生态承载力与承载状态的可能变化，并对其关键问题做出与可持续发展要求相协调的针对性政策调整。

6.4.1　未来情景

基于 2030 年三种情景下（基准情景、绿色丝绸之路愿景、区域竞争情景）尼泊尔森林、农田、草地面积变化以及净初级生产力变化预估，分析生态供给变化趋势；依据人口变化预测分析生态消费变化趋势，进而分析尼泊尔生态承载状态的变化趋势。

1. 生态系统变化

2020～2030 年，三种未来情景下，尼泊尔不同地区农田面积增加均较为显著（图 6-27 和表 6-8）。其中，基准情景下农田面积变化最大，超过了 6%/a，特别是特莱平原区年变化率高于 12%/a。除了区域竞争情景下草地面积有所增加以外，其余情景森林与草地以减少趋势为主，且北部高山区森林面积减小相对于其他区域来说较显著；基准情景下各区域草地面积减小较显著，特别是中部山区草地面积减小趋势超过了 1%/a。

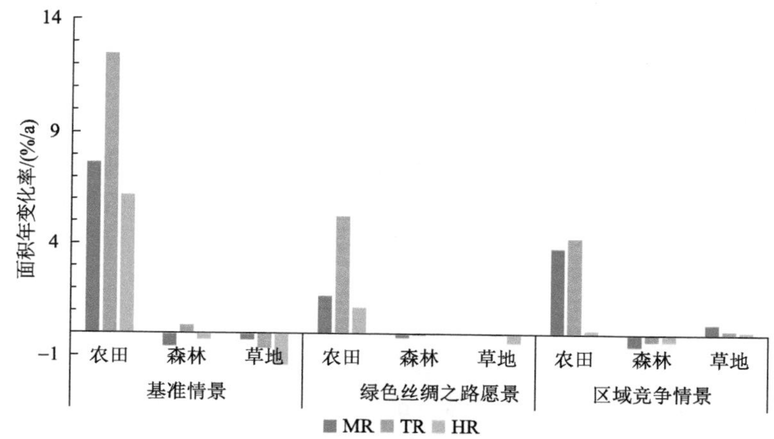

图 6-27　未来情景下尼泊尔各区农田、森林与草地生态系统面积年变化率

表 6-8　未来情景下尼泊尔各区域农田、森林与草地生态系统面积变化统计

区	基准情景			绿色丝绸之路愿景			区域竞争情景		
	农田	森林	草地	农田	森林	草地	农田	森林	草地
MR	7.68	−0.56	−0.32	1.71	−0.14	0	3.85	−0.50	0.47
TR	12.46	0.33	−0.68	5.24	−0.05	−0.04	4.29	−0.29	0.19
HR	6.21	−0.26	−1.10	1.18	0	−0.37	0.18	−0.28	0.15

2. 生态供给变化

2030 年，三种情景下特莱平原区单位面积生态供给均为最高，其次是北部高山区。基准情景下，各区域单位面积生态供给略高于其他情景，特莱平原区、北部高山区与中部山区单位面积生态供给分别 $444gC/m^2$、$232gC/m^2$ 与 $196gC/m^2$。

2030 年，三种情景下各县单位面积生态供给均呈现由北向南逐渐递减的空间分布规律。其中，南部特莱平原区的大部分县单位面积生态供给较高，超过了 $450gC/m^2$；中部山区的苏尔克特、萨尔亚等县单位面积生态供给较高，加德满都、奥卡尔东加、帕尔巴特等县单位面积生态供给较低，不足 100gC/m^2；北部高山区单位面积生态供给较低，大部分区域不足 50gC/m^2。

2020～2030 年，三种情景下各县单位面积生态供给变化呈现较明显的空间分异特征。其中，基准情景下，中部与西南部县单位面积生态供给降低显著，特别是科塘、博季普尔等县单位面积生态供给降低趋势超过 2%/a；西南部区县单位面积生态供给以增加为主，凯拉利、巴迪亚、苏尔克特等县单位面积生态供给增速超过 4%/a。绿色丝绸之路愿景下，除巴迪亚以外，其余县单位面积生态供给均呈不同程度增加态势，其中，尼泊尔中部山区与南部特莱平原区增加显著，超过 4%/a；北部高山区西北部的县增速小于 1%/a。区域竞争情景下，特莱平原区大部分县单位面积生态供给有所减少，特别是班凯、当格与帕尔萨等县减少趋势超过了 3%/a；北部高山区大部分县单位面积生态供给增速介于 0～4%/a。

3. 生态消费变化

除坎昌布尔与努瓦科特两县生态消费降低以外，其余县均呈不同程度增加趋势。其中，中部的塔纳胡、帕尔帕及南部的科塘、博季普尔与伊拉姆等县的消费水平显著增加，增速超过 25%/a；其余大部分县增速介于 10%～20%/a，北部高山区西北部的县生态消费轻微增加，不超过 5%/a。

4. 生态承载状态变化

从目前资源开发限度来看，2030 年基准情景下，尼泊尔 75 个县中，超过 60%的县处于盈余状态，其中，苏尔克特、马南与拉苏瓦等县富富有余；中部与西南部县生态承载状态较差，特莱平原区大部分县处于超载与严重超载状态。绿色丝绸之路愿景下，超过 75%的县生态承载状态为盈余，其中，16%的县富富有余；而中部与西南部的塔纳胡、加德满都等县处于严重超载状态。区域竞争情景下，超过 30%的县承载压力较大，特莱平原区大部分县严重超载，中部与东北部呈超载状态的县相对于其他情景有所增多。

6.4.2 生态系统面临的主要问题

结合文献资料整理，分析了近几十年尼泊尔的森林、农田、草地生态系统存在的主要问题。

森林是尼泊尔最主要的生态系统类型，林业对于尼泊尔农村发展十分重要。自 1990 年以来，森林资源下降趋势明显，主要原因包括日益增长的人口和牲畜向森林施加的压力，随意放牧，为获取薪材和饲料而进行的过度采伐和修剪，森林火灾、非法采伐等。森林工业面临原材料日益短缺的严峻现实。此外，旅游业的发展导致人口密度增加、过度依赖木材作为燃料和建筑原材料以及为了饲养牲畜而在山坡上过度放牧，这导致山区表层土壤流失，进一步加剧了森林资源的枯竭。

尼泊尔生物多样性丰富，但由于过度开发及外来物种入侵、环境污染、人与动物之间的冲突，也面临生物多样性减少的威胁，此外，其还面临气候变化和极端气候事件的影响。尼泊尔社区森林使用者小组（CFUG）自产生以来，对于解决环境、经济、社会和政治问题发挥了积极作用。尼泊尔森林资源的破坏和退化已严重影响林产品及服务的提供，随着经济社会等外部环境的进一步变化，林业存在的问题和面临的挑战逐渐显现，如治理能力不足、资源管理不合理，导致森林资源的过度利用、开发无序；成员参与性不高，利益分配不合理；经营收益不高而运行成本高。

自然灾害严重影响尼泊尔的农田生态系统和粮食生产，近六成区域面临粮食短缺危机，粮食缺口超过 20 万 t。同时，尼泊尔农业还面临着改良土壤、防止水土流失、防止山体滑坡、减少杀虫剂的使用等问题。

6.4.3 生态承载力谐适策略

从生态供给角度来看，至 2030 年，基准情景与区域竞争情景下中部山区以及特莱平原区生态供给减少较显著，可能与该地区农业开发与森林砍伐导致的农田与森林生态系统质量降低有关（曹小敏等，2016）。对于生态供给将要减少的区域，需要加强生态系统管理、增加碳汇，减缓气候变化影响，保护珍稀野生动物、维护生物多样性等（Sapkota et al.，2010），需要将生态保护和经济发展结合起来，重视森林资源的保护、可再生能源的开发与利用、野生动植物的保护等。基于自然的解决方案，提高森林的经营利用效率，完善和建立森林可持续经营管理制度，确保森林得到有序和合理利用。

从生态消费角度来看，尼泊尔生态系统服务总消费和人均消费均呈现持续增长趋势，特别是依赖农田和草地的谷物、油料、薯类、糖类消费量持续增加，薪材消费有所减少（Hamal，2020）。至 2030 年，尼泊尔人口不断增多、经济持续增长，特别是位于中部山区、特莱平原区的政治与经济发达的县，人口集中，生态消费水平增长较快，因而面临更为严重的承载压力（苏艺等，2016）。因此，需要通过平衡国内各区直接的生态产品供给模式，并促进进出口贸易平衡完善国内供给缺口，以及鼓励转变消费模式等措施，以达到缓解特莱平原区等地区生态承载压力并保持其他地区盈余状态的目标。

参 考 文 献

曹小敏, 孙明江, 李爱农, 等. 2016. 尼泊尔土地覆被遥感制图及其空间格局分析. 地球信息科学学报, 18(10): 15.

杜文鹏. 2018. 基于供给与消耗的生态承载力研究——以海南省为例. 西安: 长安大学.

马琳, 刘浩, 彭建, 等. 2017. 生态系统服务供给和需求研究进展. 地理学报, 72(7): 1277-1289.

苏艺, 邓伟, 张继飞, 等. 2016. 尼泊尔中部山区 Melamchi 流域农户类型及其土地利用方式. 农业工程学报, 32(9): 204-211.

王世豪, 黄麟, 徐新良, 等. 2022. 特大城市群生态空间及其生态承载状态的时空分异. 地理学报, 77(1): 164-181.

肖俊生. 2009. 民国传统酿酒业与粮食生产的相依关系. 社会科学辑刊, (2): 139-145.

谢高地, 甄霖, 鲁春霞, 等. 2008. 生态系统服务的供给、消费和价值化. 资源科学, 30(1): 93-99.

张丽佳, 周妍. 2021. 建立健全生态产品价值实现机制的路径探索. 生态学报, 41(19): 7893-7899.
赵雪雁, 马平易, 李文青, 等. 2021. 黄土高原生态系统服务供需关系的时空变化. 地理学报, 76(11): 2780-2796.
甄霖, 刘学林, 李芬, 魏云洁, 等. 2010. 脆弱生态区生态系统服务消费与生态补偿研究: 进展与挑战. 资源科学, 32(5): 11-17.
甄霖, 刘雪林, 魏云洁. 2008. 生态系统服务消费模式、计量及其管理框架构建. 资源科学, 30(1): 100-106.
甄霖, 闫慧敏, 胡云锋, 等. 2012. 生态系统服务消耗及其影响. 资源科学, 34(6): 989-997.
Hamal K. 2020. 尼泊尔干旱时空变化特征及其对主要农业产量的影响. 北京: 中国科学院大学.
Liang Y H, Zhen L, Hu Y F, et al. 2020. Analysis of the food consumption mode and its influencing factors in Kazakhstan. Journal of Resources and Ecology, 11(1): 121-127.
Millennium Ecosystem Assessment. 2005. Ecosystems and Human Well-being: Synthesis. Washington, D C: Island Press.
Sabir H, Sheenu S, Narain S A. 2022. Evaluation of ecosystem supply services and calculation of economic value in Ladakh, India. Regional Sustainability, 3(2): 157-169.
Sapkota I P, Tigabu M, Odén P C. 2010. Changes in tree species diversity and dominance across a disturbance gradient in Nepalese Sal (*Shorea robusta Gaertn. f.*) forests. Journal of Forestry Research, 21(1): 25-32.
Vitousek P M, Mooney H A, Lubchenco J, et al. 1997. Human domination of earth's ecosystems. Science, 277(5325): 494-499.
WWW (World Wildlife Fund). 2004. Living Planet Report 2004. Gland: Avenue du Mont-Blanc.
Zhang C S, Xie G D, Zhen L. 2023. Research on ecosystem service consumption in Guilin City. Journal of Resources and Ecology, 14(1): 186-194.

第 7 章　资源环境承载力综合评价

资源环境承载力综合评价（comprehensive assessment of resource and environmental carrying capacity，RECC）作为资源环境承载力研究的综合评价内容，旨在量化讨论区域资源环境承载“上线”。资源环境承载力作为生态学、地理学、资源环境科学等学科的研究热点和理论前沿（樊杰等，2015），不仅是一个探讨“最大负荷”的具有人类极限意义的科学命题（封志明等，2017），而且是一个极具实践价值的人口与资源环境协调发展的政策议题，甚至是一个涉及人与自然关系、关乎人类命运共同体的哲学问题（国家人口发展战略研究课题组，2007）。20 世纪末期以来，出于对资源耗竭和环境恶化的科学关注，资源环境承载力在区域规划、生态系统服务评估、全球环境现状与发展趋势以及可持续发展研究领域受到越来越多的重视（Assessment，2005；Imhoff et al.，2004；Running，2012）。近几十年来，资源环境承载力评价从分类到综合，已由关注单一资源（竺可桢，1964；封志明，1990；谢高地等，2011）约束发展到人类对资源占有的综合评估。资源环境承载力综合研究兴起以来，为统一量纲，人们试图把不同物质折算成能量、货币或其他尺度（严茂超和 Odun，1998；闵庆文等，2005；李泽红等，2013），以求横向对比与综合计量。资源环境承载力定量评价与综合计量是资源环境承载力研究由分类走向综合、由基础走向应用的关键环节。

地处南亚内陆的尼泊尔，拥有着丰富的江河水利资源，有 6000 多条大小河流从喜马拉雅山脉和其他高山流向特莱平原区。5～9 月为尼泊尔的雨季，降水丰富，但是由于水资源开发利用率低且降水月份较为集中，尼泊尔部分区域水资源承载力仍存在问题。尼泊尔地形以山地为主，呈北高南低的趋势，北部高山区海拔较高，土地贫瘠，南部平原区地势平坦，土壤肥沃，适合农作物生产。然而尼泊尔人口已接近 3000 万人，土地压力趋紧，土地资源承载力面临一系列挑战。尼泊尔生态承载力高，境内有丰富的森林资源和生物资源，生态供给量较高，生态承载力整体处于盈余状态。由于受到历史、地理、文化宗教、国内外政治等影响，尼泊尔长期处于相对封闭和经济低速发展的状态，这导致其面临产业结构相对落后、资源利用率较低、贫困人口比例较高等众多问题，尼泊尔人口与资源环境承载力协调发展问题亟待解决。

本章以水土资源和生态环境承载力分类评价为基础，结合人居环境自然适宜性评价与社会经济发展适应性评价，以公里格网为基础，以分县为基本研究单元，开展了尼泊尔资源环境承载力评价；在此基础上，系统评估了尼泊尔资源环境综合承载力与承载状态，定量揭示了尼泊尔资源环境承载力的地域差异与变化特征，并研究提出了增强尼泊尔资源环境承载力的适应策略与对策建议。

7.1 尼泊尔资源环境承载力定量评价与限制性分类

本节在水、土资源承载力和生态环境承载力分类评价与限制性分类的基础上，从分类到综合，定量评估了尼泊尔的资源环境承载力，从全国、地区到分县，完成了尼泊尔资源环境承载力定量评价与限制性分类，为尼泊尔资源环境承载力综合评价与警示性分级提供了量化支持。

7.1.1 全国水平

1. 2020 年尼泊尔资源环境承载力为 4731.43 万人，北部高山区、中部山区、特莱平原区资源环境承载力分别为 1088.95 万人、2005.26 万人、1637.22 万人

尼泊尔资源环境承载力研究表明，2020 年尼泊尔资源环境承载力为 4371.43 万人。就水土资源和生态承载力来看，尼泊尔降水充沛、水资源丰富，基于现实供水条件的水资源承载力高达 17116.70 万人；尼泊尔森林与草地资源丰富，单位面积生态供给量较高，生态承载力为 6343.64 万人；尼泊尔可利用耕地分布不均衡，土地生产力相对较低，基于热量平衡的土地资源承载力为 2981.74 万人，土地资源承载力是尼泊尔资源环境承载力的主要限制因素。

尼泊尔北部高山区、中部山区、特莱平原区资源环境承载能力分别在 1088.95 万人、2005.26 万人、1637.22 万人水平（表 7-1）。从分项资源环境承载来看，尼泊尔北部高山区和中部山区水资源总量较大，水资源承载力均在 8000 万人以上，特莱平原区可利用水资源量较低且人均综合用水量较高，水资源承载力处于较低水平。尼泊尔北部高山区以草地生态系统为主，中部山区和特莱平原区以森林和农田生态系统为主，生态承载力总体均较高。尼泊尔北部高山区气候条件较恶劣且土地生产能力不足，土地资源承载能力较低；中部山区和特莱平原区气候适宜、耕地质量较好、土地生产力较高，土地资源承载力相对较高。总体来看，尼泊尔水资源开发利用率提升和土地资源生产力的提高，能够一定程度上提升尼泊尔资源环境承载能力。

表 7-1 尼泊尔 2020 年分地区资源环境承载力统计表 （单位：万人）

区	资源环境承载力	生态承载力	水资源承载力	土地资源承载力
北部高山区	1088.95	1151.86	8481.60	157.00
中部山区	2005.26	3295.41	8075.30	1085.24
特莱平原区	1637.22	1896.37	559.80	1739.50
总计	4731.43	6343.64	17116.70	2981.74

2. 2020 年尼泊尔资源环境承载密度均值为 321.43 人/km²，北部高山区、中部山区、特莱平原区资源环境承载密度均值为 210.15 人/km²、326.88 人/km² 和 481.27 人/km²

尼泊尔资源环境承载密度研究表明，2020 年尼泊尔资源环境承载密度均值是 321.43 人/km²，远远高于现实人口密度 197.97 人/km²。其中，生态承载密度均值是 430.95 人/km²，水资源承载密度均值是 1162.96 人/km²，土地资源承载密度均值是 202.59 人/km²，土地资源承载力对尼泊尔资源环境承载力具有一定程度的约束性。

从空间分布来看，尼泊尔资源环境承载密度介于 39.94～1695.87 人/km²，空间差异显著。较高的生态承载密度和土地资源承载密度导致中部山区和特莱平原区的承载密度普遍高于北部高山区。

7.1.2　地区尺度

1. 特莱平原区资源环境承载力较强，资源环境承载密度为 481.27 人/km²

特莱平原区，2020 年资源环境承载力为 1637.22 万人，占全国总量的 34.60%，承载密度为 481.27 人/km²（表 7-2），高于全国平均水平，资源环境承载力较强。特莱平原区水热条件充沛、土壤肥沃、粮食产量较高，土地资源承载密度为 511.33 人/km²，远远高于北部高山区和中部山区；特莱平原区以森林生态系统和农田生态系统为主，生态系统生产能力较强、单位面积生态供给量较高，生态承载力较强，生态承载密度为 557.44 人/km²；由于特莱平原区可利用水资源量低且人均综合用水量较高，水资源承载密度仅有 164.56 人/km²。提高水资源利用率和用水技术水平，可进一步提升特莱平原区的资源环境承载力。

表 7-2　尼泊尔 2020 年分地市资源环境承载密度统计表　（单位：人/km²）

区	资源环境承载密度	分项承载密度			现实人口密度
		土地资源承载密度	水资源承载密度	生态承载密度	
北部高山区	210.15	30.30	1636.84	222.29	28.09
中部山区	326.88	176.91	1316.37	537.19	213.01
特莱平原区	481.27	511.33	164.56	557.44	429.58

2. 中部山区资源环境承载力中等，资源环境承载密度为 326.88 人/km²

中部山区，2020 年资源环境承载力为 2005.26 万人，占全国总量的 42.38%，资源环境承载密度为 326.88 人/km²，略高于全国平均水平，资源环境承载力中等。中部山区土地资源承载密度为 176.91 人/km²，处于中等水平，与全国土地资源承载力平均水平相当；中部山区生态系统类型丰富，供给能力较强，单位面积生态供给量较高，生态承载密度为 537.19 人/km²；由于中部山区降水充足且用水效率相对较高，中部山区水资源承载密度也处于较高水平，为 1316.37 人/km²。

3. 北部高山区资源环境承载力较弱，资源环境承载密度为 210.15 人/km²

北部高山区，2020 年资源环境承载力为 1088.95 万人，占全国总量的 23.02%，资源环境承载密度为 210.15 人/km²，低于全国平均水平，资源环境承载力较弱。北部高山区以高原山地为主，农业生产条件差、粮食产量较低，土地资源承载密度仅 30.30 人/km²；北部高山区草地单位面积生态供给量较低，生态承载密度为 222.29 人/km²，远低于中部山区和特莱平原区；北部高山区地表水资源量丰富且人均综合用水量低使得水资源承载密度较高，达 1636.84 人/km²。

7.1.3 分县格局

基于尼泊尔分县的资源环境承载力评价表明，尼泊尔分县资源环境承载密度均值为 321.47 人/km²。其中，36 个县高于全国平均水平，39 个县低于全国平均水平。从空间分布看，资源环境承载力较低的呼姆拉、穆古、多尔帕等县主要分布在北部高山区，而资源环境承载力中等的巴迪亚、班凯、当格等县和较强的孙萨里、莫朗、贾帕等县主要分布在中部山区和特莱平原区，分县资源环境承载力地域差异显著。

据此，以尼泊尔分县资源环境承载密度均值 321.47 人/km² 为参考指标，将资源环境承载力低于 250 人/km² 划为较弱水平，250～600 人/km² 为中等水平，高于 600 人/km² 为较强水平。统计分析表明，从分县总体情况看，尼泊尔分县资源环境承载力总体处于中等水平（图 7-1 和图 7-2）。

1. 资源环境承载力较强的县有 15 个

尼泊尔资源环境承载力较强的 15 个县资源环境承载密度大多介于 608～1695 人/km²，远高于全国平均水平；占地 1.74 万 km²，占比 11%；相应人口 1285 万人，占比 44%；主要分布在中部山区和特莱平原区，水、土资源承载力和生态承载力均较高。资源环境承载力较强的 15 个县主要分为 6 种类型（图 7-3）。

水资源承载力较强（H_{LE}）的县主要是地处中部山区的拉利德普尔和巴克塔普尔，降水丰富，可利用水资源量相对充足且用水效率较高，水资源承载密度位于全国前列。土地资源承载力较强（H_{EW}）的为特莱平原区达努沙、萨拉希和卢潘德希三县，整体地势平坦，水热条件丰富，土地生产力较强，三县均盛产水稻与小麦等农作物，粮食产量较高，地均粮食产量均超过全国平均水平。生态和水资源承载力较强（H_L）的卡里科特和卡斯基两县分别位于北部高山区和特莱平原区，地表水资源量充沛，单位面积水资源可利用量高且人均综合用水量较低，同时两地多以草地和林地生态系统为主，单位面积生态供给量较高。生态和土地资源承载力较强（H_W）的贾帕、巴拉和莫朗三县，地处特莱平原区，土壤肥沃、耕地规模较大，地均粮食产量分别为 4.18t/hm²、4.92t/hm²、3.72/t/hm²，土地生产力处于较高水平，位于全国前列；生态系统多以森林和农田为主，生态系统多样性丰富，生态系统供给力较强。水土资源和生态资源承载力较强（H_{NONE}）的包括中部

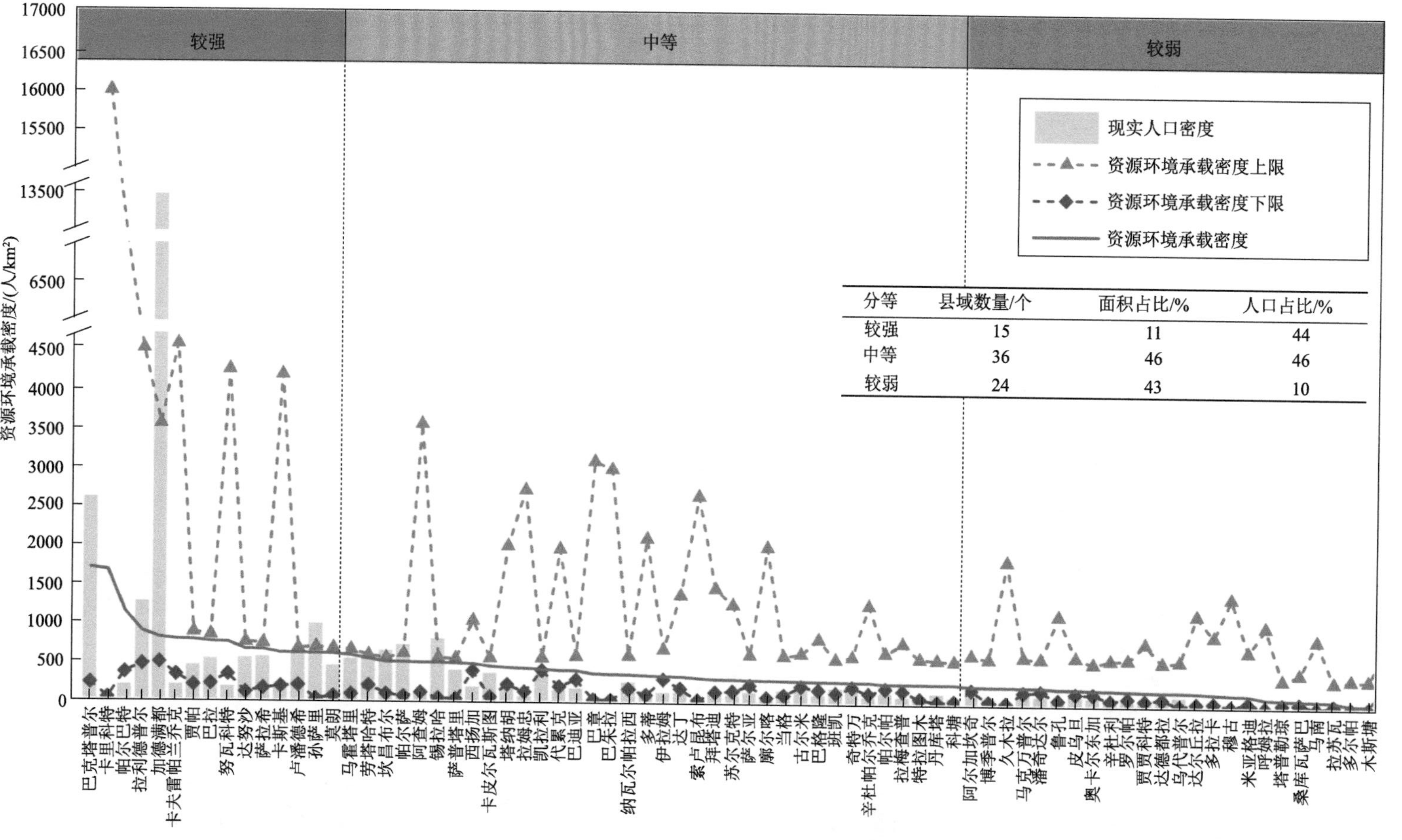

图 7-1　尼泊尔 2020 年基于县域尺度的资源环境承载力分级

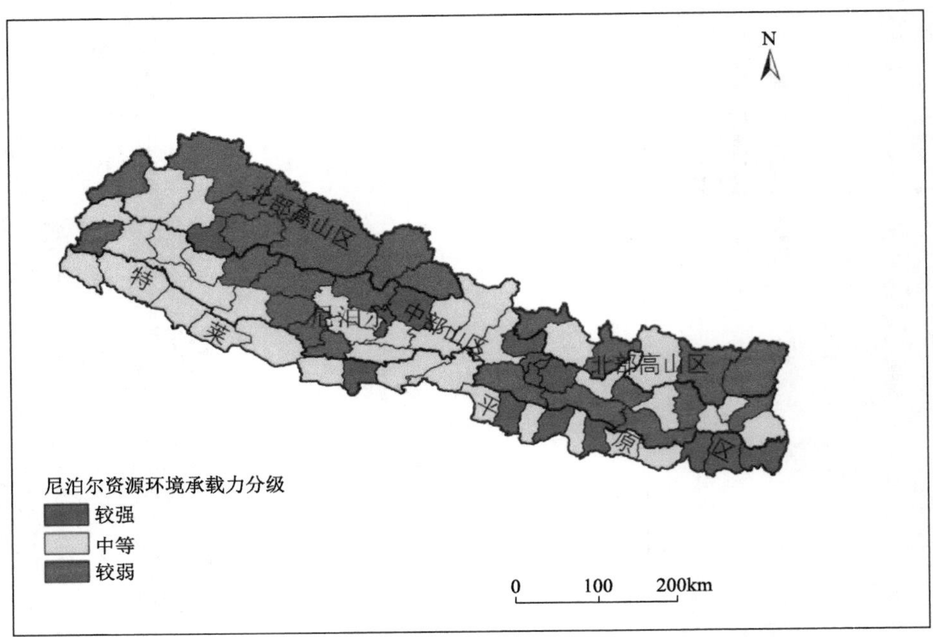

图 7-2　尼泊尔 2020 年基于县域尺度的资源环境承载力分级空间分布

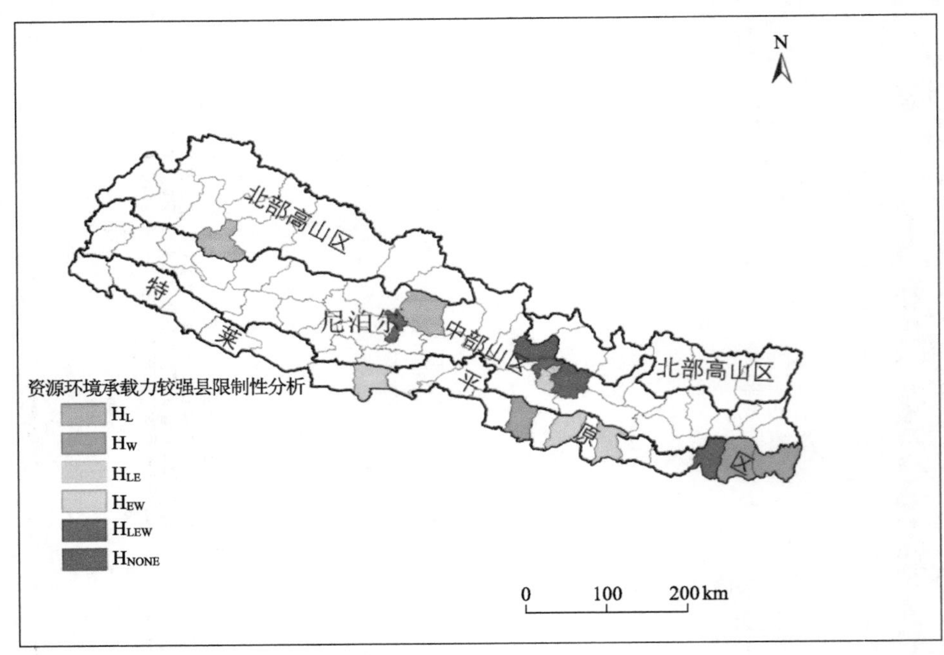

图 7-3　资源环境承载力较强县限制性分析

山区的卡夫雷帕兰乔克、努瓦科特和帕尔巴特，降水充沛、地表水资源量丰富且水资源可利用率相对较高；同时，三县土壤肥沃，粮食生产力相对较强，整体的土地资源承载密度也处于较高水平；此外，三县生态系统类型丰富，单位面积供给量较强，生态承载力也处于较高水平。水土和生态资源承载力有待加强（H_{LEW}）的包括中部山区的加德满都和孙萨里，资源环境承载力占较强县资源环境承载力总和的 7.70%，占地 0.17 万 km^2，相应面积占比为 9.50%，两县人口总和为 656.66 万人，相应人口占比为 51.10%，两县资源环境承载力处于较强水平，但是水土资源和生态环境承载力仍有进步空间。

2. 资源环境承载力中等的县域有 36 个

尼泊尔资源环境承载力中等的 36 个县的资源环境承载密度大多介于 257～586 人/km^2，接近全国平均水平。资源环境承载力中等的县占地 6.71 万 km^2，占比 46%；相应人口 1326 万人，占比 46%。资源环境承载力中等的 36 个县主要分为以下 5 种主要类型（图 7-4）。

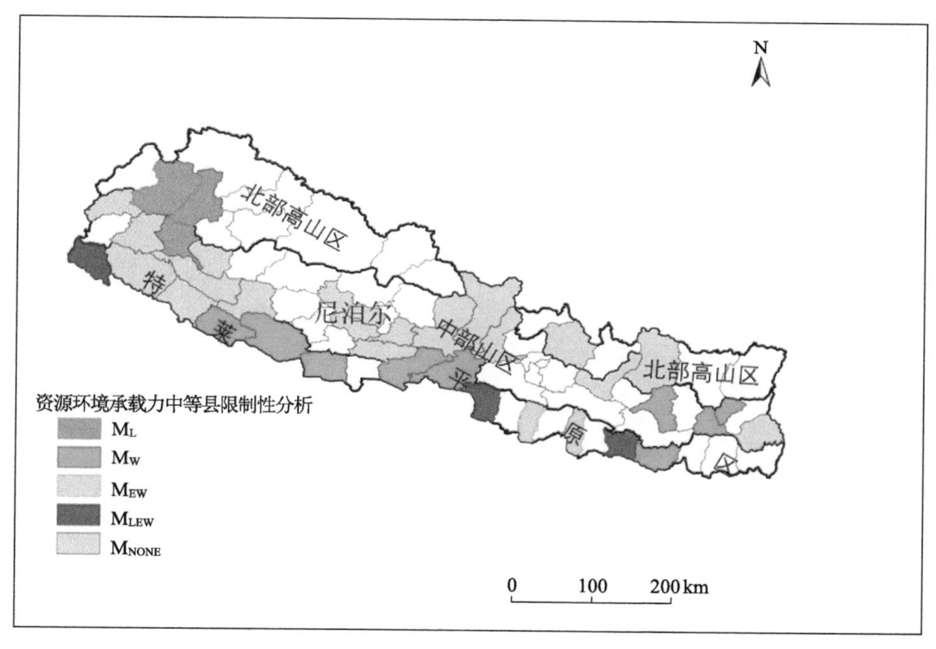

图 7-4　资源环境承载力中等县限制性分析

资源环境承载力受水资源限制（M_W）的县包括科塘、丹库塔等县，多分布在中部山区和特莱平原区，地均粮食产量普遍处于全国平均水平；单位面积生态供给量较高，生态承载密度位于全国前列；但是，水资源开发利用率低导致水资源承载密度较低，成为这些县资源环境承载力提高的主要限制因素。资源环境承载力受土地资源限制（M_L）的县包括巴朱拉、巴章等县，集中分布在北部高山区和中部山区，水资源承载力和生态承载力整体处于中等偏上水平，但是这些县农业生产条件差，地均粮食产量普遍远低于全国平均水平，相较而言，土地资源承载力成为资源环境承载力的主要限制因素。资源环境承载力受水资源和生态环境限制（M_{EW}）的县包括特莱平原区的马霍塔里和劳塔哈特，地势平坦，粮食产量相对较高，土地承载力较强；虽然降水较为充沛，但是人均综合用水量也较高，水资源承载力限制性突出；与此同时，两县单位面积生态供给量较低，生态承载力限制性也较为明显。资源环境承载力受水土资源和生态环境限制（M_{LEW}）的县包括特莱平原区的坎昌布尔、帕尔萨和锡拉哈三县，水资源承载密度远远低于全国平均水平；农业生产能力一般，地均粮食产量处于全国平均水平；可持续利用生态供给量相对不足，生态和土地资源承载力也受到一定限制。水土资源和生态资源承载力中等（M_{NONE}）的县包括辛杜帕尔乔克、索卢昆布等县，资源环境承载力总体处于中等水平，集中分布在北部高山区和中部山区，地表水资源量较大，人均综合用水量低，水资源承载力位于全国前列；水热条件较充沛，粮食产量处于全国平均水平；这些县以草地和林地生态系统为主，单位面积生态供给量普遍处于全国平均水平。

3. 资源环境承载力较弱的县有 24 个

资源环境承载力较弱的 24 个县资源环境承载密度大多介于 40～237 人/km^2，低于全国平均水平。资源环境承载力较弱的县占地 6.27 万 km^2，占比 43%；相应人口 303 万人，占比 10%。资源环境承载力较弱的县集中分布在北部高山区，大多数由于水土资源承载力较弱。资源环境承载力较弱的 24 个县主要分为 3 种类型（图 7-5）。

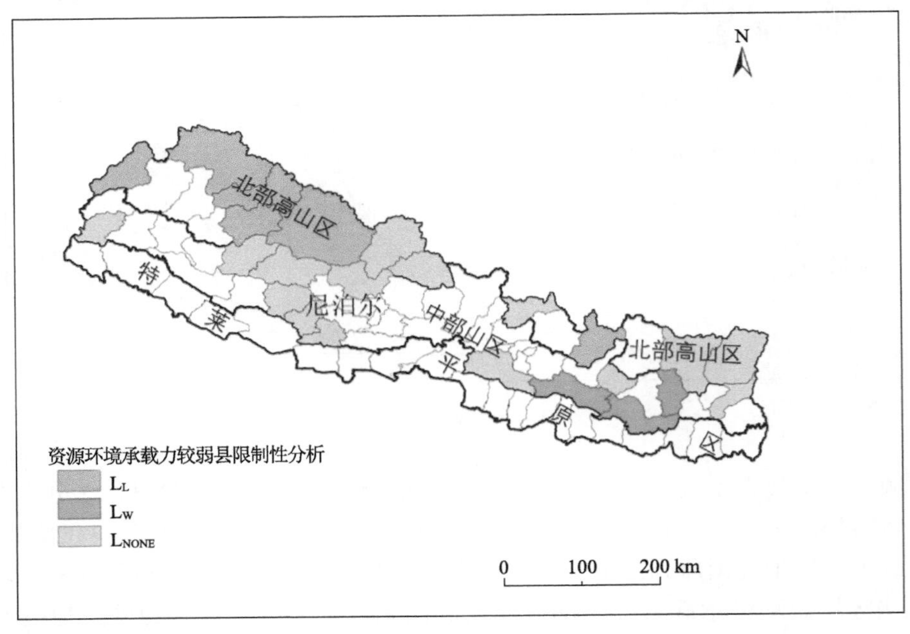

图 7-5　资源环境承载力较弱县限制性分析

土地资源承载力较弱（L_L）的县包括久木拉、达尔丘拉、多拉卡等 6 个位于北部高山区的县，这类县农业生产大多以牧业为主，土地生产力较低，地均粮食产量低于全国平均水平。水资源承载力较弱（L_W）的县包括中部山区的博季普尔、辛杜利和乌代普尔三县，水资源开发利用率低，水资源承载密度远低于中部山区的平均水平，水资源承载力较低是三个县资源环境承载力较弱的主要限制因素。资源环境承载力有较大提升空间（L_{NONE}）的县包括马南、木斯塘等县，多分布在中部山区和北部高山区，资源环境承载力为 193.06 万人，占资源环境承载力较弱县资源环境承载力总和的 53.78%，占地 3.25 万 km^2，相应占比为 51.89%，人口为 489.13 万人，相应占比为 63.82%，这些县资源环境承载力处于较弱水平，有较大的提升空间。

7.2　尼泊尔资源环境承载力综合评价与警示性分级

本节在资源环境承载力分类评价与限制性分类的基础上，结合人居环境自然适宜性评价与适宜性分区以及社会经济发展适应性评价与适应性分等建立了基于人居环境适宜指数（HSI）、资源环境限制指数（REI）和社会经济适应指数（SDI）的资源环境承载指数（PREDI）模型；在此基础上，以分县为基本研究单元，从全国、分区和分县 3 个不同尺度，完成了尼泊尔资源环境承载力综合评价与警示性分级，揭示了尼泊尔不同地区的资源环境承载状态及其超载风险。

7.2.1　全国水平

1. 尼泊尔资源环境承载力总体平衡，近 70%的人口分布在占地 50%的资源环境承载力平衡或盈余地区

基于资源环境承载指数的资源环境承载力综合评价表明，尼泊尔 2020 年资源环境承载指数介于 0.27～2.29，均值在 1.086 水平，资源环境承载力总体处于平衡状态。其中，资源环境承载力处于盈余状态的地区占地 4.01 万 km^2，占比 27.24%，相应人口为 1473.34 万人，占比 50.57%；处于平衡状态的地区占地 3.29 万 km^2，占比 22.35%，相应人口为 518.04 万人，占比 17.78%；处于超载状态的地区占地 7.42 万 km^2，占比 50.41%，相应人口为 922.30 万人，占比 31.65%。尼泊尔近 70%的人口分布在占地近 50%的资源环境承载力平衡或盈余地区。

2. 尼泊尔资源环境承载状态南部平原普遍优于北部高山，区域人口与资源环境社会经济关系有待协调

尼泊尔 2020 年资源环境承载力不同地区差异显著，整体上南部平均区普遍优于北部高山区。全国尚有约 3 成人口分布在资源环境超载地区，区域人口与资源环境社会经济关系有待协调。

尼泊尔资源环境承载力处于盈余状态的区域主要分布在特莱平原区。特莱平原区地势平缓，水热条件充足，人居环境适宜性较高，资源禀赋较好；交通便利，城市化水平较高，社会经济发展水平较高。

尼泊尔资源环境承载力处于平衡状态的地区主要分布中部山区。中部山区以林地为主，单位面积生态供给量较高，降水充沛，土地生产能力较强，资源环境承载力整体处于中等水平。但受整体交通通达度较低、人类发展指数较低和社会经济发展水平较低等影响，资源环境承载状态整体处于平衡状态。

尼泊尔资源环境承载力处于超载状态的地区主要分布在北部高山区。北部高山区自然环境恶劣，人居环境适宜性较低；生态供给量较低，以牧业为主的土地生产力也较低，资源环境承载力受到限制；加之社会经济发展落后，北部高山区资源环境承载状态普遍超载。

7.2.2 地区尺度

1. 北部高山区资源环境承载力总体超载，人口普遍分布在资源环境承载力超载地区

北部高山区，2020 年资源环境承载指数为 0.49（表 7-3），资源环境承载力总体处于超载状态，大部分人口分布在资源环境承载力超载地区。北部高山区 98.23%的区域地形起伏度集中介于 1.8～9.3，环境较为恶劣，人居环境适宜性较差；同时，北部高山区多以牧业为主，土地资源有限，承载力较低；北部高山区城市化水平远低于全国平均水平，社会经济发展整体处于较低水平。北部高山区资源环境承载力受到了人居环境适宜性、土地资源限制性和社会经济适应性等多重因素制约。

表 7-3　2020 年尼泊尔各地区资源环境综合承载状态统计表

区	资源环境承载指数	状态	土地		人口		
			面积/万 km^2	占比/%	数量/万人	占比/%	人口密度/（人/km^2）
北部高山区	0.49	盈余	—	—	—	—	—
		平衡	—	—	—	—	—
		超载	5.18	100.00	145.54	100.00	28.10
中部山区	0.97	盈余	1.48	24.10	216.22	16.55	146.09
		平衡	2.42	39.41	313.76	24.01	129.65
		超载	2.24	36.48	776.76	59.44	346.77
特莱平原区	1.53	盈余	3.40	100.00	1461.40	100.00	429.82
		平衡	—	—	—	—	—
		超载	—	—	—	—	—

2. 中部山区资源环境承载力总体平衡，人口大多数分布在资源环境承载力超载地区

中部山区，2020 年资源环境承载指数为 0.97，资源环境承载力总体处于平衡状态。其中，盈余地区占地 24.10%，相应人口占比 16.55%；平衡地区占地 39.41%，相应人口占比 24.01%；超载地区占地 36.48%，相应人口占比 59.44%。中部山区年均气温介于 21～22℃，温湿指数介于 60～74，气候条件较好，水土条件优良，人居环境适宜性较好。中部山区水热条件较为充沛、生态供给量与土地生产力相对较高，相较于北部高山区和特莱平原区，中部山区的资源环境承载力处于中等水平。中部山区整体社会经济发展处于较低水平，较低水平面积达到 6.07 万 km^2，占比 98.96%。作为首都的加德满都人口规模较大，2020 年达到 532.10 万人，占中部山区人口的 40.72%，人口密度高达 13470.96 人/km^2，由此导致中部山区人口集中分布在资源环境承载力超载地区。

3. 特莱平原区资源环境承载力总体盈余，人口普遍分布在资源环境承载力盈余地区

特莱平原区，2020 年资源环境承载指数为 1.53，资源环境承载力总体处于盈余状态，人口大部分分布在资源环境承载力盈余地区，人口与资源环境社会经济发展基本协调。特莱平原区地形平坦，河流湖泊众多且降水充沛，土壤肥沃，适宜农作物种植，粮食产量较高，生态系统多以林业和农业生态系统为主，单位面积生态供给量较高，资源禀赋较好。与此同时，特莱平原区交通相对便利，归一化交通密度达到了 0.22，其中公路密度较高，达到了 0.26，是全国平均水平的 1.37 倍；特莱平原区也是尼泊尔城市化水平最高的区域。较好的人居环境适宜性、较低的资源环境限制性和较高的社会经济适应性，提高了特莱平原区资源环境承载力。

7.2.3　分县格局

从分县格局看，尼泊尔分县资源环境承载力以平衡或盈余为主，南部平原地区普遍优于北部高海拔地区（图 7-7）。根据资源环境承载力警示性分级标准，将尼泊尔 75 个县按照资源环境承载指数高低，分为盈余、平衡和超载三类地区，并进一步讨论了区域资源环境承载力的限制属性类型（图 7-8～图 7-10 和表 7-4～表 7-6）。其中，Ⅰ、Ⅱ、Ⅲ分别代表盈余、平衡、超载三个警示性分级；E 代表人居环境适宜性、R 代表资源环境限制性、D 代表社会经济适应性，也可以联合表达双重性或三重性，诸如$Ⅱ_{ED}$表示资源环境承载力平衡且受人居环境与社会经济限制。

统计表明（图 7-6），尼泊尔现有 29 个县的资源环境承载指数高于 1.125，资源环境承载力处于盈余状态，主要位于特莱平原地区；有 18 个县的资源环境承载指数介于 0.875～1.125，资源环境承载力处于平衡状态，主要位于中部山区；有 28 个县的资源环境承载指数低于 0.85，资源环境承载力处于超载状态，主要分布在北部高山区。整体而言，尼泊尔 60%以上县的资源环境承载力为平衡或盈余状态，南部平原地区分县的资源环境承载力普遍优于北部高海拔地区，地域差异显著。

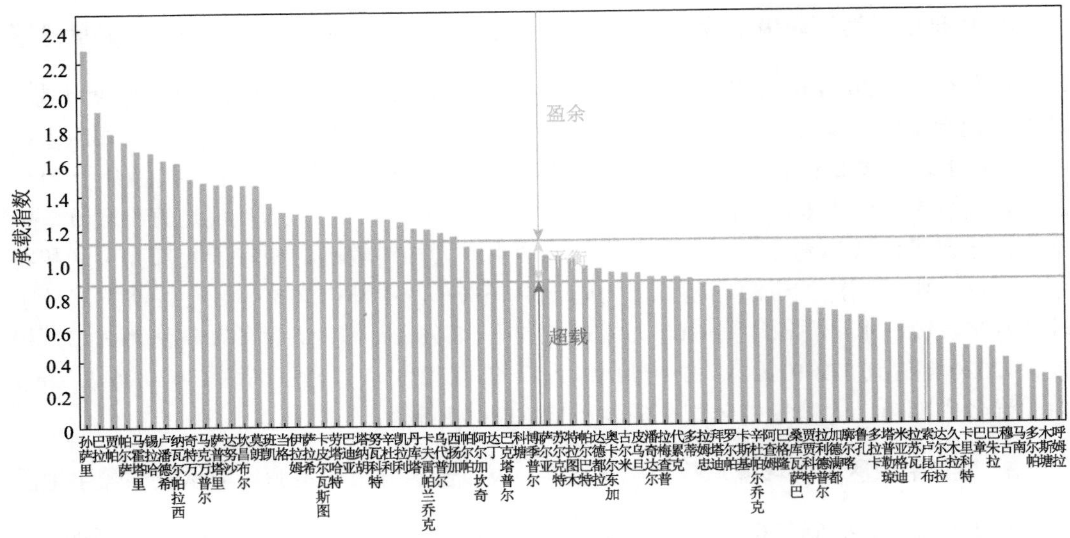

图 7-6　2020 年尼泊尔分县资源环境承载指数分级

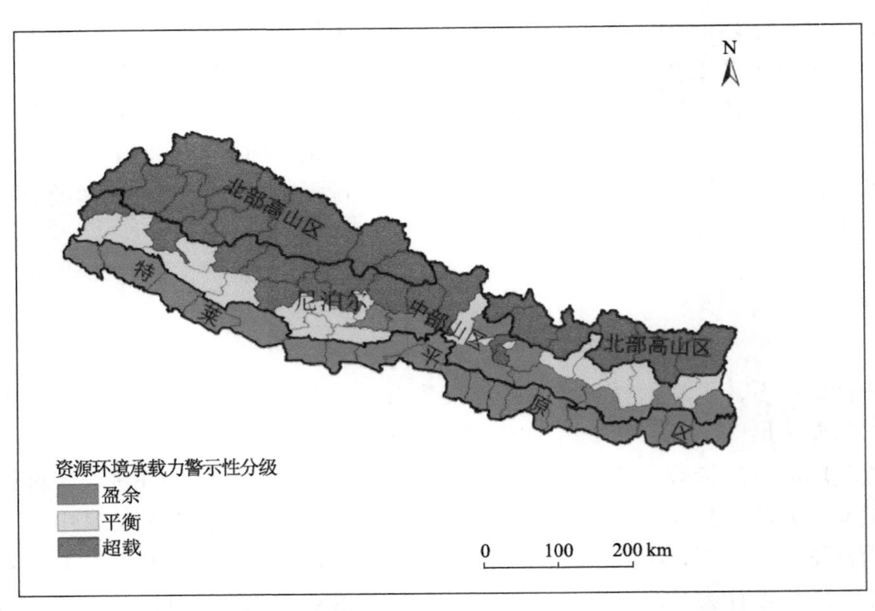

图 7-7　2020 年尼泊尔分县尺度的资源环境承载力警示性分级

1. 资源环境承载力盈余的县有 29 个，集中分布在特莱平原区，社会经济和资源环境关系有待优化

尼泊尔资源环境承载力盈余的 29 个县，资源环境承载指数介于 1.15～2.29，占地 4.90 万 km^2，占比 33.19%；相应人口 1677.64 万人，占比 57.57%；2020 年平均人口密度为 380.66 人/km^2，集中分布在特莱平原区，具有较大的资源环境发展空间。

根据人居环境适宜性、资源环境限制性和社会经济适应性的地域差异，29 个资源环境承载力盈余的县域可以划分为 3 种限制性类型（图 7-8 和表 7-4）。

（1）$\mathrm{I_D}$，社会经济限制型：受社会经济发展限制的县域包括塔纳胡、伊拉姆、巴迪亚等 9 个县域。其中，凯拉利、巴迪亚、当格、卡皮尔瓦斯图地处特莱平原区，人居环境优良、水热条件优越、资源环境禀赋较好，但这些县城市化水平均低于全国平均水平，社会经济发展水平有待提高。西扬加、塔纳胡、辛杜利等县位于中部山区，气候温和、人居环境较适宜，水土条件优良，土地生产力较强，多数以农业为主，但交通通达水平较低，社会经济发展水平普遍较低，限制了县资源环境承载力的提高。

（2）$\mathrm{I_R}$，资源环境限制型：受资源环境限制的县域包括孙萨里、帕尔萨、马霍塔里等 9 个县。其中，乌代普尔位于中部山区，有着较适宜的人居环境和较高的社会经济发展水平，受土地资源承载力较低的影响，资源环境承载密度远低于全国平均水平。孙萨里和帕尔萨等县地处特莱平原区，人居环境优良，交通通达程度相对较好，城市化水平较高，社会经济相对发达；但是这些县受到水资源利用率较低、人均综合用水量较高的影响，资源环境承载力略低于全国平均水平。

（3）$\mathrm{I_B}$，人居环境、资源环境与社会经济均不受限制：包括巴拉、贾帕、奇特万等 11 个县。这些县资源环境承载力高于全国平均水平，生态资源丰富，水热条件充沛，资源环境承载力较强。同时，其平均海拔普遍在 1000m 左右，地形起伏度介于 0～0.38，人居环境适宜性相对较高；交通通达程度较高，社会经济发展水平普遍较高，多在全国前列。

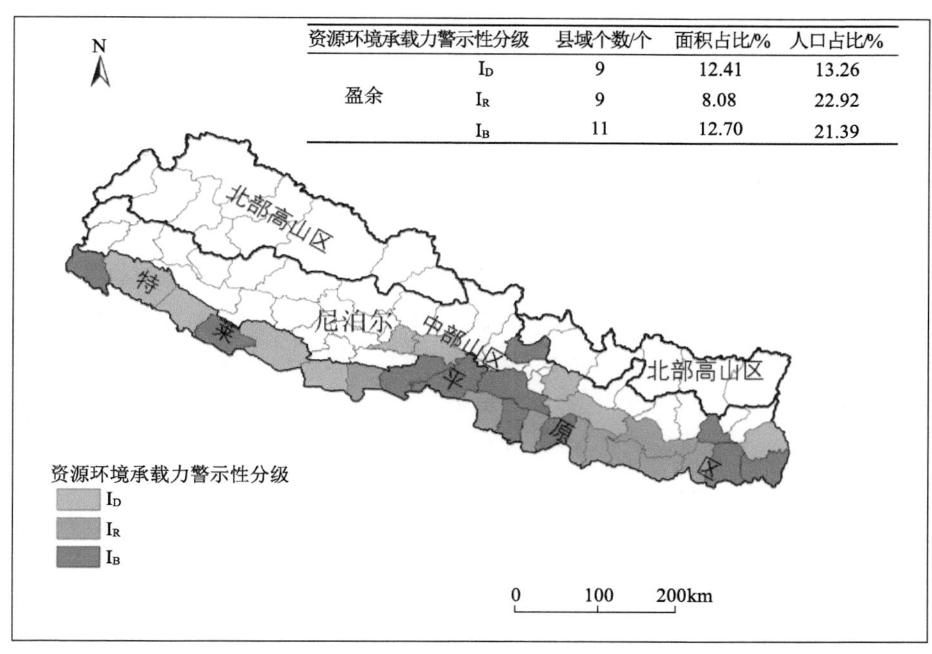

资源环境承载力警示性分级		县域个数/个	面积占比/%	人口占比/%
盈余	$\mathrm{I_D}$	9	12.41	13.26
	$\mathrm{I_R}$	9	8.08	22.92
	$\mathrm{I_B}$	11	12.70	21.39

图 7-8　2020 年尼泊尔分县尺度的资源环境承载力盈余地区警示性分级

表 7-4　2020 年尼泊尔资源环境承载力盈余地区限制因素分析

状态	县	土地		人口			PREDI	HIS	SDI	REI
		面积/万 km^2	占比/%	数量/万人	占比/%	人口密度/（人/km^2）				
I_D	当格	0.30	2.01	50.27	1.73	170.13	1.30	1.22	0.97	1.10
	伊拉姆	0.17	1.16	23.03	0.79	135.21	1.29	1.14	0.97	1.17
	卡皮尔瓦斯图	0.17	1.18	64.36	2.21	370.30	1.28	1.26	0.98	1.04
	巴迪亚	0.20	1.38	36.45	1.25	180.02	1.27	1.22	0.88	1.18
	塔纳胡	0.15	1.05	25.63	0.88	165.80	1.27	1.27	0.96	1.04
	辛杜利	0.25	1.69	21.58	0.74	86.62	1.26	1.22	0.93	1.11
	凯拉利	0.32	2.20	113.73	3.90	351.56	1.24	1.21	0.90	1.15
	卡夫雷帕兰乔克	0.14	0.95	28.77	0.99	206.09	1.20	1.10	0.99	1.11
	西扬加	0.12	0.79	22.45	0.77	192.84	1.15	1.15	0.87	1.15
I_R	孙萨里	0.13	0.85	124.56	4.27	990.93	2.29	1.33	1.86	0.93
	帕尔萨	0.14	0.92	98.05	3.37	724.71	1.73	1.29	1.37	0.99
	马霍塔里	0.10	0.68	54.46	1.87	543.48	1.68	1.30	1.37	0.94
	锡拉哈	0.12	0.81	95.63	3.28	804.98	1.67	1.31	1.37	0.93
	卢潘德希	0.14	0.92	82.93	2.85	609.75	1.62	1.30	1.32	0.94
	萨普塔里	0.14	0.93	54.91	1.88	402.83	1.47	1.30	1.22	0.93
	达努沙	0.12	0.80	65.00	2.23	550.88	1.47	1.29	1.16	0.99
	劳塔哈特	0.11	0.77	65.51	2.25	581.75	1.28	1.28	1.06	0.95
	乌代普尔	0.21	1.40	26.89	0.92	130.33	1.17	1.24	1.02	0.93
I_B	巴拉	0.12	0.81	64.20	2.20	539.51	1.92	1.30	1.36	1.08
	贾帕	0.16	1.09	73.15	2.51	455.45	1.78	1.36	1.18	1.11
	纳瓦尔帕拉西	0.22	1.47	56.27	1.93	260.26	1.60	1.24	1.29	1.00
	奇特万	0.22	1.51	54.08	1.86	243.84	1.51	1.28	1.15	1.02
	马克万普尔	0.24	1.65	34.66	1.19	142.87	1.48	1.18	1.24	1.02
	坎昌布尔	0.16	1.09	105.06	3.61	652.52	1.47	1.24	1.08	1.09
	莫朗	0.19	1.26	84.60	2.90	456.05	1.47	1.32	1.07	1.03
	班凯	0.23	1.59	47.33	1.62	202.51	1.36	1.20	1.09	1.03
	萨拉希	0.13	0.86	70.86	2.43	562.85	1.29	1.32	0.99	0.99
	努瓦科特	0.11	0.76	20.77	0.71	185.25	1.26	1.04	1.09	1.11
	丹库塔	0.09	0.61	12.45	0.43	139.75	1.20	1.13	1.03	1.03
合计		4.90	33.19	1677.64	57.57	380.66	1.45	1.24	1.13	1.04

2. 资源环境承载力平衡的县有 18 个，集中分布在中部山区，人口与资源环境社会经济关系有待协调

尼泊尔资源环境承载力平衡的 18 个县，资源环境承载指数大多介于 0.89～1.09，占地 2.41 万 km^2，占比 16.42%；相应人口 313.75 万人，占比 10.77%；2020 年平均人口密度为 260.14 人/km^2，集中分布在中部山区，具有一定的资源环境发展空间，人口与资源环境社会经济关系有待协调。

根据人居环境适宜性、资源环境限制性和社会经济适应性的地域差异，18 个资源环境承载力平衡县域可以划分为以下 3 种主要限制类型（图 7-9 和表 7-5）。

（1）$\mathrm{II_D}$，社会经济限制型：受社会经济发展限制的县集中分部在中部山区的阿尔加坎奇、科塘、博季普尔等 14 个县。其土地和生态资源承载力较强，资源环境承载力处于中等偏上的水平；人居环境比较适宜和一般适宜面积较大，人居环境适宜性处于全国平均水平。相较而言，人类发展指数普遍较低，交通基础设施较差且通达度较低，城市化水平低，社会经济发展落后限制了资源环境承载力的提升。

（2）$\mathrm{II_R}$，资源环境限制型：受资源环境限制的县包括达丁和巴克塔普尔两个县。两个县具有较高的人居环境适宜性和较发达的社会经济水平。巴克塔普尔人口密度达到了 2597 人/km^2，人口的高度聚集导致资源环境处于超载状态。达丁土地生产力较低，粮食生产力较低，地均粮食产量为 1.53t/hm^2，土地资源承载力较低，资源环境承载力受限。

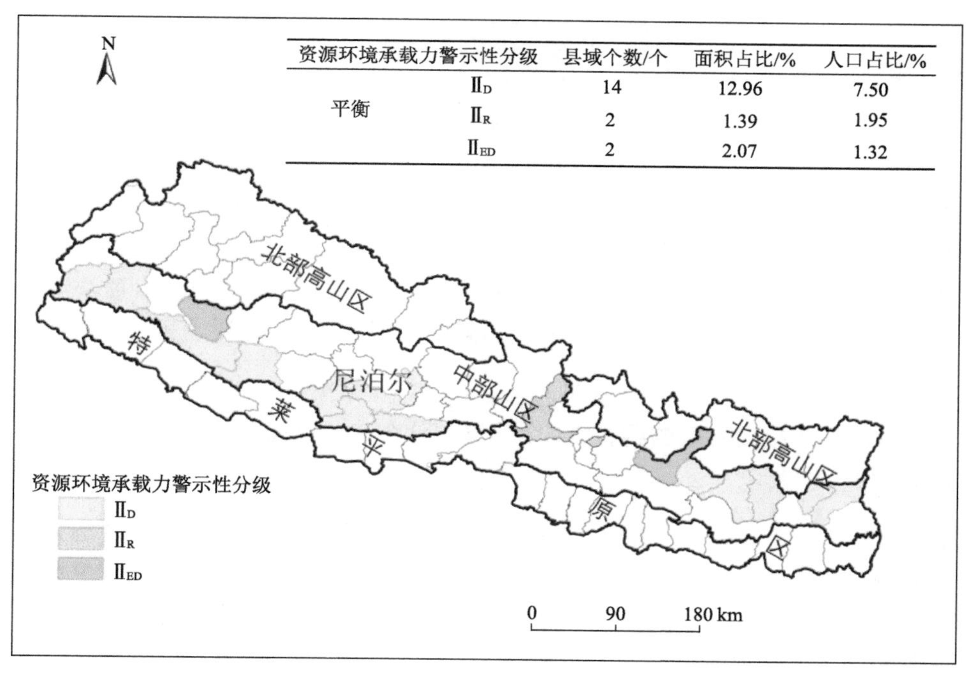

图 7-9　2020 年尼泊尔分县尺度的资源环境承载力平衡地区警示性分级

表 7-5　2020 年尼泊尔资源环境承载力平衡地区限制性因素分析

状态	县	土地		人口			PREDI	HIS	SDI	REI
		面积/万 km^2	占比/%	数量/万人	占比/%	人口密度/（人/km^2）				
II_D	帕尔帕	0.14	0.93	19.74	0.68	143.81	1.09	1.14	0.94	1.02
	阿尔加坎奇	0.12	0.81	14.60	0.50	122.40	1.08	1.14	0.87	1.08
	科塘	0.16	1.08	14.42	0.49	90.65	1.05	1.07	0.87	1.12
	博季普尔	0.15	1.02	12.85	0.44	85.26	1.05	1.10	0.87	1.10
	萨尔亚	0.15	0.99	21.07	0.72	144.09	1.04	1.07	0.87	1.11
	苏尔克特	0.25	1.67	25.35	0.87	103.45	1.03	1.13	0.89	1.03
	特拉图木	0.07	0.46	7.15	0.25	105.26	1.01	1.06	0.87	1.10
	帕尔巴特	0.05	0.34	9.97	0.34	201.86	0.97	1.02	0.89	1.06
	达德都拉	0.15	1.04	12.26	0.42	79.69	0.96	1.07	0.87	1.03
	奥卡尔东加	0.11	0.73	10.89	0.37	101.42	0.93	1.03	0.87	1.04
	皮乌旦	0.13	0.89	18.84	0.65	143.95	0.92	1.05	0.87	1.01
	潘奇达尔	0.12	0.84	14.18	0.49	114.30	0.91	1.02	0.87	1.02
	多蒂	0.20	1.38	16.74	0.57	82.68	0.89	1.00	0.87	1.02
	古尔米	0.11	0.78	20.62	0.71	179.49	0.93	1.08	0.87	0.98
II_R	达丁	0.19	1.31	25.87	0.89	134.30	1.07	1.02	1.00	1.05
	巴克塔普尔	0.01	0.08	30.92	1.06	2597.92	1.06	1.21	1.27	0.69
II_{ED}	拉梅查普	0.15	1.05	15.05	0.52	97.35	0.90	0.92	0.87	1.13
	代累克	0.15	1.02	23.23	0.80	154.63	0.90	0.99	0.87	1.04
合计		2.41	16.42	313.75	10.77	260.14	0.99	1.06	0.91	1.03

（3）II_{ED}，人居环境与社会经济限制型：受人居环境与社会经济发展限制的县主要包括中部山区的拉梅查普和代累克两县。其资源环境禀赋较好，承载力较高。但是拉梅查普和代累克受较高海拔和地形起伏度的影响，人居环境适宜性偏低；同时交通通达水平和城市化水平也较低。该类型地区资源环境承载力受到了人居环境和社会经济发展的双重限制。

3. 资源环境承载力超载的县有 28 个，集中分布在北部高山区，人口与资源环境社会经济关系亟待调整

尼泊尔资源环境承载力超载的 28 个县，资源环境承载指数大多介于 0.27～0.87，占地 7.40 万 km^2，占比 50.41%；相应人口 922.32 万人，占比 31.64%；平均人口密度为 580.52 人/km^2，集中分布在北部高山区，资源环境限制性突出，人口与资源环境社会经济关系亟待调整。

根据人居环境适宜性、资源环境限制性和社会经济适应性的地域差异，尼泊尔 28 个资源环境承载力超载的县可划分为 4 种主要限制性类型（图 7-10 和表 7-6）。

（1）$\mathrm{III}_{\mathrm{R}}$，资源环境限制型：加德满都作为尼泊尔的首都受资源环境限制明显。加德满都人居环境适宜性高，资源禀赋较好，交通通达程度高，社会经济发展水平较高。但是加德满都现实人口规模较大，2020 年达到 532.10 万人，占全国总人口的 18.26%，人口的高度聚集导致资源环境处于超载状态，人口与资源环境社会经济关系亟待协调。

（2）$\mathrm{III}_{\mathrm{ED}}$，人居环境与社会经济限制型：受人居环境与社会经济发展双重限制的县包括拉姆忠、罗尔帕、辛杜帕尔乔克等 13 个县。其中，位于北部高山区的多尔帕、拉苏瓦、索卢昆布等县，人居环境多以临界适宜为主，社会经济发展水平整体偏低，虽然资源环境承载力较强，但是较低的社会经济发展水平与临界适宜的人居环境限制了区域的资源环境承载力。位于中部山区的鲁孔、桑库瓦萨巴、贾贾科特等县，水热条件充沛，具有较强的资源环境承载力；但是人类发展指数较低且城市化基础薄弱，较低的人居环境适宜性与社会经济发展水平限制了该类型区资源环境承载力的提高。

（3）$\mathrm{III}_{\mathrm{RD}}$，资源环境与社会经济限制型：受资源环境与社会经济限制的县主要包括中部山区的拉利德普尔和阿查姆。两县虽然人居环境适宜性较高，但受水资源承载力和生态承载力较低的影响，资源环境承载力不高；同时，交通通达水平和城市化水平也位居全国后列，较强的资源环境限制性与较低的社会经济适应性限制了两个县资源环境承载力的发挥。

（4）$\mathrm{III}_{\mathrm{ERD}}$，人居环境、资源环境与社会经济限制型：受人居环境适应性、资源环境限制性与社会经济适应性三重限制的县包括卡里科特、巴朱拉、呼姆拉等 12 个县，集中分布在北部高山区。北部高山区以高原山地为主，不适宜人类长年生活和居住；受生态供给能力较弱和土地生产力较低的影响，资源环境承载力较低。同时，受人类发展、交通通达水平和城市化水平三重因素的限制，社会经济发展也多处于较低水平。

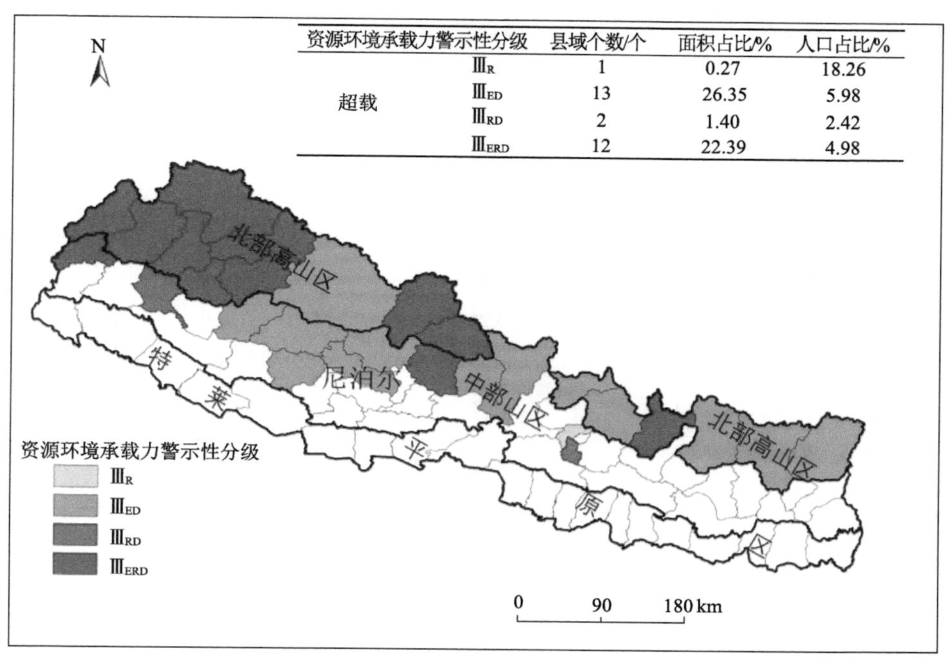

资源环境承载力警示性分级		县域个数/个	面积占比/%	人口占比/%
超载	$\mathrm{III}_{\mathrm{R}}$	1	0.27	18.26
	$\mathrm{III}_{\mathrm{ED}}$	13	26.35	5.98
	$\mathrm{III}_{\mathrm{RD}}$	2	1.40	2.42
	$\mathrm{III}_{\mathrm{ERD}}$	12	22.39	4.98

图 7-10　2020 年尼泊尔分县资源环境承载力超载地区警示性分级

表 7-6　2020 年尼泊尔资源环境承载力超载地区限制因素分析

状态	县	土地		人口			PREDI	HSI	SDI	REI
		面积/万 km^2	占比/%	数量/万人	占比/%	人口密度/（人/km^2）				
III_R	加德满都	0.04	0.27	532.10	18.26	13470.96	0.76	1.10	1.87	0.34
III_{ED}	拉姆忠	0.17	1.15	12.37	0.42	73.13	0.87	0.85	0.90	1.14
	罗尔帕	0.19	1.28	18.48	0.63	98.33	0.82	0.94	0.87	1.01
	辛杜帕尔乔克	0.25	1.73	22.87	0.79	89.99	0.78	0.79	0.92	1.06
	巴格隆	0.18	1.21	20.79	0.71	116.55	0.77	0.83	0.88	1.05
	桑库瓦萨巴	0.35	2.36	12.27	0.42	35.25	0.74	0.77	0.87	1.10
	贾贾科特	0.22	1.52	16.46	0.57	73.83	0.70	0.81	0.87	1.00
	廓尔喀	0.36	2.45	19.88	0.68	55.07	0.66	0.74	0.88	1.03
	鲁孔	0.29	1.95	17.71	0.61	61.56	0.66	0.71	0.87	1.06
	塔普勒琼	0.36	2.48	9.40	0.32	25.78	0.61	0.63	0.87	1.11
	米亚格迪	0.23	1.56	8.75	0.30	38.10	0.60	0.64	0.88	1.07
	拉苏瓦	0.15	1.05	3.26	0.11	21.09	0.55	0.56	0.87	1.12
	索卢昆布	0.33	2.25	8.76	0.30	26.44	0.55	0.57	0.87	1.11
	多尔帕	0.79	5.36	3.46	0.12	4.38	0.32	0.36	0.87	1.01
III_{RD}	阿查姆	0.17	1.14	21.98	0.75	130.82	0.77	1.00	0.87	0.89
	拉利德普尔	0.04	0.26	48.71	1.67	1265.07	0.70	1.06	0.99	0.67
III_{ERD}	拜塔迪	0.15	1.03	20.67	0.71	136.07	0.84	0.97	0.87	0.99
	卡斯基	0.20	1.37	38.86	1.33	192.65	0.80	0.84	0.99	0.96
	达尔丘拉	0.23	1.58	11.18	0.38	48.16	0.52	0.63	0.89	0.93
	久木拉	0.25	1.72	10.08	0.35	39.83	0.48	0.57	0.87	0.96
	卡里科特	0.17	1.18	9.45	0.32	54.26	0.47	0.73	0.87	0.74
	巴章	0.34	2.33	17.40	0.60	50.85	0.47	0.60	0.87	0.89
	巴朱拉	0.22	1.49	12.69	0.44	58.00	0.46	0.67	0.87	0.79
	穆古	0.35	2.40	5.27	0.18	14.90	0.40	0.49	0.88	0.92
	马南	0.22	1.53	0.36	0.01	1.60	0.35	0.43	0.87	0.93
	木斯塘	0.36	2.43	0.95	0.03	2.65	0.29	0.36	0.87	0.93
	呼姆拉	0.57	3.84	4.83	0.17	8.54	0.27	0.42	0.88	0.73
	多拉卡	0.22	1.49	13.33	0.46	60.83	0.64	0.73	1.00	0.88
合计		7.40	50.41	922.32	31.64	580.52	0.60	0.71	0.93	0.94

7.3　结论与建议

7.3.1　基本结论

尼泊尔资源环境承载力综合评价研究遵循“适宜性分区—限制性分类—适应性分等—警示性分级”的技术路线，从全国到分县，定量评估了尼泊尔的资源环境承载力，完成了尼泊尔资源环境承载力综合评价与警示性分级，揭示了尼泊尔不同地区的资源环境承载状态及其超载风险，为促进尼泊尔人口与资源环境社会经济协调发展提供了科学依据和决策支持。基本结论如下：

（1）尼泊尔资源环境承载力总量尚可，在 4731.43 万人水平，水资源承载力和生态承载力相对较高，土地资源承载力略低。

2020 年尼泊尔资源环境承载力在 4731.43 万人水平。其中，尼泊尔基于现实供水条件的水资源承载力达到 17116.70 万人，降水充沛且水资源总量丰富；尼泊尔生态承载力为 6343.64 万人，森林资源与生物资源十分丰富，单位面积生态供给量普遍较高；基于热量平衡的土地资源承载力为 2981.74 万人，相较而言，部分地区土地生产力相对不足。

（2）尼泊尔资源环境承载密度均值在 321.47 人/ km^2，特莱平原区资源环境承载密度最强，中部山区次之，北部高山区最弱。

尼泊尔资源环境承载力总体处于中等水平，资源环境承载密度均值在 321.47 人/ km^2。资源环境承载力地域差异显著，中部山区和特莱平原区资源环境承载力普遍高于北部高山区。北部高山区资源环境承载密度在 210.15 人/ km^2，低于全国平均水平；中部山区资源环境承载密度在 326.88 人/ km^2，与全国平均水平相当；特莱平原区资源环境承载密度最高，在 481.27 人/ km^2。

（3）尼泊尔资源环境承载力总体平衡，近 70%的人口分布在占地 50%的资源环境承载力平衡或盈余地区，特莱平原区优于中部山区和北部高山区，尼泊尔人口与资源环境社会经济关系有待协调。

尼泊尔 2020 年资源环境承载指数介于 0.27～2.29，均值在 1.086 水平，资源环境承载力总体处于平衡状态。其中，资源环境承载力处于盈余、平衡和超载状态的地区占土地面积的比例分别为 27.24%、22.35%和 50.41%，相应人口占比分别为 50.57%、17.78%和 31.65%，近 70%的人口分布在占地近 50%的资源环境承载力平衡或盈余地区。尼泊尔资源环境承载力处于盈余状态的地区主要分布在南部的特莱平原区，处于平衡状态的地区主要分布于中部山区，北部高山区资源环境普遍超载，尼泊尔尚有约 3 成人口分布在资源环境超载地区，区域人口与资源环境社会经济关系有待协调。

7.3.2　对策建议

基于尼泊尔资源环境承载力定量评价与限制性分类以及综合评价与警示性分级的

基本认识和主要结论，研究提出了促进尼泊尔人口与资源环境社会经济协调发展、人口分布与资源环境承载力相适应的适宜策略和对策建议。

（1）因地制宜、分类施策，促进区域人口与资源环境社会经济协调发展。

尼泊尔资源环境承载力总体处于平衡状态，不适宜的人居环境特征和相对滞后的社会经济发展水平进一步强化了尼泊尔的资源环境限制性。研究表明，除 11 个县人居环境适宜指数、资源环境限制指数和社会经济适应指数均高于全国平均水平、发展相对均衡外，其他 64 个县的资源环境承载力或多或少受到人居环境适宜性、资源环境限制性和社会经济适应性等不同因素的影响（表 7-7）。其中，受到资源环境限制性和社会经济适应性等单因素影响的有 35 个县、受双因素影响的有 17 个县、受三因素影响的有 12 个县。由此可见，尼泊尔不同地区、不同县的资源环境承载力地域差异显著，人居环境适宜性、资源环境限制性和社会经济适应性各不相同，亟待因地制宜、分类施策，促进区域人口与资源环境社会经济协调发展。

表 7-7　尼泊尔分县资源环境承载力限制因素分析

限制因素类型		个数/个	县域名称
单因素	资源环境限制性	12	孙萨里、帕尔萨、马霍塔里、锡拉哈、卢潘德希、萨普塔里、达努沙、劳塔哈特、乌代普尔、达丁、巴克塔普尔、加德满都
	社会经济适应性	23	当格、伊拉姆、卡皮尔瓦斯图、巴迪亚、塔纳胡、辛杜利、凯拉利、卡夫雷帕兰乔克、西扬加、帕尔帕、阿尔加坎奇、科塘、博季普尔、萨尔亚、苏尔克特、特拉图木、帕尔巴特、达德都拉、奥卡尔东加、皮乌旦、潘奇达尔、多蒂、古尔米
双因素	人居环境适宜性-社会经济适应性	15	拉梅查普、代累克、拉姆忠、罗尔帕、辛杜帕尔乔克、巴格隆、桑库瓦萨巴、贾贾科特、廓尔喀、鲁孔、塔普勒琼、米亚格迪、拉苏瓦、索卢昆布、多尔帕
	资源环境限制性-社会经济适应性	2	阿查姆、拉利德普尔
多因素	人居环境适宜性-资源环境限制性-社会经济适应性	12	拜塔迪、卡斯基、达尔丘拉、久木拉、卡里科特、巴章、巴朱拉、穆古、马南、木斯塘、呼姆拉、多拉卡

（2）统筹解决区域水土资源限制性问题，进一步提高尼泊尔不同地区的资源环境承载力。

尼泊尔生态承载力普遍较高，但耕地分布不均衡和水资源开发利用率低是尼泊尔资源环境承载力的主要限制因素。研究表明，除 37 个县基本未受水土资源承载力和生态环境承载力限制，其他 38 个县的资源环境承载力或多或少地受到水土资源或生态环境限制（表 7-8）。其中，受到水资源承载力、土地资源承载力等单因素限制的有 26 个县、受双因素限制的有 7 个县、受三因素限制的有 5 个县。由此可见，尼泊尔不同地区、不同县的资源环境承载力差异显著，水土资源承载力和生态承载力各异，大多受到水土资源等单因素制约，亟待统筹解决区域水资源开发利用问题，进一步提高尼泊尔不同地区的资源环境承载力。

表 7-8　尼泊尔分县资源环境承载力限制性分类

限制因素类型		个数/个	县域名称
单因素	水资源承载力限制	15	贾帕、巴拉、莫朗、萨普塔里、卡皮尔瓦斯图、纳瓦尔帕拉西、当格、班凯、奇特万、特拉图木、丹库塔、科塘、博季普尔、辛杜利、乌代普尔
	土地资源承载力限制	11	卡里科特、卡斯基、巴朱拉、巴章、阿查姆、久木拉、达尔丘拉、多拉卡、穆古、呼姆拉、多尔帕
双因素	生态承载力限制-土地资源承载力限制	2	拉利德普尔、巴克塔普尔
	水资源承载力限制-生态承载力限制	5	达努沙、萨拉希、卢潘德希、马霍塔里、劳塔哈特
多因素	水资源承载力限制-土地资源承载力限制-生态承载力限制	5	加德满都、孙萨里、坎昌布尔、帕尔萨、锡拉哈

（3）根据资源环境承载力警示性分区合理布局人口，促进尼泊尔人口分布与资源环境承载力相适应。

尼泊尔资源环境承载力受到社会经济发展水平、人居环境适宜性和资源环境限制性的影响。尼泊尔应根据资源环境承载力警示性分区合理布局人口，促进人口分布与资源环境承载力相适应。

尼泊尔中部山区和特莱平原区资源环境承载密度和承载状态普遍优于北部高山区。北部高山区人居环境适宜性差、社会经济发展滞后，人口发展潜力有限；中部山区和特莱平原区普遍资源环境禀赋性强、人居环境适宜性较好、社会经济发展较快，具有一定的人口发展潜力。根据尼泊尔资源环境承载力警示性分区，引导人口由人居环境不适宜地区向适宜地区或临界适宜地区、由资源环境承载力超载地区向盈余地区或平衡有余地区、由社会经济发展低水平地区向中、高地区有序转移，促进尼泊尔不同地区的人口分布与资源环境承载力相适应，应是引导人口有序流动，促进人口合理布局的长期战略选择。

（4）从资源环境限制性方面进行分析，水资源利用率和土地生产力较低导致尼泊尔人口发展受限。

Our World in Data 网站（https：//www.ourworldindata.org）的数据资料显示，综合考虑人口年龄结构、生育政策变动、预期寿命提高、人口迁移流动等多方因素预测，尼泊尔人口可能在 2030～2035 年达到 3234 万～3591 万人（图 7-11）。尼泊尔资源环境承载力评价表明，基于生态供给与生态消费平衡，生态承载力可达 3171 万人，单位面积生态供给量较高，生态资源富富有余；基于热量平衡的土地资源承载力相对偏低，整体可以满足 2978 万人口的食物需求，基本可以实现粮食自给自足；水资源承载力较高，在 17160 万人水平，但是部分地区水资源开发利用率低且人均综合用水量较高。综合考虑水土资源和生态环境的可持续性，尼泊尔资源环境承载力可以维持在 4731 万人水平。较低的水资源开发利用率和土地生产能力不均衡，是尼泊尔资源环境承载力提升以及人口发展的主要限制性因素。

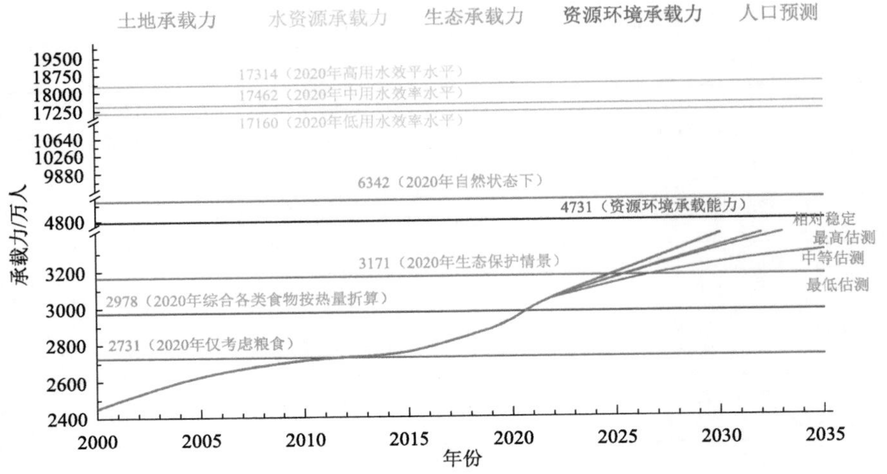

图 7-11　尼泊尔人口发展与资源环境承载力关系示意图

参 考 文 献

樊杰, 王亚飞, 汤青, 等. 2015. 全国资源环境承载能力监测预警(2014版)学术思路与总体技术流程. 地理科学, 35(1): 1-10.

封志明. 1990. 区域土地资源承载能力研究模式雏议——以甘肃省定西县为例. 自然资源学报, 5(3): 271-274.

封志明, 杨艳昭, 闫慧敏, 等. 2017. 百年来的资源环境承载力研究: 从理论到实践. 资源科学, 39(3): 379-395.

国家人口发展战略研究课题组. 2007. 国家人口发展战略研究报告. 人口研究, 3: 4-9.

李泽红, 董锁成, 李宇, 等. 2013. 武威绿洲农业水足迹变化及其驱动机制研究. 自然资源学报, 28(3): 410-416.

闵庆文, 李云, 成升魁, 等. 2005. 中等城市居民生活消费生态系统占用的比较分析——以泰州、商丘、铜川、锡林郭勒为例. 自然资源学报, 20(2): 286-292.

谢高地, 曹淑艳, 鲁春霞. 2011. 中国生态资源承载力研究. 北京:科学出版社.

严茂超, Odum H T. 1998. 西藏生态经济系统的能值分析与可持续发展研究. 自然资源学报, 13(2): 116-125.

竺可桢. 1964. 论我国气候的几个特点及其与粮食作物生产的关系. 地理学报, 30(1): 1-13.

Assessment M E. 2005. Ecosystems and human well- being: Biodiversity synthesis. World Resources Institute, 42(1): 77-101.

Imhoff M L, Bounoua L, Ricketts T, et al. 2004. Global patterns in human consumption of net primary production. Nature, 429(24): 870-873.

Running S W. 2012. A measurable planetary boundary for the biosphere. Science, 337(6101): 1458-1459.

第 8 章　资源环境承载力评价技术规范

为全面反映尼泊尔资源环境承载力研究的技术方法，特编写第 8 章技术规范。技术规范全面、系统地梳理尼泊尔资源环境承载力的研究方法，包括人居环境适宜性评价、土地资源承载力与承载状态评价、水资源承载力与承载状态评价、生态承载力与承载状态评价、社会经济适应性评价、资源环境承载综合评价 6 节，共 47 条。

8.1　人居环境适宜性评价

第 1 条 地形起伏度（relief degree of land surface，RDLS）是区域海拔高度和地表切割程度的综合表征，由平均海拔、相对高差及一定窗口内的平地加和构成，地形起伏度共分五级（表 8-1）。计算公式如下：

$$\mathrm{RDLS} = \mathrm{ALT}/1000 + \left\{\left[\mathrm{Max}(H)\text{-}\mathrm{Min}(H)\right] \times \left[1 - P(A)/A\right]\right\}/500 \qquad (8\text{-}1)$$

式中：RDLS 为地形起伏度；ALT 为以某一栅格单元为中心一定区域内的平均海拔，m；Max(H)和 Min(H)是指某一栅格单元为中心一定区域内的最高海拔与最低海拔，m；$P(A)$为区域内的平地面积（相对高差≤30m），km^2；A 为某一栅格单元为中心一定区域内的总面积。

第 2 条 基于地形起伏度的人居环境地形适宜性共分为五级，即不适宜、临界适宜、一般适宜、比较适宜与高度适宜（表 8-1）。

表 8-1　基于地形起伏度的人居环境地形适宜性分区标准

地形起伏度	海拔高度/m	相对高差/m	地貌类型	人居适宜性
>5.0	>5000	>1000	极高山	不适宜
3.0～5.0	3500～5000	500～1000	高山	临界适宜
1.0～3.0	1000～3500	200～500	中山、高原	一般适宜
0.2～1.0	500～1000	0～200	低山、低高原	比较适宜
0～0.2	< 500	0～100	平原、丘陵、盆地	高度适宜

第 3 条 温湿指数（temperature-humidity index，THI）是指区域内气温和相对湿度的乘积，其物理意义是湿度订正以后的温度。温湿指数综合考虑了温度和相对湿度对人体舒适度的影响，共分 10 等（表 8-2）。计算公式如下：

$$\mathrm{THI} = T - 0.55(1 - \mathrm{RH})(T - 58) \tag{8-2}$$

$$T = 1.8t + 32 \tag{8-3}$$

式中，t 为某一评价时段平均温度（℃），T 是华氏温度（°F），RH 是某一评价时段平均空气相对湿度（%）。

表 8-2 人体舒适度与温湿指数的分级标准

温湿指数	感觉程度	温湿指数	感觉程度
≤35	极冷，极不舒适	65～72	暖，非常舒适
35～45	寒冷，不舒适	72～75	偏热，较舒适
45～55	偏冷，较不舒适	75～77	炎热，较不舒适
55～60	清，较舒适	77～80	闷热，不舒适
60～65	凉，非常舒适	＞80	极其闷热，极不舒适

第 4 条 基于温湿指数的人居环境气候适宜性共分为五级，即不适宜、临界适宜、一般适宜、比较适宜与高度适宜（表 8-3）。

表 8-3 基于温湿指数的气候适宜性分区标准

温湿指数	人体感觉程度	人居适宜性
≤35，>80	极冷，极其闷热	不适宜
35～45，77～80	寒冷，闷热	临界适宜
45～55，75～77	偏冷，炎热	一般适宜
55～60，72～75	清，偏热	比较适宜
60～72	清爽或温暖	高度适宜

第 5 条 水文指数（land surface water abundance index，LSWAI），表征区域水资源丰裕程度，计算公式如下：

$$\mathrm{LSWAI} = \alpha \times P + \beta \times \mathrm{LSWI} \tag{8-4}$$

$$\mathrm{LSWI} = (\rho_{nir} - \rho_{swirl}) / (\rho_{nir} + \rho_{swirl}) \tag{8-5}$$

式中，LSWAI 为水文指数，P 为降水量，LSWI 为地表水分指数，α、β 分别为降水量与地表水分指数的权重值，默认情况下各为 0.50。ρ_{nir} 与 ρ_{swirl} 分别代表 MODIS 卫星传感器的近红外与短波红外的地表反射率值。LSWI 表征了陆地表层水分的含量，在水域及高覆盖度植被区域 LSWI 较大，在裸露地表及中低覆盖度区域 LSWI 较小。人口相关性分析表明，当降水量超过 1600mm、LSWI 大于 0.70 以后，降水量与 LSWI 的增加对人口的集聚效应未见明显增强。在对降水量与 LSWI 归一化处理过程中，分别取 1600mm 与 0.70 为最高值，高于特征值者分别按特征值计。

第 6 条 基于水文指数的人居环境水文适宜性共分为五级，即不适宜、临界适宜、一般适宜、比较适宜与高度适宜（表 8-4）。

表 8-4　基于水文指数的水文适宜性分区的标准

水文指数	人居适宜性
< 0.05	不适宜
0.05～0.15	临界适宜
0.15～0.25、0.5～0.6	一般适宜
0.25～0.3、0.4～0.5	比较适宜
0.3～0.4、>0.6	高度适宜

注：不同区域水文指数阈值区间建议重新界定。

第 7 条 地被指数（land cover index，LCI），用于表征区域的土地利用和土地覆被对人口承载的综合状况，其计算公式为：

$$\mathrm{LCI} = \mathrm{NDVI} \times \mathrm{LC}_i \tag{8-6}$$

$$\mathrm{NDVI} = \left(\rho_{nir} - \rho_{red}\right) / \left(\rho_{nir} + \rho_{red}\right) \tag{8-7}$$

式中，LCI 为地被指数，ρ_{nir}与 ρ_{red}分别代表 MODIS 卫星传感器的近红外与红波段的地表反射率值，NDVI 为归一化植被指数，LC_i为各种土地覆被类型的权重，其中 i（1，2，3，…，10）代表不同土地利用/覆被类型。人口相关性分析表明，当 NDVI 大于 0.80 后，其值的增加对人口的集聚效应未见明显增强。在对 NDVI 归一化处理时，取 0.80 为最高值，高于特征值者均按特征值计。

第 8 条 基于地被指数的人居环境地被适宜性共分为五级，即不适宜、临界适宜、一般适宜、比较适宜与高度适宜（表 8-5）。

表 8-5　基于地被指数的地被适宜性分区的标准

地被指数	人居适宜性	主要土地覆被类型
<0.02	不适宜	苔原、冰雪、水体、裸地等未利用地
0.02～0.10	临界适宜	灌丛
0.10～0.18	一般适宜	草地
0.18～0.28	比较适宜	森林
>0.28	高度适宜	不透水层、农田

注：不同区域地被指数阈值区间需要重新界定。

第 9 条 人居环境适宜性综合评价。在对人居环境地形、气候、水文与地被等单项评价指标标准化处理的基础上，通过逐一评价各单要素标准化结果与 Landscan 2015 人口分布的相关性，基于地形起伏度、温湿指数、水文指数、地被指数与人口分布的相关系数再计算其权重，并构建综合反映人居环境适宜性特征的人居环境指数（human settlements index，HSI），以定量评价沿线国家和地区人居环境的自然适宜性与限制性。人居环境指数（HSI）计算公式为：

$$HSI = \alpha \times RDLS_{Norm} + \beta \times THI_{Norm} + \gamma \times LSWAI_{Norm} + \delta \times LCI_{Norm} \tag{8-8}$$

式中，HSI 为人居环境指数，$RDLS_{Norm}$ 为标准化地形起伏度，THI_{Norm} 为标准化温湿指数，$LSWAI_{Norm}$ 为标准化水文指数（即地表水丰缺指数），LCI_{Norm} 为标准化地被指数，α、β、γ、δ 分别为地形起伏度、温湿指数、水文指数与地被指数对应的权重。

RDLS 标准化公式如下：

$$RDLS_{Norm} = 100 - 100 \times \left(RDLS - RDLS_{min}\right) / \left(RDLS_{max} - RDLS_{min}\right) \tag{8-9}$$

式中，$RDLS_{Norm}$ 为地形起伏度标准化值（取值范围介于 0～100），RDLS 为地形起伏度，$RDLS_{max}$ 为地形起伏度标准化的最大值（即为 5.0），$RDLS_{min}$ 为地形起伏度标准化的最小值（即为 0）。

THI 标准化公式包括式（8-10）与式（8-11）。

$$THI_{Norm1} = 100 \times \left(THI - THI_{min}\right) / \left(THI_{opt} - THI_{min}\right) \quad (THI \leqslant 65) \tag{8-10}$$

$$THI_{Norm2} = 100 - 100 \times \left(THI - THI_{opt}\right) / \left(THI_{max} - THI_{opt}\right) \quad (THI > 65) \tag{8-11}$$

式中，THI_{Norm1}、THI_{Norm2} 分别为 THI 小于等于 65、大于 65 对应的温湿指数标准化值（取值范围介于 0～100），THI 为温湿指数，THI_{min} 为温湿指数标准化的最小值（即为 35），THI_{opt} 为温湿指数标准化的最适宜值（即为 65），THI_{max} 为温湿指数标准化的最大值（即为 80）。

LSWAI 标准化公式如下：

$$LSWAI_{Norm} = 100 \times \left(LSWAI - LSWAI_{min}\right) / \left(LSWAI_{max} - LSWAI_{min}\right) \tag{8-12}$$

式中，$LSWAI_{Norm}$ 为地表水丰缺指数标准化值（取值范围介于 0～100），LSWAI 为地表水丰缺指数，$LSWAI_{max}$ 为地表水丰缺指数标准化的最大值（即为 0.9），$LSWAI_{min}$ 为地表水丰缺指数标准化的最小值（即为 0）。

LCI 标准化公式如下：

$$LCI_{Norm} = 100 \times \left(LCI - LCI_{min}\right) / \left(LCI_{max} - LCI_{min}\right) \tag{8-13}$$

式中，LCI_{Norm} 为地被指数标准化值（取值范围介于 0～100），LCI 为地被指数，LCI_{max} 为地被指数标准化的最大值（即为 0.9），LCI_{min} 为地被指数标准化的最小值（即为 0）。

8.2 土地资源承载力与承载状态评价

第 9 条 土地资源承载力是在自然生态环境不受危害并维系良好的生态系统前提下，

一定地域空间的土地资源所能承载的人口规模或牲畜规模。本研究中分为基于人粮平衡的耕地资源承载力（cultivate land carrying capacity，CLCC）和基于当量（热量、蛋白质）平衡的土地资源承载力（equivalent carry capacity，EQCC）。

第 10 条 基于人粮平衡的耕地资源承载力用一定粮食消费水平下，区域耕地资源所能持续供养的人口规模来度量。计算公式如下：

$$\mathrm{CLCC} = C / C_{\mathrm{PC}}$$

式中，CLCC 为基于人粮平衡的耕地资源承载力，人；C 为粮食产量或粮食生产能力，kg；C_{PC} 为人均粮食消费标准，kg。

第 11 条 耕地承载密度是指单位面积耕地资源可承载的人口数量，可反映区域耕地资源承载力强弱。计算公式如下：

$$\mathrm{CLCD} = \mathrm{CLCC} / C$$

式中，CLCD 为耕地资源承载密度，表示单位耕地的人口承载力，人/hm^2；CLCC 为耕地资源承载力，人；C 为耕地面积，hm^2。

第 12 条 基于当量平衡的土地资源承载力可分为热量当量承载力（energy carry capacity，EnCC）和蛋白质当量承载力（protein carry capacity，PrCC），可用一定热量和蛋白质摄入水平下，区域粮食和畜产品转换的热量总量和蛋白质总量所能持续供养的人口来度量。

$$\mathrm{EQCC} = E_{\mathrm{n}} / E_{\mathrm{npc}}$$

式中，EQCC 为基于当量平衡的土地资源现实承载力或耕地资源承载潜力；E_{n} 为耕地资源和草地资源产品转换为热量的总量；E_{npc} 为人均热量摄入标准。

第 13 条 土地资源承载指数是指区域人口规模（或人口密度）与土地资源承载力（或承载密度）之比，反映区域土地与人口的关系，可分为基于人粮平衡的耕地资源承载指数（land carrying capacity index，CLCCI）、基于当量平衡的土地资源承载指数（equivalent carry capacity index，EQCCI）。

第 14 条 基于人粮平衡的耕地资源承载指数，反映区域耕地承载状态，揭示耕地与人口之间的平衡关系，可以通过耕地资源承载力（CLCC）与现实人口或预期人口（P_{a}）之比来表示。计算公式如下：

$$\mathrm{CLCCI} = P_{\mathrm{a}} / \mathrm{CLCC}$$

式中，CLCCI 为基于人粮平衡的耕地资源承载指数；CLCC 为耕地资源承载力，人；P_{a} 为现实人口数量，人。

第 15 条 基于当量平衡的土地资源承载指数又可分为热量当量承载指数（energy carry capacity index，EnCCI）和蛋白质当量承载指数（protein carry capacity index，PrCCI），计算方式如下：

$$EQCCI = P_a / EQCC$$

式中，EQCCI 为基于当量平衡的土地资源承载指数；EQCC 为基于热量当量的土地资源承载力，人；P_a 为现实人口数量，人。

第 16 条 土地资源承载状态反映区域常住人口与可承载人口之间的关系，本研究中分为基于人粮平衡的土地资源承载状态和基于当量平衡的土地资源承载状态。

第 17 条 基于人粮平衡的土地资源承载状态反映人粮平衡关系状态，依据耕地资源承载指数大小分为三类八个等级（表 8-6）。

表 8-6 基于人粮平衡的土地资源承载力分级标准

类型	级别	承载指数
盈余	富富有余	EQCCL≤0.5
	富裕	0.5 < EQCCL≤0.75
	盈余	0.75 < EQCCL≤0.875
平衡	平衡有余	0.875 < EQCCL≤1
	临界超载	1 < EQCCL≤1.125
超载	超载	1.125 < EQCCL≤1.25
	过载	1.25 < EQCCL≤1.5
	严重超载	EQCCL > 1.5

第 18 条 基于热量平衡的土地资源承载状态反映人地关系状态，依据土地资源承载指数大小分为三类八个等级（表 8-7）。

表 8-7 基于热量平衡的土地资源承载力分级评价标准

类型	级别	承载指数
盈余	富富有余	EQCCL≤0.5
	富裕	0.5 < EQCCL≤0.75
	盈余	0.75 < EQCCL≤0.875
平衡	平衡有余	0.875 < EQCCL≤1
	临界超载	1 < EQCCL≤1.125
超载	超载	1.125 < EQCCL≤1.25
	过载	1.25 < EQCCL≤1.5
	严重超载	EQCCL>1.5

第 19 条 食物消费结构又称膳食结构，是指一个国家或地区的人在膳食中摄取的各类动物性食物和植物性食物所占的比例。

第 20 条 膳食营养水平通常用营养素摄量进行衡量，主要包括热量、蛋白质、脂肪等。营养素含量是指用每一类食物中每一亚类的食物所占比例，乘以各亚类食物在食物营养成分表中的食物营养素含量，所得的和即每一类食物在某一阶段的营养素含量。

$$C_i = \sum_{j=1}^{n} R_{ij} f_{ij}$$

式中，C_i 为第 i 类食物的某一营养素含量；R_{ij} 为第 i 类食物的第 j 个品种在第 i 类食物中所占比例；f_{ij} 为第 i 类食物的第 j 个品种在《食物成分表》中的某一营养素含量。

8.3　水资源承载力与承载状态评价

第 21 条　水资源承载力主要反映区域人口与水资源的关系，主要通过人均综合用水量下，区域（流域）水资源所能持续供养的人口规模（人）或承载密度（人/km²）来表达。计算公式为

$$\mathrm{WCC} = W / W_{\mathrm{pc}}$$

式中，WCC 为水资源承载力，人或人/km²；W 为水资源可利用量，m^3；W_{pc} 为人均综合用水量，m^3/人。

第 22 条　水资源承载指数是指区域人口规模（或人口密度）与水资源承载力（或承载密度）之比，反映区域水资源与人口的关系。计算公式为

$$\mathrm{WCCI} = P_{\mathrm{a}} / \mathrm{WCC}$$

$$R_{\mathrm{p}} = (P_{\mathrm{a}} - \mathrm{WCC}) / \mathrm{WCC} \times 100\% = (\mathrm{WCCI} - 1) \times 100\%$$

$$R_{\mathrm{w}} = (\mathrm{WCC} - P_{\mathrm{a}}) / \mathrm{WCC} \times 100\% = (1 - \mathrm{WCCI}) \times 100\%$$

式中，WCCI 为水资源承载指数；WCC 为水资源承载力；P_{a} 为现实人口数量，人；R_{p} 为水资源超载率；R_{w} 为水资源盈余率。

第 23 条　根据水资源承载指数的大小将水资源承载力划分为水资源盈余、人水平衡和水资源超载三个类型六个级别（表 8-8）。

表 8-8　基于水资源承载指数的水资源承载力评价标准

类型	级别	WCCI	$R_{\mathrm{p}}/R_{\mathrm{w}}$
水资源盈余	富富有余	<0.6	$R_{\mathrm{w}} \geqslant 40\%$
	盈余	0.6～0.8	$20\% \leqslant R_{\mathrm{w}} < 40\%$
人水平衡	平衡有余	0.8～1.0	$0\% \leqslant R_{\mathrm{w}} < 20\%$
	临界超载	1.0～1.5	$0\% \leqslant R_{\mathrm{p}} < 50\%$
水资源超载	超载	1.5～2.0	$50\% < R_{\mathrm{p}} \leqslant 100\%$
	严重超载	>2.00	$R_{\mathrm{p}} > 100\%$

8.4 生态承载力与承载状态评价

第 24 条 生态承载力是指在不损害生态系统生产能力与功能完整性的前提下，生态系统可持续承载具有一定社会经济发展水平的最大人口规模。

第 25 条 生态承载指数用区域人口数量与生态承载力的比值表示，作为评价生态承载状态的依据。

第 26 条 生态承载状态反映区域常住人口与可承载人口之间的关系，本节中将生态承载状态依据生态承载指数大小分为三类六个等级：富余：富富有余、盈余；临界：平衡有余、临界超载；超载：超载、严重超载。

第 27 条 生态供给是生态系统供给服务的简称，是生态系统服务最重要的组成部分，是生态系统协调服务、支持服务和文化服务的基础，也是人类对生态系统服务直接消耗的部分。

第 28 条 生态消耗是生态系统供给消耗的简称；是指人类生产活动对各种生态系统服务的消耗、利用和占用；本节中主要是指种植业与畜牧业生产活动对生态资源的消耗。

第 29 条 生态供给量基于生态系统 NPP 空间栅格数据进行空间统计加总得到，用于衡量生态系统的供给能力，计算公式为

$$\mathrm{SNPP}=\sum_{j=1}^{m}\sum_{i=1}^{n}\frac{\mathrm{NPP}\times\gamma}{n}$$

式中，SNPP 为可利用生态供给量；NPP 为生态系统净初级生产力；γ 为栅格像元分辨率；n 为数据的年份跨度；m 为区域栅格像元数量。

第 30 条 生态消耗量包括种植业生态消耗量与畜牧业生态消耗量两个部分，用于衡量人类活动对生态系统生态资源的消耗强度，计算公式为

$$\mathrm{CNPP}_{\mathrm{pa}}=\frac{\mathrm{YIE}\times\gamma\times(1-\mathrm{Mc})\times\mathrm{Fc}}{\mathrm{HI}\times(1-\mathrm{WAS})}$$

$$\mathrm{CNPP}_{\mathrm{ps}}=\frac{\mathrm{LIV}\times\varepsilon\times\mathrm{GW}\times\mathrm{GD}\times(1-\mathrm{Mc})\times\mathrm{Fc}}{\mathrm{HI}\times(1-\mathrm{WAS})}$$

$$\mathrm{CNPP}=\mathrm{CNPP}_{\mathrm{pa}}+\mathrm{CNPP}_{\mathrm{ps}}$$

式中，CNPP 为生态消耗量，t；$\mathrm{CNPP}_{\mathrm{pa}}$ 为农业生产消耗量，t；$\mathrm{CNPP}_{\mathrm{ps}}$ 为畜牧业生产消耗量，t；YIE 为农作物产量，t；γ 为折粮系数；Mc 为农作物含水量；HI 为农作物收获指数；WAS 为浪费率，统一按 0.1 核算；Fc 为生物量与碳含量转换系数，统一以 0.45 核算；LIV 为牲畜存栏出栏量；ε 为标准羊转换系数；GW 为标准羊日食干草重量，1.8kg/d；GD 为食草天数，存栏牲畜为 365d，出栏牲畜 180d。

第 31 条 人均生态消耗表示当前社会经济发展水平下，区域人均消耗生态资源的量，

计算公式为

$$CNPP_{st} = \frac{CNPP}{POP}$$

式中，$CNPP_{st}$ 为人均生态消耗量，kg/人；CNPP 为生态消耗量，t；POP 为人口数量，1000 人。

第 32 条 生态承载力表示当前人均生态消耗水平下，生态系统可持续承载的最大人口规模，计算公式为

$$ECC = \frac{SNPP}{CNPP_{st}}$$

式中，ECC 为生态承载力；SNPP 为生态供给量；$CNPP_{st}$ 为人均生态消耗标准。

第 33 条 生态承载指数用区域人口数量与生态承载力的比值表示，作为评价生态承载状态的依据。

$$ECI = \frac{POP}{EEC}$$

式中，ECI 为生态承载指数；EEC 为生态承载力；POP 为人口数量。

第 34 条 根据生态承载状态分级标准以及生态承载指数，确定评价区域生态承载力所处的状态，生态承载状态分级标准见表 8-9。

表 8-9 生态承载状态分级标准表

生态承载指数	生态承载状态	生态承载指数	生态承载状态
<0.6	富富有余	1.0～1.2	临界超载
0.6～0.8	盈余	1.2～1.4	超载
0.8～1.0	平衡有余	>1.4	严重超载

8.5 社会经济适应性评价

社会经济适应性反映区域社会经济综合发展情况，在一定程度上可以调节区域资源环境的承载状态，主要通过人类发展水平、交通通达水平、城市化水平三个方面来构建三维空间体积模型，从而综合衡量当地社会经济综合发展状态。

第 35 条 社会经济发展指数（socioeconomic development index，SDI）融合了人类发展水平、交通通达水平和城市化水平三个方面，综合表征了区域社会经济发展水平，计算公式如下：

$$SDI = HDI_{one} \times TAI_{one} \times UI_{one}$$

式中，HDI_{one}、TAI_{one}、UI_{one} 分别为按式（8-14）归一化后的人类发展指数、交通通达指数、城市化指数。

第 36 条 利用自然断点法将尼泊尔各省根据归一化社会经济发展指数分为三个等级：社会经济发展低水平区域（Ⅰ）、社会经济发展中水平区域（Ⅱ）、社会经济发展高水平区域（Ⅲ）（表 8-10）。

表 8-10 社会经济发展水平分区标准

归一化社会经济发展指数	分区类型
<0.00056	社会经济发展低水平区域（Ⅰ）
0.00056～0.5	社会经济发展中水平区域（Ⅱ）
0.5～1.00	社会经济发展高水平区域（Ⅲ）

第 37 条 人类发展指数是以“预期寿命、教育水平和收入水平”为基础变量，用以衡量地区经济社会发展水平的指标，由于缺少尼泊尔的栅格化数据，本书 HDI 栅格数据为矢量数据转化得来。

第 38 条 交通便捷指数是反映居民出行便捷程度的指数，是利用层次分析法分配各最短距离指数（SDRI/SDRWI/SDAI/SDPI 分别指归一化到道路/铁路/机场/港口最短距离）权重计算得出，具体归一化方法如下：

$$x_i^* = \frac{x_i - \min(X)}{\max(X) - \min(X)} \tag{8-14}$$

$$x_i^* = \frac{\max(X) - x_i}{\max(X) - \min(X)} \tag{8-15}$$

式中，x_i^*为变量 x 在区域 i 归一化后的值；x_i 为变量 x 在区域 i 的原始值；X 是变量 x 的集合。在社会经济适应性评价研究中，只有 SDRI、SDRWI、SDAI、SDPI 用式（8-15）进行归一化，其他指数依式（8-14）进行归一化。层次分析法中成对比较矩阵见表 8-11。

表 8-11 成对比较矩阵

变量	SDRI	SDRWI	SDAI	SDPI	权重
SDRI	1	3	3	6	0.53
SDRWI	1/3	1	1	3	0.20
SDAI	1/3	1	1	3	0.20
SDPI	1/6	1/3	1/3	1	0.07

第 39 条 交通密度指数是道路密度、铁路密度和水路密度的综合，计算公式如下：

$$\mathrm{TDI}_i = \frac{r_1\mathrm{RDI}_i + r_2\mathrm{RWDI}_i + r_3\mathrm{WDI}_i}{r_1 + r_2 + r_3}$$

式中，TDI_i 为网格 i 的交通密度指数；r_1、r_2、r_3 分别为尼泊尔归一化道路密度、归一化铁路密度、归一化水路密度与归一化人口密度之间的相关系数；RDI_i、RWDI_i、WDI_i 分别为网格 i 内道路长度、铁路长度、水路长度与网格 i 面积比值的归一化后的值，即道路密度指数、铁路密度指数、水路密度指数。

第 40 条 交通通达指数是交通便捷指数和交通密度指数的综合，用来表征区域交通水平，计算公式如下：

$$TAI = 0.5 \times TCI_{one} + 0.5 \times TDI_{one}$$

式中，TAI 为交通通达指数；TCI_{one}、TDI_{one} 分别为按式（8-14）归一化后的交通便捷指数和交通密度指数。

第 41 条 将尼泊尔各省根据归一化交通通达指数均值及其二分之一的标准差分为三个等级：交通通达低水平区域、交通通达中水平区域、交通通达高水平区域（表 8-12）。

表 8-12　交通通达水平分区标准

归一化交通通达指数	分区类型
<0.35	交通通达低水平区域
0.35～0.50	交通通达中水平区域
0.50～1.00	交通通达高水平区域

第 42 条 城市化指数为现代化进程的综合表征，用人口城市化率和土地城市化率按 1：3 比例计算得出，计算公式如下：

$$UI = 0.25 \times ULI + 0.75 \times UPI$$

式中，UI 为城市化指数；ULI 为归一化城市化指数，即归一化城市用地占比；UPI 为归一化人口城市化指数，即归一化城市人口占比。其中，城市人口是利用夜间灯光数据和统计数据拟合得出的。

第 43 条 将尼泊尔各省根据归一化城市化指数均值及其二分之一的标准差分为三个等级：城市化低水平区域、城市化中水平区域、城市化高水平区域（表 8-13）。

表 8-13　城市化水平分区标准

归一化城市化指数	分区类型
<0.13	城市化低水平区域
0.13～0.5	城市化中水平区域
0.5～1.00	城市化高水平区域

8.6　资源环境承载综合评价

资源环境承载综合评价是识别影响承载力的关键因素的基础，旨在为各地区掌握其承载力现状从而提高当地承载力水平提供重要依据。本书基于人居环境指数、资源承载指数和社会经济发展指数，提出了基于三维空间四面体的资源环境承载状态综合评价方法。

第 44 条 资源环境承载综合指数结合三项综合指数，旨在更全面地衡量区域资源环境的承载状态，其具体公式如下：

$$\mathrm{RECI} = \mathrm{HEI_m} \times \mathrm{RCCI} \times \mathrm{SDI_m}$$

式中，RECI 为资源环境承载综合指数；$\mathrm{HEI_m}$ 为均值归一化人居环境指数；RCCI 为资源承载指数；$\mathrm{SDI_m}$ 为均值归一化社会经济发展指数。

第 45 条 均值归一化人居环境指数是地形起伏度、地被指数、水文指数和温湿指数的综合，计算公式如下：

$$\mathrm{HEI_m} = \mathrm{HEI_{one}} - k + 1$$

$$\mathrm{HEI_v} = \frac{(\mathrm{THI} \times \mathrm{LSWAI} + \mathrm{THI} \times \mathrm{LCI} + \mathrm{LSWAI} \times \mathrm{LCI}) \times \mathrm{RDLS}}{3}$$

式中，$\mathrm{HEI_m}$ 为进行均值归一化处理之后的人居环境指数；$\mathrm{HEI_v}$ 为人居环境指数；$\mathrm{HEI_{one}}$ 为 $\mathrm{HEI_v}$ 按式（8-14）进行归一化之后的人居环境指数；k 为基于条件选择的人居环境适宜性分级评价结果中一般适宜地区 $\mathrm{HEI_{one}}$ 的均值；THI、LSWAI、LCI、RDLS 分别为归一化后的温湿指数、水文指数、地被指数和地形起伏度，其中，地形起伏度按式（8-15）进行归一化，其他指数按式（8-14）进行归一化。

第 46 条 资源承载指数是土地资源承载指数、水资源承载指数和生态承载指数的综合，用来反映区域各类资源的综合承载状态。为了消除指数融合时区域某类资源承载状态过分盈余而对该区域其他类型资源承载状态的信息覆盖，本章利用双曲正切函数（tanh）对各承载指数的倒数进行规范化处理，并保留承载指数为 1 时的实际物理意义（平衡状态）。此外，本章以国际主流的城市化进程三阶段为依据，在不同城市化进程阶段的区域，结合实际情况对三项承载指数赋予了不同权重（表 8-14）。其具体计算方法如下：

$$\mathrm{RCCI} = W_L \times \mathrm{LCCI}_t + W_W \times \mathrm{WCCI}_t + W_E \times \mathrm{ECCI}_t$$

$$\mathrm{LCCI}_t = \tanh\left(\frac{1}{\mathrm{LCCI}}\right) - \tanh(1) + 1$$

$$\mathrm{WCCI}_t = \tanh\left(\frac{1}{\mathrm{WCCI}}\right) - \tanh(1) + 1$$

$$\mathrm{ECCI}_t = \tanh\left(\frac{1}{\mathrm{ECCI}}\right) - \tanh(1) + 1$$

式中，RCCI 为资源承载指数；LCCI、WCCI、ECCI 分别为土地资源承载指数、水资源承载指数和生态承载指数。

表 8-14 成对比较矩阵

城市化进程阶段	城镇人口占比/%	W_L	W_W	W_E
初期阶段	0～30	0.5	0.3	0.2
加速阶段	30～70	1/3	1/3	1/3
后期阶段	70～100	0.2	0.5	0.3

第 47 条　均值归一化社会经济发展指数是社会经济发展指数的均值归一化处理之后的指数，旨在保留数值为 1 时的物理意义（平衡状态），具体计算公式如下：

$$\mathrm{SDI_m} = \mathrm{SDI_{one}} - k + 1$$

式中，$\mathrm{SDI_m}$ 为均值归一化社会经济发展指数；$\mathrm{SDI_{one}}$ 为归一化后的社会经济发展指数；k 为尼泊尔全区 $\mathrm{SDI_{one}}$ 的均值。